| 职业教育校企合作精品教材 |

Access数据库应用技术

（第3版）

李向伟　主编

电子工业出版社

Publishing House of Electronics Industry

北京·BEIJING

内容简介

本书以“进销存管理”数据库为构架，通过在Access 2013环境中对“进销存管理”数据库中各个操作任务的实践，引导学习者逐步掌握数据库应用技术的基本理论知识和基本操作技能，为将来从事相关的工作和继续学习打下良好的基础。

本书分为8个项目，每个项目由若干个任务组成，采用了项目→任务→实训的结构。根据知识点的分配，每个项目设置了不同数量的操作实例；在任务操作过程中，以工程师提示的方式对一些知识点、操作提示、技巧等内容进行了呈现；部分任务实训还录制了操作视频，使学习者边练边学，逐步提高自身操作技能。

本书既适合中等职业学校计算机应用专业学生使用，也可作为相关专业初学者入门学习的辅导书和参考用书。

图书在版编目（CIP）数据

Access数据库应用技术 / 李向伟主编. —3版. —北京：电子工业出版社，2022.1

ISBN 978-7-121-34893-8

Ⅰ. ①A… Ⅱ. ①李… Ⅲ. ①关系数据库系统－中等专业学校－教材 Ⅳ. ①TP311.138

中国版本图书馆CIP数据核字（2021）第202232号

责任编辑：罗美娜　　特约编辑：田学清
印　　刷：中煤（北京）印务有限公司
装　　订：中煤（北京）印务有限公司
出版发行：电子工业出版社
　　　　　北京市海淀区万寿路173信箱　　邮编：100036
开　　本：880×1230　1/16　印张：15.5　字数：386千字
版　　次：2013年8月第1版
　　　　　2022年1月第3版
印　　次：2024年6月第18次印刷
定　　价：45.00元

凡所购买电子工业出版社图书有缺损问题，请向购买书店调换。若书店售缺，请与本社发行部联系，联系及邮购电话：（010）88254888，88258888。

质量投诉请发邮件至zlts@phei.com.cn，盗版侵权举报请发邮件至dbqq@phei.com.cn。

本书咨询联系方式：（010）88254617，luomn@phei.com.cn。

河南省中等职业教育校企合作精品教材

出版说明

为深入贯彻落实《河南省职业教育校企合作促进办法（试行）》（豫政〔2012〕48号）精神，切实推进职教攻坚二期工程，我们在深入行业、企业、职业院校调研的基础上，经过充分论证，按照校企“1+1”双主编与校企编者“1 ∶ 1”的原则要求，组织有关职业院校一线骨干教师和行业、企业专家，编写了河南省中等职业学校计算机应用专业的校企合作精品教材。

这套校企合作精品教材的特点主要体现在：一是注重与行业联系，实现专业课程内容与职业标准对接，学历证书与职业资格证书对接；二是注重与企业的联系，将新技术、新知识、新工艺、新方法及时编入教材，使教材内容更具有前瞻性、针对性和实用性；三是反映技术技能型人才培养规律，把职业岗位需要的技能、知识、素质有机地整合到一起，真正实现教材由以知识体系为主向以技能体系为主的跨越；四是教学过程对接生产过程，充分体现做中学，做中教，做、学、教一体化的职业教育教学特色。我们力争通过本套教材的出版和使用，为全面推行校企合作、工学结合、顶岗实习人才培养模式的实施提供教材保障，为深入推进职业教育校企合作做出贡献。

在这套校企合作精品教材编写过程中，校企双方编写人员力求体现校企合作精神，努力将教材高质量地呈现给广大师生，书中不足之处，敬请读者提出宝贵意见和建议。

河南省职业技术教育教学研究室

前言

党的二十大报告指出，“我们要坚持教育优先发展、科技自立自强、人才引领驱动，加快建设教育强国、科技强国、人才强国，坚持为党育人、为国育才，全面提高人才自主培养质量，着力造就拔尖创新人才，聚天下英才而用之。”为贯彻落实二十大报告精神，在充分调研的基础上，本书在第2版的基础上，根据学校的反馈，修订和调整了部分内容，注重技能和应用能力的培养。数据库管理系统是一种对数据进行管理、使用和维护的工具，Access作为一种桌面关系型数据库管理系统，能方便、快捷地应用于中小型数据库的管理，也是大家学习其他数据库管理系统的基础。本书为校企合作实验教材，以“进销存管理”数据库为构架，通过在Access 2013环境中对“进销存管理”数据库中各个操作任务的实践，引导学习者逐步掌握数据库应用技术的基本理论知识和基本操作技能，为将来从事相关的工作和继续学习打下良好的基础。

本书分为8个项目，每个项目由若干个任务组成，采用了项目→任务→实训的结构，内容上坚持以“必需、够用”为原则，充分强调掌握基本理论知识和掌握基本操作技能的目标。根据知识点的分配，每个项目设置了不同数量的操作实例，通过实际操作完成任务；在任务操作过程中，以工程师提示的方式对一些知识点、操作提示、技巧等进行了呈现；部分任务实训还录制了操作视频，使学习者边练边学，逐步提高自身操作技能。为方便教师教学，本书制作了电子课件和电子教案，请登录华信教育资源网下载使用。

本书的教学课时为72课时，参考教学课时见下表：

项　目	教学内容	课时分配	
		实践教学	实践训练
项目1	初识Access数据库	2	2
项目2	创建数据库和表	6	8
项目3	查询的创建与应用	6	8
项目4	窗体的创建与应用	6	8
项目5	报表的创建与应用	6	6
项目6	宏的使用	2	2
项目7	数据安全与数据交换	2	2
项目8	“进销存管理系统”的实现	2	4
总计	—	32	40

本书由河南省职业技术教育教学研究室组编，由郑州市电子信息工程学校高级讲师李向伟担任主编，郑州市电子信息工程学校高级讲师李静担任副主编。郑州市经济贸易学校高级讲师郭节、河南地矿职业学院的张秀艳也参与了本书的编写。

由于编者水平有限，加之时间仓促，书中疏漏和不足之处在所难免，敬请广大读者不吝赐教。

编　者

目 录

项目 1

初识 Access 数据库

Access 是 Microsoft Office 办公软件的组件之一，是一种中小型数据库管理系统，可以较方便地对中小企业中小规模的数据进行管理和操作。在对数据进行管理和操作之前，先了解和掌握一些基本的数据库的概念与 Access 2013 的基本操作，将有利于我们以后的深入学习和应用。本项目将重点介绍数据库、数据库管理系统和 Access 2013 的相关概念及其基本操作技能，以使我们具备基本的操作能力。

能力目标

- 掌握 Access 2013 的启动、退出操作
- 熟悉 Access 2013 的工作界面及基本操作

知识目标

- 掌握数据库的相关概念
- 了解 Access 2013 的功能及特点
- 理解 Access 2013 的数据库对象的概念

任务 1　认识数据库

任务分析

数据库是计算机中存储数据的仓库，其中包含字符、数字、声音甚至图像等各种形式的数据信息，是数据库管理系统的基础。有了数据库，数据库管理系统就有了管理的对象，用户就可以通过数据库管理系统对数据库中的数据进行查询、修改、计算和数据输出等操作，从而为用户提供便捷的数据处理服务。了解和掌握数据库的相关概念是使用数据库的基础。

知识准备

一、数据库的相关概念

1. 数据库

数据库（Database，DB）是存储在计算机存储设备上的有组织、可共享、结构化的相关数据的集合，是数据库管理系统的核心和主要管理对象。在 Access 数据库中，数据是以二维表的形式存放的，行称为记录，列称为字段，表中的数据相互之间有一定的联系，如“进销存管理”数据库中存储着产品的编号、名称、价格、数量等关联信息。一个数据库中可能有一个表或多个表及其他数据库对象。

2. 数据库管理系统

数据库管理系统（Database Management System，DBMS）是对数据库进行管理的系统，是用户和数据库之间的软件接口，其主要作用是统一管理、控制数据库的建立、使用和维护。用户可以通过数据库管理系统对数据库中的数据进行使用、管理和维护等操作。常用的数据库管理系统有 Access、SQL Server、Oracle 和 MySQL 等，其中 Access 是最简单、最容易掌握的一种数据库管理系统。

3. 数据库系统

数据库系统（Database System，DBS）是一种引入了数据库技术的计算机系统。数据库系统由数据库及其管理系统组成。数据库系统通过对数据进行合理设计后，将数据输入计算机中，在数据库管理员的操作下对数据进行处理，并根据用户的要求将处理后的数据从计算机中提取出来，以满足用户对数据的需求。

数据库系统一般由数据库、数据库管理系统、计算机硬件系统、数据库管理员和用户 5 部分组成。

二、数据模型

数据模型是指数据库中数据与数据之间的关系。任何一种数据库系统都是基于某种数据模型的，数据模型不同，相应的数据库系统就完全不同。数据库系统常用的数据模型有层次模型、网状模型和关系模型 3 种。

1. 层次模型

以树形结构表示数据及其关系的数据模型称为层次模型。树是由节点和连线组成的，节点表示数据集，连线表示数据之间的关系。层次模型表示从根节点到子节点的“一对多”关系。通常将表示“一”的数据放在上方，称为父节点；将表示“多”的数据放在下方，称为子节点。树的最高位只有一个节点，称为根节点。层次模型的重要特征如下：仅有一个根节点；而根节点以外的其他节点向上仅有一个父节点，向下有一个或若干个子节点。层次模型的示例如图 1-1 所示。

2. 网状模型

以网状结构表示数据及其关系的数据模型称为网状模型。网状模型是层次模型的扩展，网状结构可以表示“多对多”的关系。其重要特征如下：可以存在两个或多个节点没有父节点，允许单个节点存在多于一个的父节点，网状模型的节点间可以任意发生联系，能够表示任意复杂的关系，如数据间的纵向关系与横向关系。网状模型的示例如图 1-2 所示。

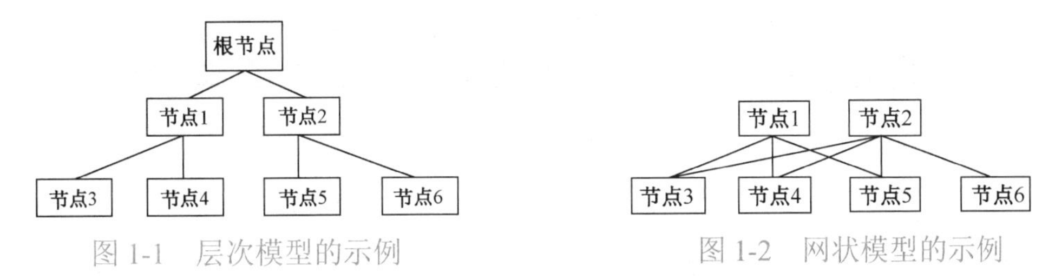

图 1-1 层次模型的示例　　图 1-2 网状模型的示例

3. 关系模型

以二维表格表示数据及其关系的数据模型称为关系模型。关系模型是应用最广泛的数据模型。关系模型中数据的逻辑结构是由行和列构成的二维表，二维表中既可以存放数据，也可以存放数据间的关系。表 1-1 所示的“用户信息”表就是一个关系模型的示例。目前广泛使用的包括 Access 在内的数据库管理系统基本上都属于关系模型数据库管理系统，其管理的数据库也称为关系数据库。

表 1-1 “用户信息”表

编　号	姓　名	性　别	出生日期	家庭住址	邮　箱
1	刘洋洋	女	1985-09-01	中原区	aa@163.com
2	张明远	男	1990-06-23	中原区	bb@126.net
3	赵明明	男	1984-08-21	二七区	cc@yeah.net
4	高　鹏	女	1986-05-01	金水区	dd@163.com

三、关系的相关概念

（1）关系：一个关系就是一个二维表，每个关系都有一个关系名。在 Access 中，一个关系就是一个表。

对关系的描述称为关系模式，一个关系模式对应一个关系的结构。其表示格式如下：

关系名（属性名 1，属性名 2，…，属性名 n）

在 Access 中，关系模式可以记为表名（字段名称 1，字段名称 2，…，字段名称 n），比如“用户信息”表的关系模式可记为用户信息（编号，姓名，性别，出生日期，……）。

（2）元组：一个关系（二维表）中的每一行称为一个元组，一个关系可以包含多个元组，但不允许有完全相同的元组。在 Access 中，一个元组就是表中的一个记录。

（3）属性：一个关系（二维表）中的每一列称为属性，一个关系中不允许有相同的属性名称。在 Access 中，属性就是表中的字段。

（4）域：属性的取值范围称为域。例如，“出生日期”字段的域只能为日期，“单价”字段的域一般为数字等。

（5）键：键也称关键字，是唯一标识一个元组的属性或属性集合。例如，“客户”表中的客户编号可以唯一标识表中的记录，可以作为一个关键字使用。一个关系中可能存在多个关键字。在 Access 中，关键字由一个或多个字段组成，用于标识记录的关键字称为主关键字。

任务 2　Access 2013 的基本操作

任务分析

Access 2013 作为一个关系模型数据库管理系统，是 Microsoft Office 2013 办公软件的组件之一，其操作简便、功能强大，能基本满足中小规模数据库管理的需要。本任务将重点介绍 Access 2013 的启动和退出的方法，以及 Access 2013 的用户界面。

知识准备

Access 2013 是 Microsoft Office 2013 办公软件的组件之一，在安装 Microsoft Office 2013 时要注意选择安装该组件，软件安装完成后，要启动后才能使用，使用后要正确退出。

一、Access 2013 的启动和退出

1．启动 Access 2013

正确安装 Access 2013 后，可以使用以下方法启动 Access 2013。

（1）选择“开始”→“Microsoft Office 2013”→“Access 2013”菜单命令启动 Access 2013，如图 1-3 所示。

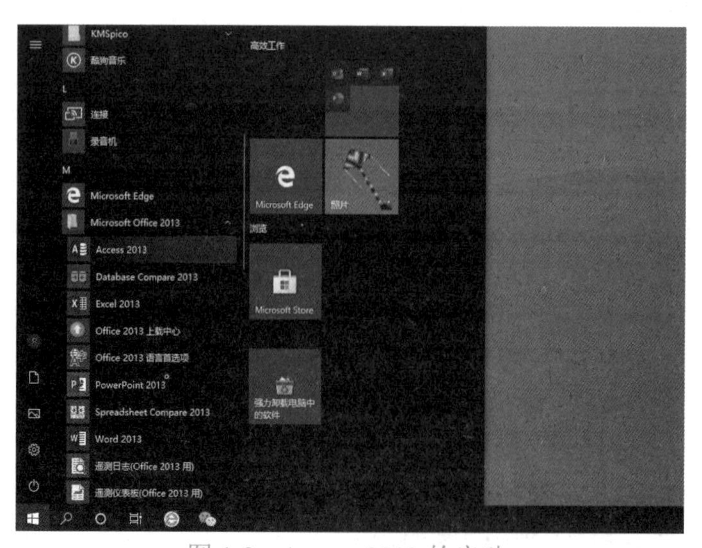

图 1-3　Access 2013 的启动

（2）通过桌面快捷方式启动。如果在桌面上创建了 Access 2013 的快捷方式，则双击 Access 2013 的快捷方式图标，即可启动 Access 2013。

2．退出 Access 2013

（1）单击 Access 2013 用户界面主窗口标题栏最右侧的“关闭”按钮✕。

（2）双击 Access 2013 标题栏最左侧的控制菜单图标。

工程师提示

（1）在 Windows 10 操作系统中，可以直接将快捷方式拖到任务栏中，即将其附加到任务栏中，此后可以快捷启动 Access 2013。

（2）在 Windows 操作系统中，可以使用关闭窗口的快捷键“Alt+F4”来退出 Access 2013。

二、Access 2013 的用户界面

Access 2013 的用户界面由标题栏、快速访问工具栏、选项卡组、功能区、导航窗格、工作区和状态栏等组成，如图 1-4 所示，其功能说明如下。

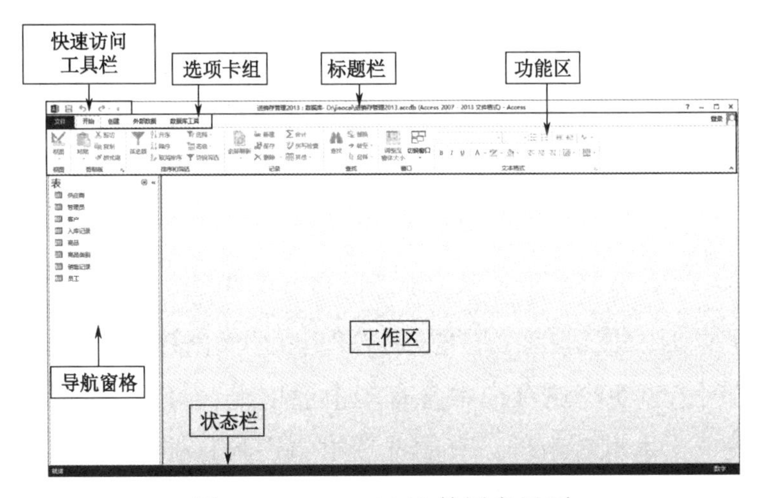

图 1-4 Access 2013 的用户界面

1．标题栏

标题栏在 Access 2013 用户界面的顶端，用于显示当前打开的数据库文件名，是标准的 Windows 应用程序组成部分。

2．快速访问工具栏

快速访问工具栏是一组可自定义的工具栏，它包含一组独立于功能区中相关命令的按钮，可快捷进行功能操作。系统默认的快速访问工具栏在标题栏的左侧，但也可以显示在功能区的下方。用户可以通过单击快速访问工具栏右侧的下拉按钮 对快速访问工具栏中的工具按钮进行添加或删除操作，从而自定义快速访问工具栏，如图 1-5 所示。

3．功能区

功能区是一个带状区域，包括多个选项卡及工作区，如图 1-6 所示。

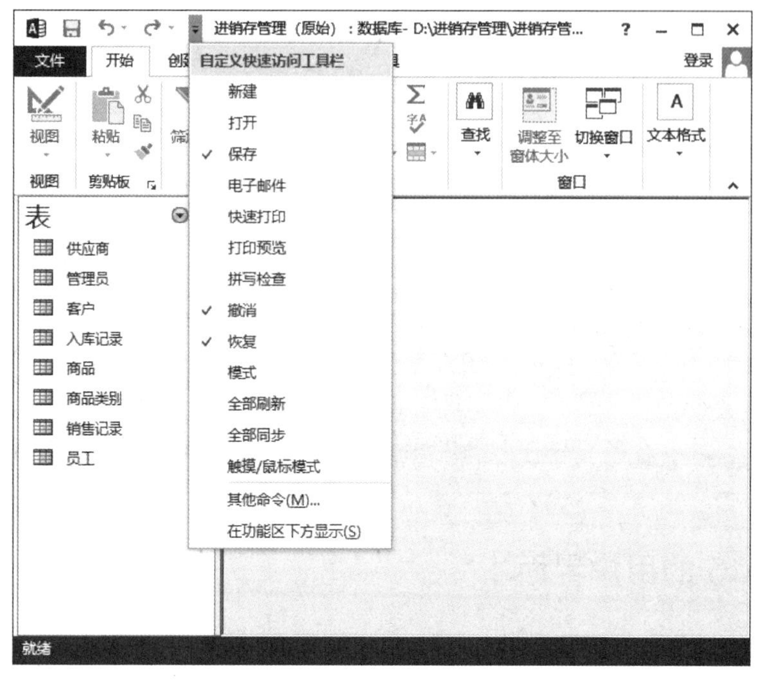

图 1-5　自定义快速访问工具栏

图 1-6　功能区

4．选项卡组

选项卡组是一组重要的按钮栏，有“文件”“开始”“创建”“外部数据”“数据库工具”等选项卡，如图 1-7 所示。每个选项卡中含有多个选项组，每个选项组中包含相似或相关的命令按钮、下拉列表、文本框等组件，有的选项组中还具有扩展按钮，辅助用户以对话框的方式设置详细的属性。

“开始”选项卡包括“视图”等 7 个选项组，用于对数据库进行各种基本操作。每个选项组都有可用和禁用两种状态：可用状态下的图标和字体是黑色的，禁用状态下的图标和字体是灰色的。在没有打开数据库对象之前，“开始”选项卡中所有的命令按钮都是灰色的，即处于禁用状态。

图 1-7　选项卡组

“创建”选项卡包括“模板”等 6 个选项组，如图 1-8 所示。Access 数据库中所有对象的创建都是在此处进行的。

“外部数据”选项卡包括“导入并链接”等 3 个选项组，如图 1-9 所示，通过这个选项卡，用户可以实现内、外部数据交换的管理及操作。

图 1-8　“创建”选项卡

图 1-9　“外部数据”选项卡

“数据库工具”选项卡包括“工具”等 6 个选项组，如图 1-10 所示，这是 Access 提供的一个管理数据库后台的工具。

图 1-10　“数据库工具”选项卡

5. 导航窗格

当打开数据库或创建数据库时，可以看到导航窗格。单击“百叶窗开 / 关”按钮，可以展开或折叠导航窗格，如图 1-11 所示。

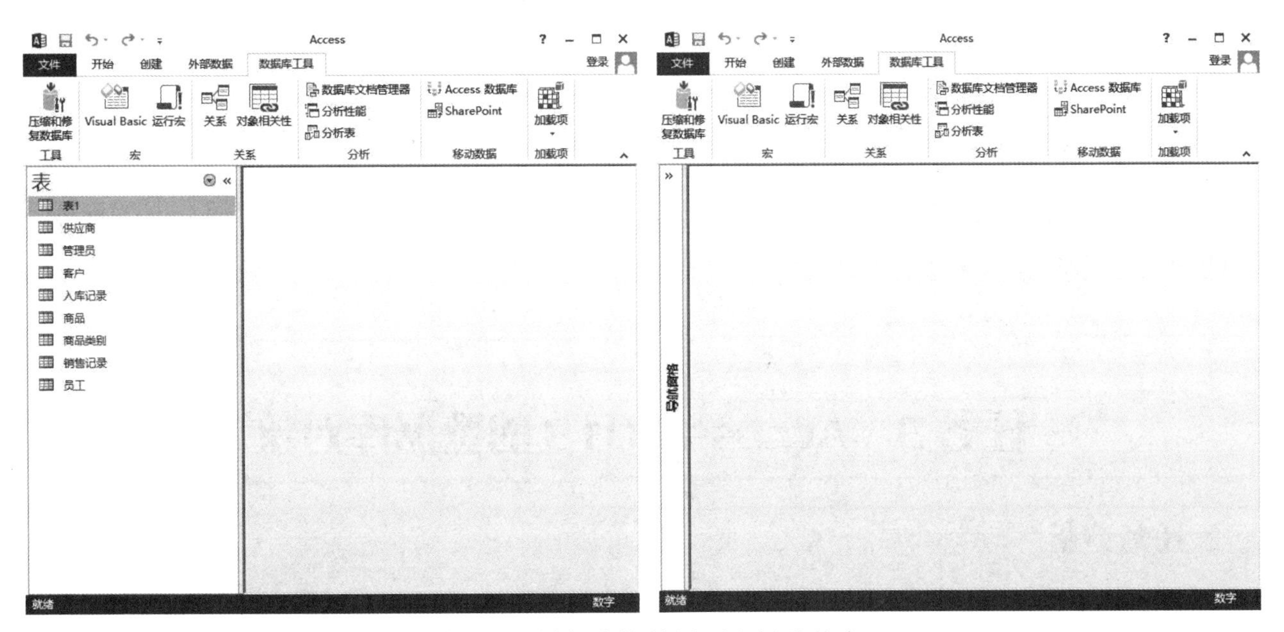

图 1-11　导航窗格的展开和折叠状态

导航窗格可实现对当前数据库中所有对象的管理和对相关对象的组织，并按类别将其分组。单击导航窗格上部的下拉按钮，可弹出分组列表。在导航窗格中，右击任何对象，都能打开快捷菜单，从中选择某个命令，可以执行某个操作。

6．工作区

在数据库应用程序窗口中，导航窗格右侧的空白区域就是工作区，对数据库的所有操作及操作的结果都显示在工作区中。

7．状态栏

主窗口的底部为状态栏，状态栏左侧会显示当前的操作状态或当前的视图状态，右侧会根据操作的不同显示不同的视图切换按钮，点击视图切换按钮可以在不同的视图之间进行快速切换。

在 Access 2013 中，数据库对象打开的文档窗口在工作区中的显示方式除了可以设置为“重叠窗口”，还可以设置为“选项卡式文档”。通过选择“文件”→“选项”命令，在打开的“Access 选项”对话框的“当前数据库”选项卡中进行设置即可。

任务实训

实训 1：掌握多种 Access 2013 启动和退出的方法，并注意观察在操作过程中出现的问题。

【实训要求】

1．熟练掌握启动和退出 Access 2013 的方法。

2．熟悉在 Windows 10 操作系统中，在桌面上创建 Access 2013 的快捷方式以及将快捷方式附加到任务栏中的方法。

实训 2：掌握在 Access 2013 中使用帮助功能和使用模板创建数据库的方法。

【实训要求】

1．在 Access 2013 中，使用帮助功能（标题栏后的问号或默认快捷键 F1），搜索“表关系”关键字，从中初步了解表关系的相关概念。

2．对 Access 2013 中自带的“教职员数据库”进行操作，熟悉并初步了解数据库管理系统的使用方法。

任务 3　Access 2013 的数据库对象

任务分析

数据库对象与数据库是两个不同的概念。如果说数据库是一个存放数据的容器，那么数据库对象就是存放在这个容器内的数据以及对数据的操作和管理。数据库对象有表、查询、窗体、报表、宏和模块 6 种，一个数据库可包括一个或若干个数据库对象。

知识准备

数据库对象

在导航窗格中，可以看到数据库对象有表、查询、窗体、报表、宏和模块 6 种。用户可以使用这些数据库对象来组织和表示数据，以及灵活地对数据进行操作和管理。

1．表

表是 Access 2013 数据库的核心和基础，主要用于存储数据信息，其他数据库对象的操作都是在表的基础上进行的。

一个数据库中可以包含多个表，表中的数据是以行和列来组织的，每一行称为一个记录，每一列称为一个字段，每个表中通常有多个记录和多个字段。每一个表对应一个主题，便于对数据进行管理。这些表之间可以通过相关的数据建立关系，表之间的关系有一对一、一对多和多对多等。图 1-12 所示为“进销存管理”数据库中的“供应商”表。

供应商

供应商编号	供应商名称	联系人姓名	联系人电话	E-mail	地址	备注
G001	深圳新海数码技术公司	王明月	138[illegible]	[illegible]@163	深圳市[illegible]	急需联系
G002	广州市汇众电脑公司	张斌	138[illegible]	[illegible]@126	广州市[illegible]	急需联系
G003	武汉新科数码有限公司	李新民	139[illegible]	[illegible]@sina.com	武汉市[illegible]	急需联系
G004	深圳创新科技公司	刘理	130[illegible]	[illegible]@sohu.com	深圳市[illegible]	
G005	深圳市明一数码产品有限公	吴经理	131[illegible]	[illegible]@sohu.com	深圳市[illegible]	急需联系
G006	北京中关村四通公司	李经理	158[illegible]	[illegible]@126.com	北京市[illegible]	
G007	北京中科信息技术公司	高歌	159[illegible]	[illegible]@163.com	北京市[illegible]	急需联系
G008	成都市天天信息设备有限公	方明远	131[illegible]	[illegible]@qq.com	成都市[illegible]	急需联系
G009	杭州中远数据公司	赵子龙	189[illegible]	[illegible]@yeah.com	杭州市[illegible]	
G010	河南明创科技有限公司	常为民	186[illegible]	[illegible]@qq.com	河南省[illegible]	

记录: 第 1 项(共 10 项　无筛选器　搜索

图 1-12　“供应商”表

2．查询

建立数据库系统的目的不只是简单地存储数据，而是要在存储数据的基础上对数据进行分析和研究。在 Access 2013 中，用户可以按照一定的条件从表中查询出需要的符合要求的数据，还可以按照不同的方式查看、分析和更改数据，查询的结果又可以作为数据库中窗体、报表等其他数据库对象的数据源。图 1-13 所示为在“进销存管理”数据库“员工”表中执行查询操作后的“2012 年 8 月销售情况查询”表。

2012年8月销售情况查询

销售编号	业务类别	客户姓名	销售时间	类别名称	单位	规格型号	数量	金额
3	个人	王朋	2012/8 /30	数码相机	台	单电	1	¥2,530.00
5	公司	李鹏	2012/8 /30	平板电脑	台	7寸	5	¥8,600.00
8	个人	张明远	2012/8 /1	数码相机	套	单反	1	¥3,400.00
10	公司	赵明明	2012/8 /30	平板电脑	台	10.1寸	2	¥7,198.00
12	个人	张路遥	2012/8 /10	移动电源	个	6600mAh	3	¥1,496.00
(新建)								

记录: 第 1 项(共 5 项)　无筛选器　搜索

图 1-13　“2012 年 8 月销售情况查询”表

3. 窗体

窗体是数据库和用户之间的主要接口，用户使用窗体可以设计出各种显示、输入或修改表内容的用户界面，可以方便快捷地输入、编辑、查询和显示数据。窗体是 Access 2013 中最灵活的一个数据库对象，窗体的数据源可以是表或查询。在数据库应用程序中，用户都是通过窗体对数据库中的数据进行各种操作的，而不是直接对表、查询等进行操作。图 1-14 所示为“进销存管理”数据库中浏览和添加供应商信息后的“供应商”窗体。

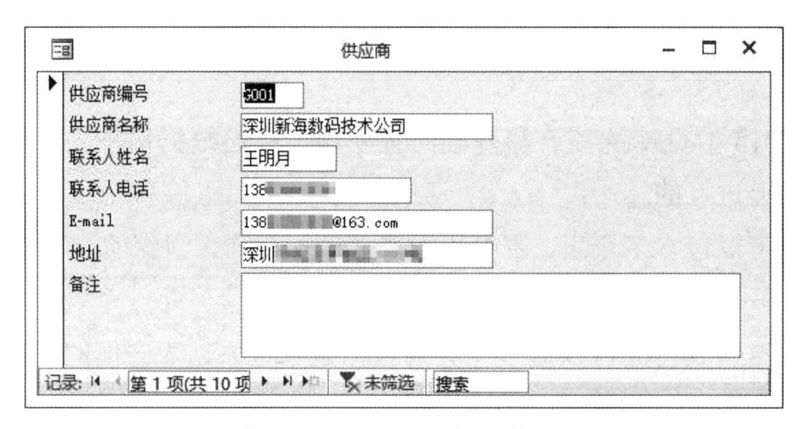

图 1-14 “供应商”窗体

4. 报表

在 Access 2013 中，报表的功能是分析和打印数据。使用报表，不仅可以用格式化的形式显示和输出数据，还可以利用报表对数据进行分类、汇总、计算等，从而获得更有用的数据。报表的数据源可以是一个或多个表或查询。图 1-15 所示为“进销存管理”数据库中的“销售记录”报表。

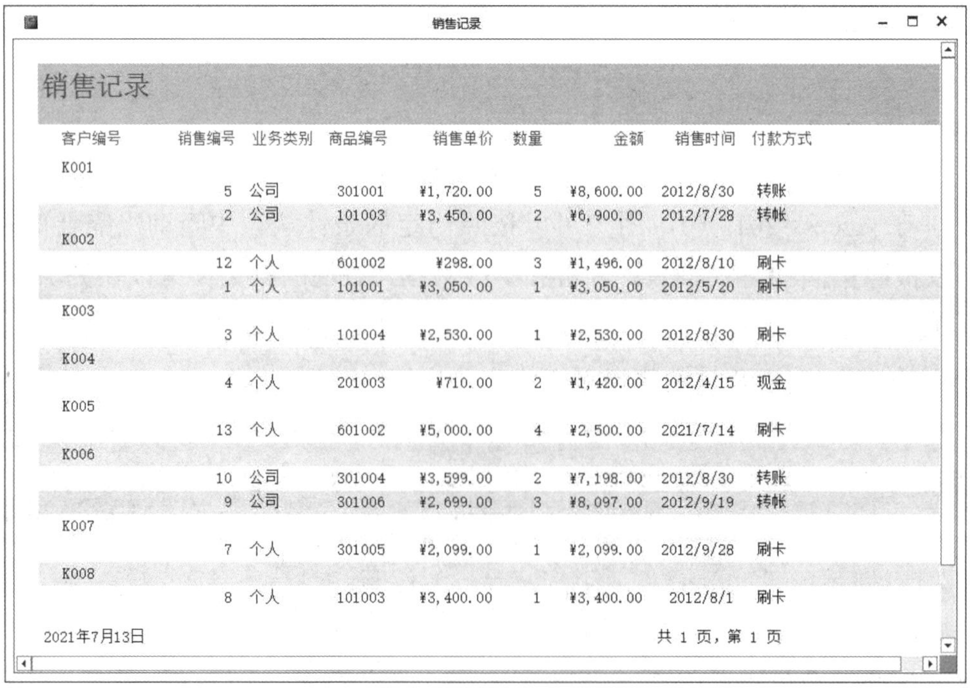

销售记录

客户编号	销售编号	业务类别	商品编号	销售单价	数量	金额	销售时间	付款方式
K001								
	5	公司	301001	¥1,720.00	5	¥8,600.00	2012/8/30	转账
	2	公司	101003	¥3,450.00	2	¥6,900.00	2012/7/28	转帐
K002								
	12	个人	601002	¥298.00	3	¥1,496.00	2012/8/10	刷卡
	1	个人	101001	¥3,050.00	1	¥3,050.00	2012/5/20	刷卡
K003								
	3	个人	101004	¥2,530.00	1	¥2,530.00	2012/8/30	刷卡
K004								
	4	个人	201003	¥710.00	2	¥1,420.00	2012/4/15	现金
K005								
	13	个人	601002	¥5,000.00	4	¥2,500.00	2021/7/14	刷卡
K006								
	10	公司	301004	¥3,599.00	2	¥7,198.00	2012/8/30	转账
	9	公司	301006	¥2,699.00	3	¥8,097.00	2012/9/19	转帐
K007								
	7	个人	301005	¥2,099.00	1	¥2,099.00	2012/9/28	刷卡
K008								
	8	个人	101003	¥3,400.00	1	¥3,400.00	2012/8/1	刷卡

2021年7月13日　　共 1 页，第 1 页

图 1-15 “销售记录”报表

5. 宏

宏是 Access 2013 数据库中一个或多个操作命令组成的集合，每个操作命令都实现一个特定的功能。用户在操作数据库时，一般一次只能执行一个操作命令，而通过宏对象，用户可以先将要执行的多个操作命令保存在一起，变成一组宏命令，在需要的时候再执行这个宏，便可以一次自动执行宏中所有的操作命令。

宏可以是单个的宏，也可以是多个宏组成的一个相关宏的宏组。与其他数据库对象不同的是，宏并不直接处理数据库中的数据，它是组织其他表、查询、窗体、报表等数据库对象的工具。图 1-16 所示为“打开窗体”的宏设计界面。

图 1-16　“打开窗体”的宏设计界面

6. 模块对象

模块是 Access 2013 中用于进行 Visual Basic 宏语言（Visual Basic for Applications，VBA）程序设计的对象。当需要完成更复杂的操作或更强功能的开发但无法通过宏或其他操作来完成时，可以通过 VBA 编写的程序段来实现。VBA 以 Visual Basic 语言为基础，应用 VBA 可以极大地增强数据库的应用功能。

任务实训

实训：理解和掌握 Access 2013 中各种数据库对象的功能和作用。

【实训要求】

使用 Access 2013 提供的帮助功能（标题栏后的问号或默认快捷键 F1），分别查找“表”“查询”“窗体”3 种数据库对象的相关信息，加深对这 3 种数据库对象相关概念的学习和理解。

任务 4　数据库的设计

任务分析

用户在开始使用 Access 2013 数据库管理系统建立数据库之前，首先需要对数据库进行设计，合理地设计数据库是创建一个完善、科学的数据库管理系统的前提，是准确、有效地实现数据库管理功能的基础。数据库的设计包括设计数据库中的表及表结构等。本任务先讲解数据库设计的步骤，再分析和设计“进销存管理”数据库及其包含的表和表的结构。

知识准备

对数据库进行设计时，设计者首先要对数据库应用项目进行较为详细的分析，并与用户进行认真交流和沟通，了解用户日常的工作流程及正在使用的相关报表、资料等原始数据，确定项目及用户的需求和要达到的目标，从而科学、合理地设计出一个数据库，以保证准确、有效地实现数据库管理所需要的各种功能，最终满足项目及用户的需求。

一、数据库设计的步骤

数据库设计的一般步骤如下：规划数据库中的表，确定表中需要的字段，确定表的主键，确定表关系并对表进行必要的优化设计等。

1. 规划数据库中的表

规划数据库中的表是数据库设计的基础，也是数据库设计过程中最难处理的步骤。工作过程中经常用的表格、资料等原始数据与数据库中表的属性要求有一定的差异，因此需要将工作中的数据按照数据库中表的属性要求进行重新分类和整理，以规划出合理的表。此步骤一般应遵循以下原则。

（1）表中尽量不要有重复的信息，要注意数据库中的表与常规文件应用中的数据表格是不尽相同的。

（2）每条信息只保存在一个表中，便于数据更新和保持数据的一致性。

（3）每个表应该只包含关于同一主题的信息，以便于数据的维护。例如，将客户的详细信息与客户订单保存在不同的表中，就可以在操作某个订单时不影响客户的信息。

2. 确定表中需要的字段

表确定后，就需要确定表中需要的字段，每个表中都包含关于同一主题的信息，因此每个表中的字段就应该包含关于该主题的各个事件。例如，“员工”表中可以包含员工的姓名、性别、出生日期、学历等个人信息字段。除此之外，此步骤还需要注意以下几点。

(1) 表中的字段应能包含项目需要的所有信息。

（2）每个字段都直接与表的主题相关。

（3）字段不包含表达式计算的结果。

（4）尽量以较小的逻辑单位保存数据信息。

3. 确定表的主键

在 Access 2013 中，为了查询处于不同表中的信息，需要在不同的表之间建立关系，这就需要每个表中必须包含唯一确定每个记录的字段或字段集，这种字段或字段集就是主键（即主关键字）。为确保唯一性，主键的值不能重复，不能为空（NULL）。

4. 确定表关系

因为不同的表只包含一种主题信息，为了利用不同主题的数据信息，即根据实际需要对不同表中的数据进行重新结合，形成新的数据信息，就需要根据实际需要确定哪些表之间需要通过主键建立关系。确定表关系只是为了验证各表之间的逻辑关系，在表中数据添加之前并不建立表关系，一般会在表中数据输入完成后再确定表关系。

5. 优化设计

在规划出合理的表、确定好字段和表关系后，还需要重新对项目进行核查，与客户进行交流，向客户提供初步设计结果，接收客户反馈，并重新检查各个表、字段及属性和表关系。在数据库的每个表中输入一定的模拟数据，分别建立关系、创建查询来验证数据库中的关系；创建窗体和报表来检查输入和显示数据是否满足预期目标，发现并改进数据库设计中的问题；最后查找不需要的重复数据，调整合适的数据类型和字段大小，使数据库中的数据实现最优化。

确定数据库的设计已达到了设计目标后，就可以在表中添加正式的数据，并根据需要创建查询、窗体、报表、宏和模块等不同的数据库对象，以满足数据管理的需要。

二、“进销存管理”数据库的基本设计

在日常管理中，中小型企业一般涉及商品采购、商品销售、库存、供货商及客户管理等日常工作，工作流程中的数据量比较小，比较适合使用 Access 2013 进行管理。“进销存管理”数据库就是使用 Access 2013 进行中小型企业的日常数据管理的实例。通过对“进销存管理”数据库的建立和应用，中小型企业可以大大提高日常管理工作的效率。

1. “进销存管理”数据库的规划

以某数码产品销售企业为例，“进销存管理”数据库通过对该企业的了解和数据收集及分析，确定了该企业的销售管理一般会涉及商品采购入库、商品销售、商品库存情况、供货商管理及员工管理等内容，因此规划了 8 个表以满足该企业数据管理的需要，每个表的原始属性如下（此处数据为原始数据库数据，操作过程中对数据库有修改）。

（1）“客户”表（客户编号，客户姓名，性别，联系电话，邮政编码，收货地址，电子邮箱，积分，是否会员）。

（2）“商品”表（商品编号，供应商编号，商品名称，类别，生产日期，单位，规格型号，商品单价，数量，商品图片，商品描述）。

（3）“供应商”表（供应商编号，供应商名称，联系人姓名，联系人电话，E-mail，地址，备注）。

（4）“销售记录”表（销售编号，业务类别，客户编号，商品编号，销售单价，数量，金额，销售时间，付款方式，销售状态，经办人）。

（5）“入库记录”表（入库编号，业务类别，商品编号，供应商编号，入库时间，入库单价，入库数量，经办人）。

（6）“管理员”表（编号，用户名，密码）。

（7）“商品类别”表（类别编号，类别名称，备注）。

（8）“员工”表（员工编号，姓名，性别，出生日期，联系电话，入职时间，照片）。

2. 各表的详细结构及属性

各表的详细结构及属性如表1-2至表1-9所示。

表1-2 “客户”表

字段名称	数据类型	字段大小/Byte
客户编号（主键）	短文本	5
客户姓名	短文本	10
性别	短文本	2
联系电话	短文本	20
邮政编码	短文本	6
收货地址	短文本	50
电子邮箱	短文本	30
积分	数字	
是否会员	是/否	

表1-3 “商品”表

字段名称	数据类型	字段大小/Byte
商品编号（主键）	短文本	10
供应商编号	短文本	5
商品名称	短文本	20
类别	短文本	10
生产日期	日期/时间	
单位	短文本	2
规格型号	短文本	20
商品单价	货币	
数量	数字	
商品图片	OLE对象	
商品描述	长文本	

表 1-4　“供应商”表

字 段 名 称	数 据 类 型	字 段 大 小 /Byte
供应商编号（主键）	短文本	5
供应商名称	短文本	50
联系人姓名	短文本	10
联系人电话	短文本	20
E-mail	短文本	30
地址	短文本	50
备注	长文本	

表 1-5　“销售记录”表

字 段 名 称	数 据 类 型	字 段 大 小 /Byte
销售编号（主键）	自动编号	
业务类别	短文本	8
客户编号	短文本	5
商品编号	短文本	10
销售单价	货币	
数量	数字	
金额	货币	
销售时间	日期 / 时间	
付款方式	短文本	8
销售状态	短文本	10
经办人	短文本	8

表 1-6　“入库记录”表

字 段 名 称	数 据 类 型	字 段 大 小 /Byte
入库编号（主键）	自动编号	
业务类别	短文本	10
商品编号	短文本	10
供应商编号	短文本	5
入库时间	日期 / 时间	
入库单价	货币	
入库数量	数字	
经办人	短文本	8

表 1-7　“管理员”表

字 段 名 称	数 据 类 型	字 段 大 小 /Byte
编号（主键）	自动编号	
用户名	短文本	10
密码	短文本	10

表 1-8 “商品类别”表

字 段 名 称	数 据 类 型	字 段 大 小 /Byte
类别编号（主键）	短文本	4
类别名称	短文本	20
备注	长文本	

表 1-9 “员工”表

字 段 名 称	数 据 类 型	字 段 大 小 /Byte
员工编号（主键）	短文本	10
姓名	短文本	8
性别	短文本	2
出生日期	日期 / 时间	
联系电话	短文本	16
入职时间	日期 / 时间	
照片	OLE 对象	

知识回顾

本项目主要介绍了数据库的相关概念，数据库管理系统 Access 2013 的功能、特点、基本对象，以及 Access 2013 的工作界面和基本操作，重点掌握以下内容和操作技能。

1. 数据库的相关概念

数据库、数据库管理系统、数据库系统的基本概念。数据库系统一般由数据库、数据库管理系统、计算机硬件系统、数据库管理员和用户 5 部分组成。

2. 数据模型

数据模型是指数据库中数据与数据之间的关系。数据库管理系统常用的数据模型有层次模型、网状模型和关系模型 3 种。Access 数据库管理系统属于关系模型数据库管理系统。

3. 关系的相关概念

关系、元组、属性、域及键的概念。一个关系就是一个二维表，在 Access 中，一个关系就是一个表。一个关系（二维表）中的每一行称为一个元组。一个关系（二维表）中的每一列称为属性。键也称关键字，是唯一标识一个元组的属性或属性集合。关键字由一个或多个字段组成，用于标识记录的关键字称为主关键字。

4. 数据库对象

数据库对象有表、查询、窗体、报表、宏和模块 6 种。表是 Access 2013 数据库的核心和基础，主要用于存储数据信息。其他数据库对象的操作都是在表的基础上进行的。一个数据库可包括一个或若干个数据库对象。

5．数据库设计的步骤

数据库设计的一般步骤如下：规划数据库中的表，确定表中需要的字段，确定表的主键，确定表间关系并对表进行必要的优化等。

自我测评

一、选择题

1．Access 2013 是一种（　　）。

A．数据库　　B．数据库系统　　C．数据库管理系统　D．数据库管理员

2．以下各选项中不是常用数据库管理系统的是（　　）。

A．Word　　B．SQL Server　　C．MySQL　　D．Access

3．Access 数据库中专门用于输出的数据库对象是（　　）。

A．表　　B．查询　　C．报表　　D．窗体

4．Access 2013 的 6 种数据库对象中，实际存放数据的是（　　）。

A．表　　B．查询　　C．报表　　D．窗体

5．Access 2013 中的表是一个（　　）。

A．交叉表　　B．线性表　　C．报表　　D．二维表

6．Access 2013 中数据库和表之间的关系是（　　）。

A．一个数据库只能包含一个表　　B．一个表中只能包含一个数据库

C．一个表中可以包含多个数据库　　D．一个数据库中可以包含多个表

7．Access 2013 中的窗体是（　　）之间的主要接口。

A．数据库和用户　　B．操作系统和数据库

C．用户和操作系统　　D．人和计算机

8．以下有关关系数据库中表之间关系的描述中正确的是（　　）。

A．表间相互联系，并不能单独存在　　B．完全独立，相互没有关系

C．既相对独立，又相互联系　　D．以表的名称来表现其相互联系

9．数据库、数据库系统和数据库管理系统的简称依次是（　　）。

A．DB、DBS、DBMS　　B．DBS、DBMS、DBA

C．DBS、DB、DBMS　　D．DBMS、DB、DBS

10．在 Access 数据库的表中，每个记录中不同字段的数据可能具有（　　）的数据类型，但所有记录的相同字段的数据类型一定（　　）。

A．相同，相同　　B．相同，不同　　C．不同，不同　　D．不同，相同

二、填空题

1．在 Access 2013 中，一个数据库对应于操作系统中的一个文件，其文件的扩展名是________。

2．Access 2013 中最基本的数据单位是________。

3．Access 数据库中的表以行和列来组织数据，每一行称为________，每一列称为________。

4．Access 数据库中表之间的关系有________、________和________3 种。

5．任何一个数据库系统都是基于某种数据模型的，数据库系统常用的数据模型有________、________和________3 种。

6．数据库系统由 5 部分组成，分别是________、________、________、用户和________。

7．报表是把数据库中的数据________的特有形式。

三、判断题

1．在 Access 数据库中，数据是以二维表的形式存放的。（ ）

2．数据库管理系统不仅可以对数据库进行管理，还可以对图像进行编辑。（ ）

3．宏可以直接处理表中的数据。（ ）

4．以二维表表示数据及其联系的数据模型称为关系模型。（ ）

5．记录是关系数据库中最基本的数据单位。（ ）

6．使用快捷键“Alt+F4”可以关闭 Access 2013 窗口。（ ）

7．Access 2013 通过导航窗格实现对当前数据库中所有对象的管理和对相关对象的组织。（ ）

8．数据库是以一定的组织结构保存在计算机存储设备上的相关数据的集合。（ ）

四、简答题

1．启动和退出 Access 2013 的操作方法有哪几种？

2．Access 2013 的数据库对象有哪几种？

项目2

创建数据库和表

Access 数据库是包含表、查询、窗体等多个数据库对象的文件，只有先创建了数据库，才能创建数据库对象并实现对数据库的管理。表是数据库中最基本的数据库对象，数据库中的数据都存储在表中，表也是查询、窗体、报表等数据库对象的数据源。因此，创建表是数据库设计的基础。本项目将重点介绍创建数据库和表的基本方法，并通过实际操作讲解创建数据库和表的基本操作技能。

能力目标

- 掌握在 Access 2013 中创建数据库的操作
- 掌握创建表及设置表属性的操作
- 掌握向表中输入数据的操作
- 掌握对表进行编辑和修改的操作
- 掌握对表中数据进行筛选和排序的操作
- 掌握表关系的建立和维护的操作

知识目标

- 了解创建数据库和表的多种方法
- 理解并掌握表中的数据类型及主键的概念
- 理解表中记录的筛选和排序的相关概念
- 理解表与表间的关系

任务 1　创建数据库

任务分析

在创建数据库方面，Access 2013 提供了新建空白桌面数据库和创建 Access 应用程序两种方法，其中，新建空白桌面数据库就是先在本地计算机上创建数据库，再创建数据库的表和其他对象；而 Access 应用程序是一种在标准 Web 浏览器中使用的数据库，需要网络服务器的支持。本任务主要使用新建空白桌面数据库的方法来创建“进销存管理”数据库。

知识准备

一、创建数据库的方法

1. 新建空白桌面数据库

打开 Access 2013，自动进入“新建”窗口，单击“空白桌面数据库”图标，打开如图 2-1 所示的对话框，在其中输入数据库的文件名，并选择保存位置，单击“创建”按钮，进入默认的数据表视图。

也可以在打开数据库文件后，选择“文件”→“新建”命令，在“新建”窗口中选择“空白桌面数据库”选项，输入数据库的文件名，并选择保存位置，单击“创建”按钮，新建空白桌面数据库文件。

2. 使用模板创建数据库

Access 2013 提供了一系列的常用数据库模板，如项目、问题、销售渠道、营销项目、教职员等模板，使用模板创建的数据库直接包含表、窗体、查询和报表等数据库对象，修改后可以直接使用。图 2-2 所示为常用数据库模板。

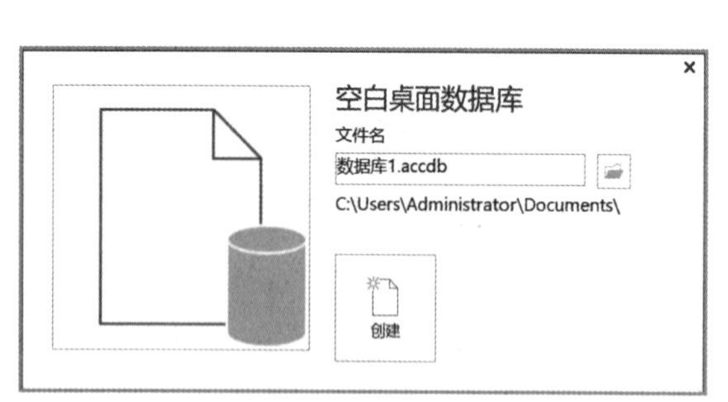

图 2-1　新建空白桌面数据库

图 2-2　常用数据库模板

本机上的数据库模板不能满足需要时，Access 2013 还提供了在线的数据库模板，用户可以从 Microsoft Office 网站上获得更多的数据库模板。在新建联机模板搜索框中输入想要建立的数据库类别的关键字，可以在数据库、日志、业务、教育、行业、列表、个人等方面进行搜索，选择合适的数据库模板即可创建新的数据库。

二、数据库的打开和关闭

新创建的数据库文件在退出 Access 2013 前默认是打开的，对数据库的各种操作，包括对各数据库对象的操作，都需要先打开数据库文件。

1. 打开数据库文件

方法1： 通常情况下，用户选择一个Access数据库文件并双击，即可打开该数据库文件。

方法2： 打开Access 2013后，在“最近使用的文档”中，可以找到最近使用的数据库文件，直接选择需要的文件，就可以打开该数据库文件。

方法3： 单击快速访问工具栏中的“打开”按钮，打开“打开”列表，或者选择“文件”→“打开”命令，也可以打开“打开”列表。

在“打开”列表中双击“计算机”选项，在“打开”对话框中选择要打开数据库文件的存放位置，选择数据库文件，单击“打开”按钮；或在“计算机”列表区中选择“浏览”选项，在打开的“打开”对话框中选择要打开的数据库文件的存放位置，选择数据库文件，单击“打开”按钮右侧的下拉按钮，在这种方式下可以设置打开数据库文件的方式，如图2-3所示，有“以只读方式打开”“以独占方式打开”“以独占只读方式打开”等方式。

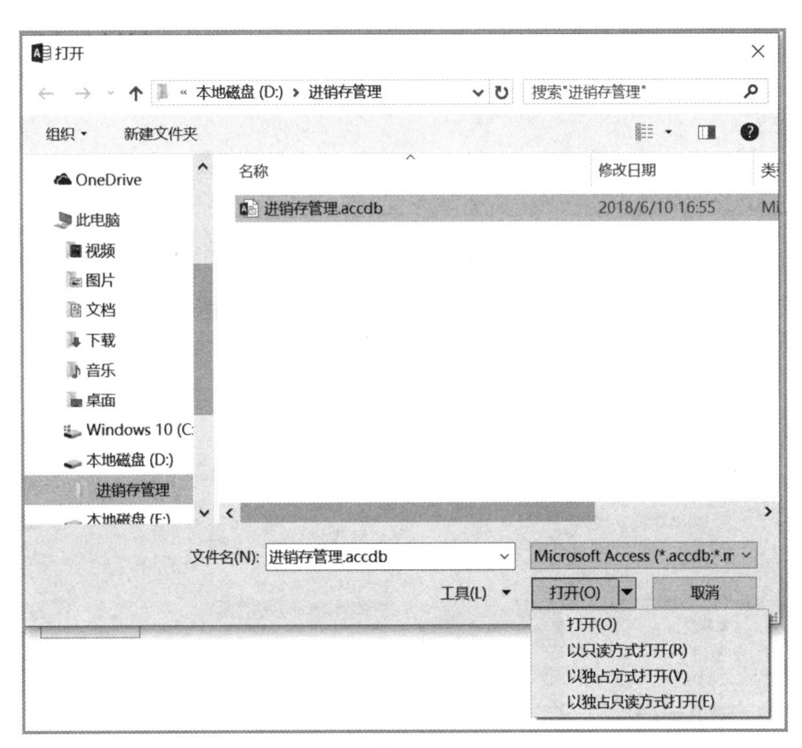

图2-3 “打开”对话框

工程师提示

打开数据库文件时，单击“打开”按钮右侧的下拉按钮，可以看到打开数据库文件的3种方式。

（1）以只读方式打开：此方式打开的数据库文件只能浏览，不能编辑和修改。

（2）以独占方式打开：处于网络状态时，此方式打开的数据库文件不能再被网络中的其他用户打开。

（3）以独占只读方式打开：此方式打开的数据库文件，不能编辑修改，也不能被网络中的其他用户打开。

2. 打开数据库对象

在Access 2013中，打开数据库文件时，窗口左侧的导航窗格中保存着数据库的各个对象。

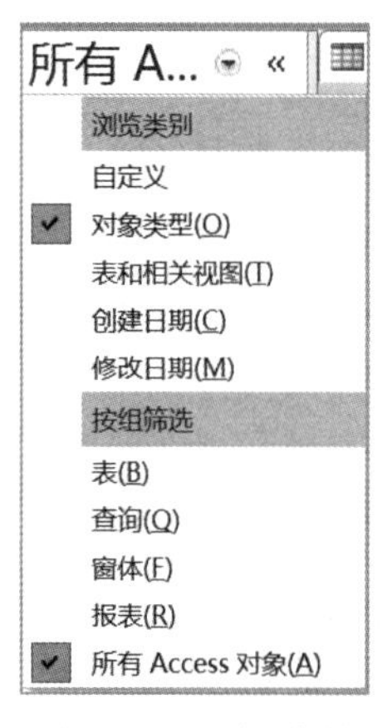

图 2-4　导航窗格

通过导航窗格可以打开所有数据库对象，并进行浏览和修改，如图 2-4 所示。

3. 关闭数据库

完成数据库操作或需要打开其他数据库时，要对当前数据库进行正常关闭。

方法 1： 直接单击数据库文件窗口右上角的“关闭”按钮 ×。

方法 2： 单击“文件”→“关闭”按钮。

在关闭数据库时，如果数据库在此前没有保存过，则会提示是否保存数据库，根据需要进行操作后才能正常关闭。

任务操作

操作实例：创建“进销存管理”空数据库，并将其文件名命名为“进销存管理.accdb”，保存在“D:\ 进销存管理”文件夹下。

【操作步骤】

步骤 1： 启动 Access 2013。

步骤 2： 单击“空白桌面数据库”图标，打开“空白桌面数据库”对话框，单击“浏览”按钮，打开“文件新建数据库”对话框，选择 D 盘的“进销存管理”文件夹，在“文件名”文本框中输入“进销存管理.accdb”，如图 2-5 所示。

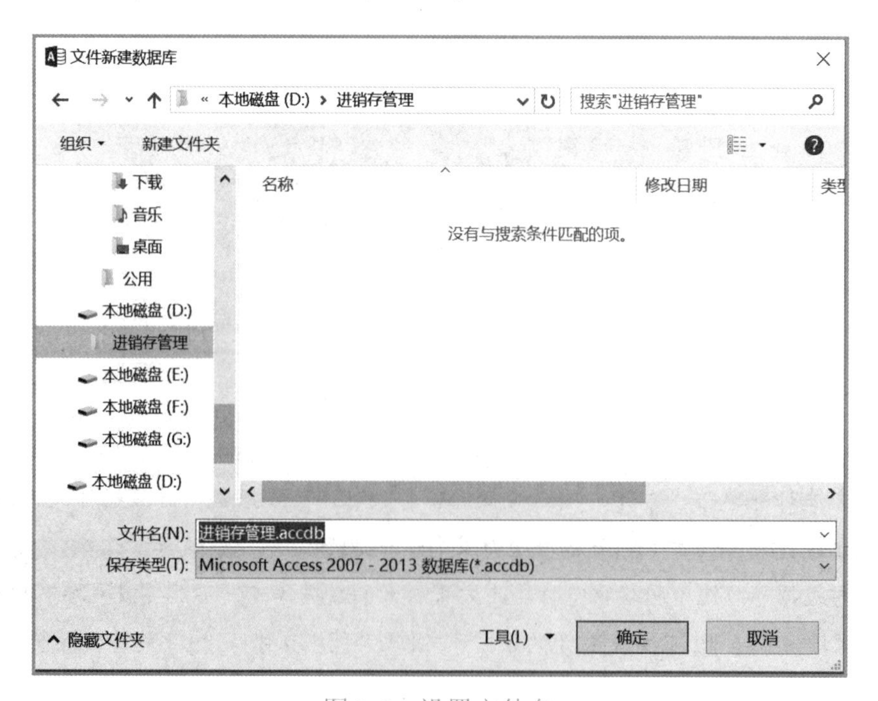

图 2-5　设置文件名

步骤 3： 单击“确定”按钮，返回“空白桌面数据库”对话框。单击“创建”按钮，如

图 2-6 所示，Access 2013 将创建新的数据库“进销存管理”。

创建完新数据库以后，会同时打开该数据库。在新建数据库的窗口中可以建立表或其他数据库对象，如图 2-7 所示。

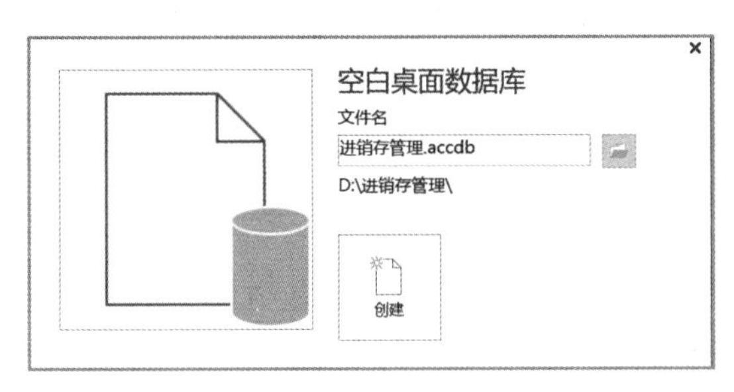

图 2-6　“空白桌面数据库”对话框

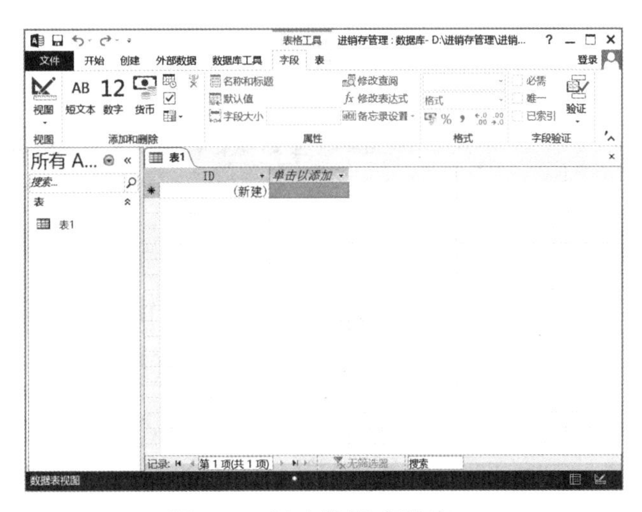

图 2-7　新建数据库的窗口

在 Access 2013 的用户界面中还可以使用快捷键“Ctrl+N”打开“新建”窗口。

工程师提示

Access 2013 中默认的数据库文件扩展名为 .accdb，为保证版本兼容性，可以将其转换为 Access 2003 版本。在新建的数据库窗口中，选择“文件”→“另存为”命令，选择“数据库另存为”选项，可以将其设置为“Access 2002-2003 数据库（*.mdb）”文件格式。“数据库另存为”界面如图 2-8 所示。

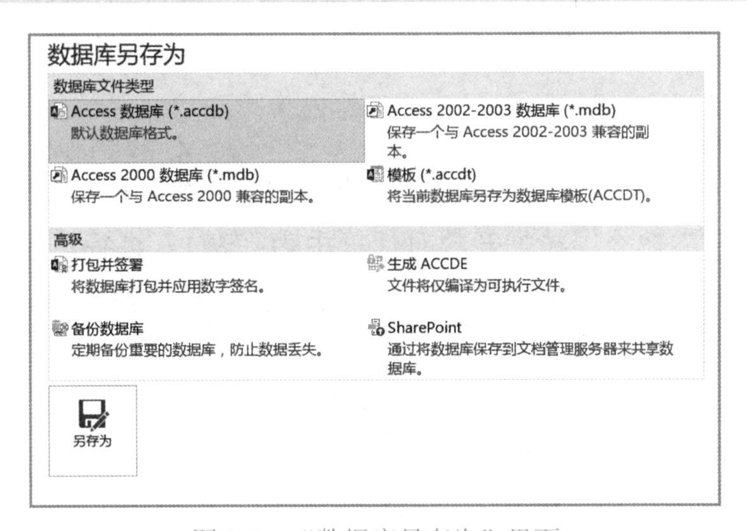

图 2-8　“数据库另存为”界面

任务实训

实训：利用本机上的模板创建数据库。

【实训要求】

1．利用 Access 2013 自带的“教职员”模板创建数据库，数据库名为“教职员管理”，并将其保存在“我的文档”中。

2．数据库创建完成后，根据提示输入测试数据，体验数据库的数据管理功能。

3．对“教职员管理”数据库进行打开、关闭等练习，熟练掌握其操作方法。

任务 2　创建数据库中的表

任务分析

创建了“进销存管理”数据库后，下一步就是创建数据库中的表。创建表就是创建表结构，包括表中包含的字段名称、字段的数据类型、字段大小和主键等属性。“进销存管理”数据库中包含“商品”表、“供应商”表、“客户”表、“入库记录”表、“销售记录”表、“商品类别”表、“员工”表和“管理员”表等，本任务将通过创建“供应商”表和“商品”表来介绍表的创建方法和步骤。

知识准备

一、表的设计和创建方法

表由表结构与表内容两部分组成。表结构是指表的字段名称、字段的数据类型和字段大小等，而表内容是指表中的记录。建立表时，先要建立表结构，再向表中输入具体的记录。

1．创建表的方法

当打开新的空白桌面数据库时，Access 将自动创建一个空表，默认名称为“表 1”，选择“文件”→“保存”命令，在打开的对话框中为“表 1”进行重命名。如果保存后需要对表重新命名，则可以在导航窗格列表中右击“表 1”，在弹出的快捷菜单中选择“重命名”命令，并修改表名。

如果需要创建新的表，用户可以单击“创建”→“表格”→“表”按钮，以添加一个名为“表 #”的新表。“#”是自动按顺序列出的下一个未使用数字。

也可以单击“创建”→“表格”→“表设计”按钮，打开表设计器，在其中创建新表。

（1）使用“创建”选项卡新建表：在 Access 2013 的用户界面中，单击“创建”→“表格”→“表”按钮。新建的表如图 2-9 所示。

这是比较方便的建表方法，它不仅可以定义字段名称，还可以通过“表格工具 / 字段”选项卡对大部分的字段属性进行定义，如在“数据类型”选项中定义字段的数据类型，在“字段大小”选项中定义字段所存储的空间大小，并且可以定义验证规则等。

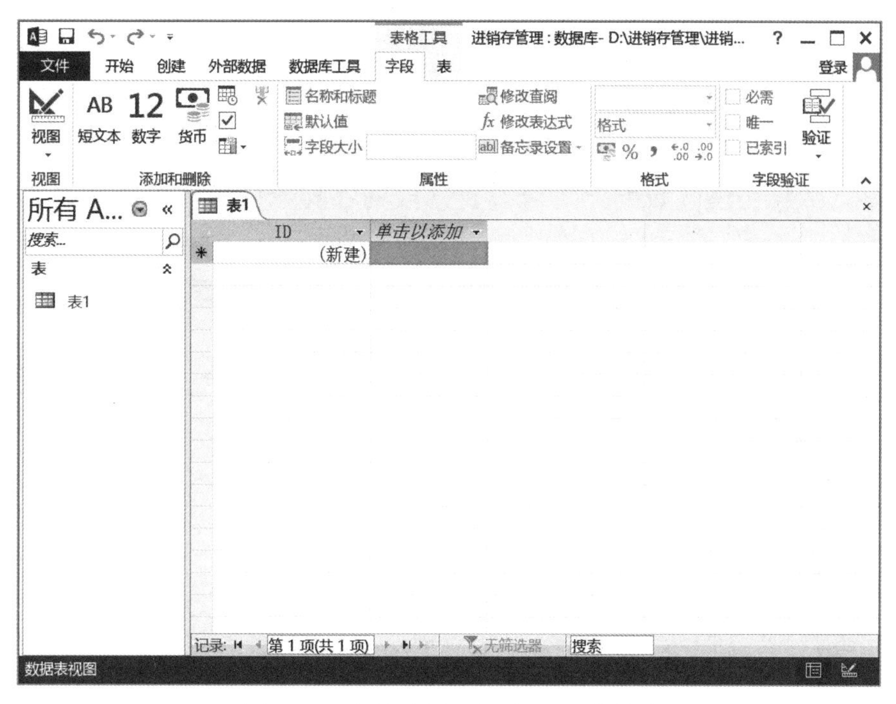

图 2-9　使用“创建”选项卡新建表

这种方式创建的表会自动出现 ID 列，并且 ID 列的数据类型会自动默认为“自动编号”。如果 ID 列需要更改字段名称和数据类型，可以直接对字段名称进行重命名，数据类型则需要在“数据类型”选项中进行修改。定义完 ID 列的字段名称和数据类型之后，即可直接向表中输入记录。

（2）使用表设计器新建表：在 Access 2013 用户界面中，单击“创建”→“表格”→“表设计”按钮，如图 2-10 所示。

图 2-10　使用表设计器新建表

这种方式可以在表设计器中定义表的字段名称、数据类型及字段属性等。使用表设计器完成建表后，如果需要输入记录，则需要切换到数据表视图。

2．表的视图方式

表的操作通常在设计视图和数据表视图中进行。

（1）设计视图：设计视图是用于编辑表结构的视图。在设计视图中可以输入、编辑、修改表的字段名称、数据类型和说明，可以设置字段的各种属性等，如图 2-11 所示。

图 2-11 “供应商”表的设计视图

（2）数据表视图：数据表视图是用于浏览和编辑记录的视图，如图 2-12 所示。在数据表视图中，不仅可以对记录进行插入、编辑、修改和删除，还可以查找、替换数据以及对表进行排序和筛选等。

图 2-12 “供应商”表的数据表视图

图 2-13 视图的切换

（3）视图的切换：无论是在设计视图中还是在数据表视图中，“开始”选项卡“视图”选项组的“视图”下拉列表中都有“数据表视图”和“设计视图”选项，用户可以根据需要进行视图的切换，如图 2-13 所示。用户也可以选中表对象并右击，在弹出的快捷菜单中选择需要的视图方式。此外，在任务栏的右下方有视图切换按钮，通过单击视图切换按钮，用户也可以很方便地进行视图的切换。

二、数据类型

在实际应用中，数据是具有不同类型的，有的是日期，有的是文字，还有的是数字等。因此，在创建表时，要确定表中字段的数据类型。表中字段的数据类型不同，其存储方式和能够进行的操作也不同。Access 2013 提供了多种数据类型。

1. 短文本

短文本数据类型用于存储文字或文字与数字的组合以及不需要进行计算的数字等，如姓名、地址、课程编号、电话号码、邮编等。短文本最多可以存储 256 个字符。

2. 长文本

对于长文本数据类型，Access 2013 提供了“仅追加”和“格式文本”两种属性。

长文本在 Access 中最多能存储 1GB 的字符。

3. 数字

数字数据类型用于存储需要进行计算的数据，包括字节型、整型、长整型、单精度型、双精度型、同步复制 ID 和小数等。字节型占 1 字节宽度，可存储 0 ～ 255 中的整数；整型占 2 字节宽度，可存储 -32 768 ～ +32 767 中的整数；长整型占 4 字节宽度，它能存储更大范围的数字；单精度型可以表示小数；双精度型可以表示更为精确的小数。

4. 日期 / 时间

日期 / 时间数据类型用于存储日期和时间。这种类型的数据有多种格式可选，如常规日期（yyyy/mm/dd hh:mm:ss）、长日期（yyyy 年 mm 月 dd 日）、长时间（hh:mm:ss）等，占用 8 字节宽度。

5. 货币

货币数据类型用于表示货币值，计算时禁止四舍五入，占用 8 字节宽度。

6. 自动编号

自动编号数据类型用于在添加记录时给每一个记录自动插入唯一的顺序号（每次递增 1）或随机编号。创建新表时会自动添加 ID 字段并将该 ID 字段设为自动编号类型。每个表中允许有一个自动编号字段。

7. 是 / 否

是 / 否数据类型用于存储两个值中只可能是其中一个的数据，如是 / 否、真 / 假等。

8. OLE 对象

OLE 是对象嵌入与链接的简称。OLE 对象数据类型用于存储声音、图形、图像等信息。

9. 超链接

超链接数据类型用于存放超级链接地址，可以存储电子邮件等地址。

10. 附件

附件数据类型允许用户向记录附加图片和其他文件，就像邮件的附件一样。如果有一个“学生成绩管理”数据库，则可以通过附件附加学生照片或附加毕业论文等文档。对于 .BMP、.EMF 等文件格式的文件，Access 会在添加附件时对其进行压缩。附件数据类型仅适用于 .accdb 文件格式的数据库。附件的名称不得超过 255 个字符，包括文件扩展名。

11．计算字段

计算字段用于存储计算结果，并不是数据类型。例如，计算姓氏、折扣等，可以进行计算的数据类型为文本、数字、货币、是 / 否、日期 / 时间。一般使用表达式来进行计算，计算的结果存储在计算列中。

12．查阅和关系

用户可以通过查阅和关系下的“查阅向导”对话框创建查阅字段，可以查阅其他表或查询中的值。查阅和关系不是数据类型。

三、主键及其设置方法

1．主键

主键是表中能唯一标识一条记录的一个字段或多个字段的组合。一个表中只能有一个主键。如果表中有唯一可以标识一条记录的字段，就可以将该字段指定为主键。如果表中没有一个字段的值可以唯一标识一条记录，就要将多个字段组合在一起作为主键。主键不允许有 NULL 值，而且必须始终具有唯一值。

2．设置主键的方法

（1）将表中的一个字段设置为主键：如果要设置表中的一个字段为主键，则可以打开表的设计视图，右击要设置的字段所在的行，在弹出的快捷菜单中选择“主键”命令，该字段左侧的按钮上就会出现钥匙形的主键图标。

（2）将表中多个字段的组合设置为主键：如果要设置表中多个字段的组合为主键，则要在按住“Ctrl”键的同时，分别单击字段左侧的按钮，当选中的字段行变黑时右击，在弹出的快捷菜单中选择“主键”命令，此时所有被选择的字段左侧的按钮上都会出现主键图标。

任务操作

操作实例 1：使用“创建”选项卡新建表的方法创建“供应商”表，“供应商”表中包含的字段名称、数据类型及字段大小如表 2-1 所示。

表 2-1 “供应商”表中包含的字段名称、数据类型及字段大小

字 段 名 称	数 据 类 型	字 段 大 小 /Byte
供应商编号（主键）	短文本	5
供应商名称	短文本	50
联系人姓名	短文本	10
联系人电话	短文本	20

续表

字段名称	数据类型	字段大小 /Byte
E-mail	短文本	30
地址	短文本	50
备注	长文本	

【操作步骤】

步骤 1： 打开“进销存管理”数据库，单击“创建”→“表格”→“表”按钮，进入新建表的工作界面，如图 2-14 所示。

图 2-14　新建表的工作界面

步骤 2： 选择“ID”字段并右击，在弹出的快捷菜单中选择“重命名字段”命令，将字段重命名为“供应商编号”，作为该列指定字段名称，如图 2-15 所示。也可以双击“ID”字段，直接输入字段名称。还可以单击“表格工具 / 字段”→“属性”→“名称和标题”按钮，打开的“输入字段属性”对话框如图 2-16 所示，在其中输入或编辑字段名称即可。

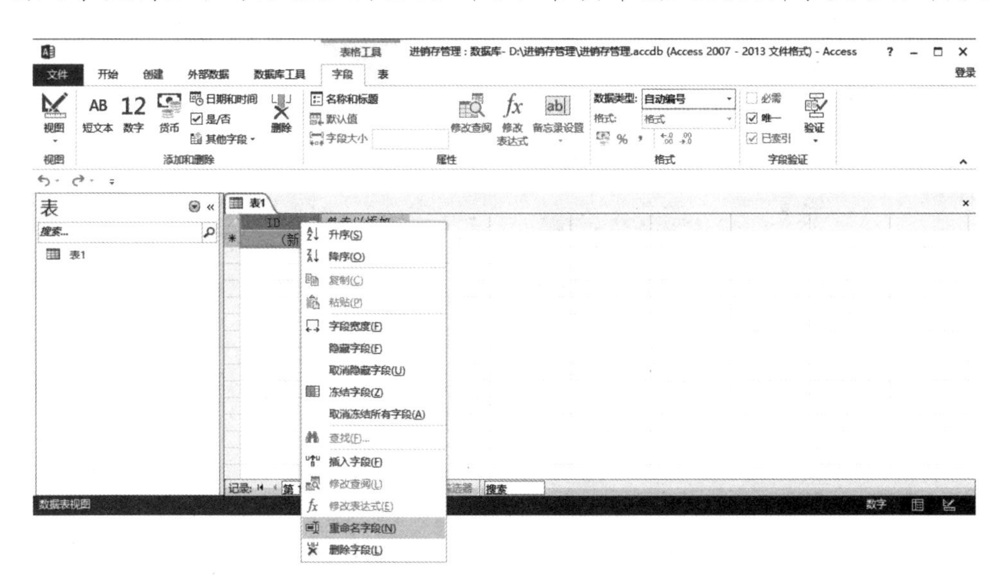

图 2-15　重命名字段

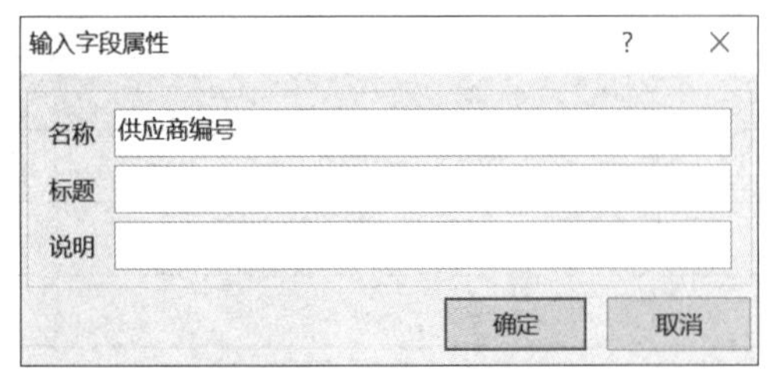

图 2-16 “输入字段属性”对话框

步骤 3：一般情况下，通过这种方法创建的新表的第一列都是 ID 列，会自动设置为自动编号类型，并设置为主键。在数据库设计的过程中，“供应商编号”应为短文本类型，所以需要修改或者设置其数据类型。

选择“供应商编号”字段，单击“表格工具 / 字段”→“格式”→“数据类型”下拉按钮，在下拉列表中选择“短文本”选项，如图 2-17 所示。在“表格工具 / 字段”选项卡“属性”选项组的“字段大小”文本框中输入“5”。

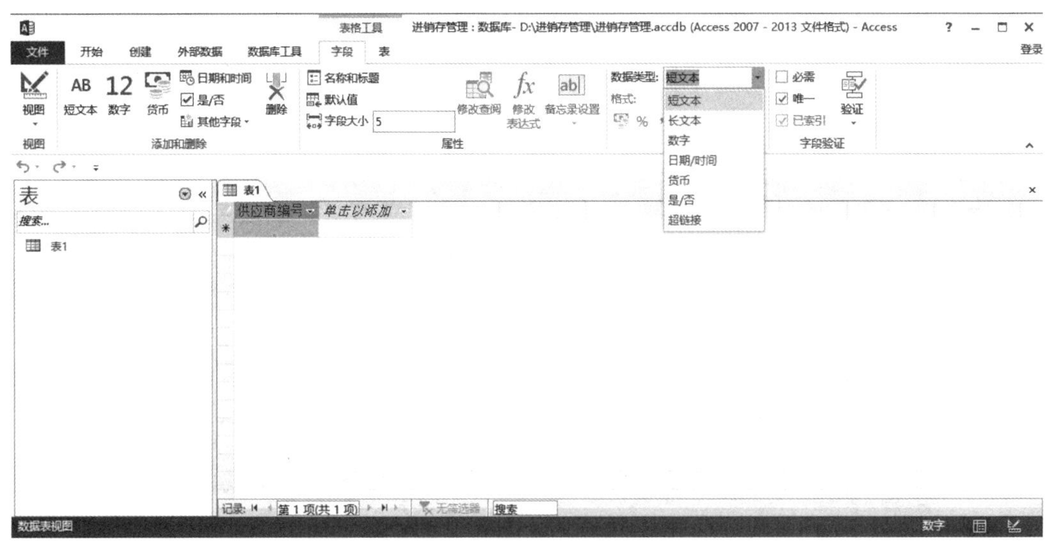

图 2-17 设定“供应商编号”字段的数据类型

步骤 4：从第二列开始，单击“单击以添加”按钮，将第二列字段的数据类型设置为“短文本”，同时第二列的列名变为“字段 1”，将“字段 1”重命名为“供应商名称”，将其字段大小设为 50，如图 2-18 所示。

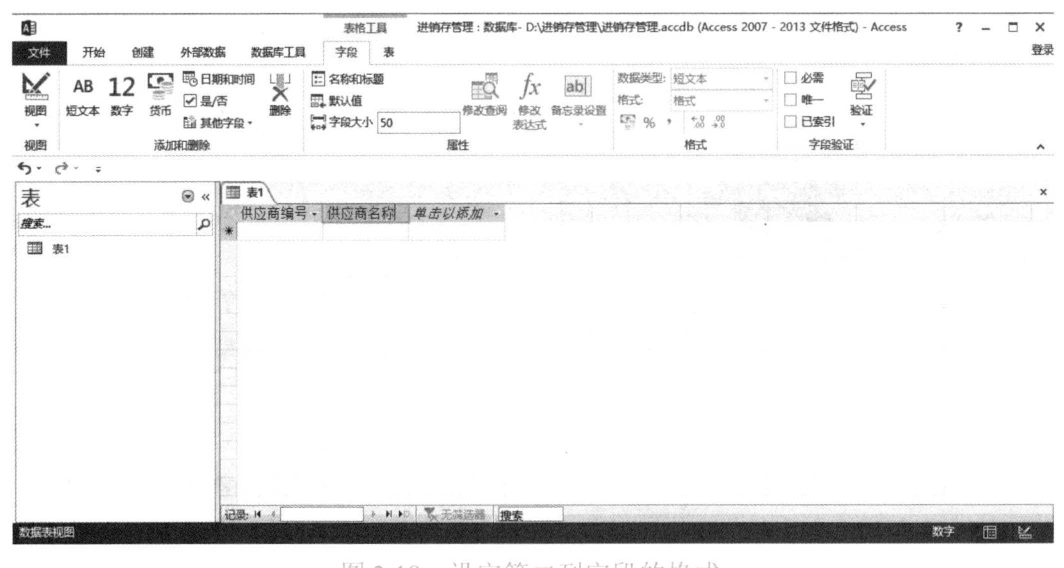

图 2-18 设定第二列字段的格式

步骤5：重复步骤4，继续单击第三列出现的“单击以添加”按钮，将第三列字段的数据类型设置为“短文本”，将“字段1”重命名为“联系人姓名”，将其字段大小设为10，如图2-19所示。

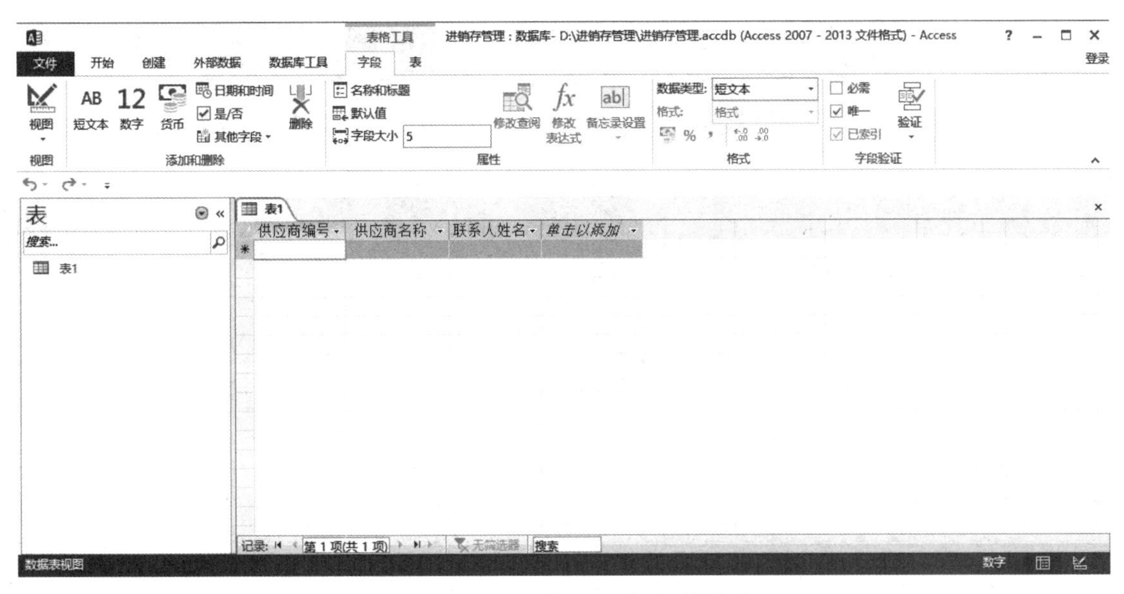

图2-19 设置第三列字段的格式

步骤6：用同样的方法将其他字段名称重命名为表2-1中的相应字段名称，并设置其中的短文本的字段大小，这里长文本的字段大小无法设置。

步骤7：表的名称可以通过三个途径进行设置。第一个途径是单击“保存”按钮，打开“另存为”对话框，在其中将表名称改为“供应商”，如图2-20所示。第二个途径是先关闭该表，如图2-21所示，在关闭表的时候会提示是否保存对表设计的修改，在单击“是”按钮之后也会打开“另存为”对话框，供用户指定表名称。第三个途径是可以在导航窗格列表中选择表名并右击，在弹出的快捷菜单中选择“重命名”命令，为表进行重命名，但是表需要处于关闭状态。

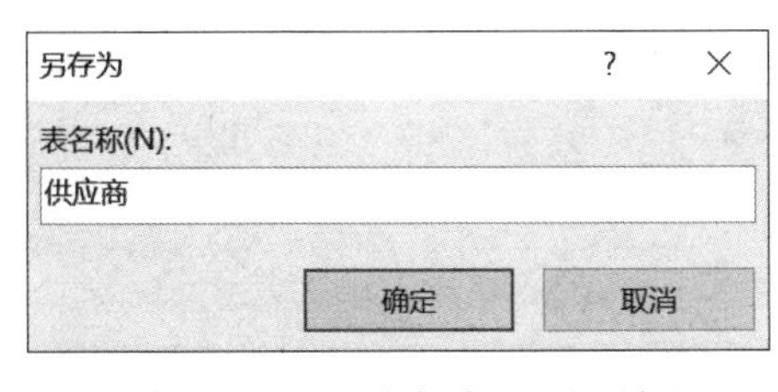

图2-20 “另存为”对话框

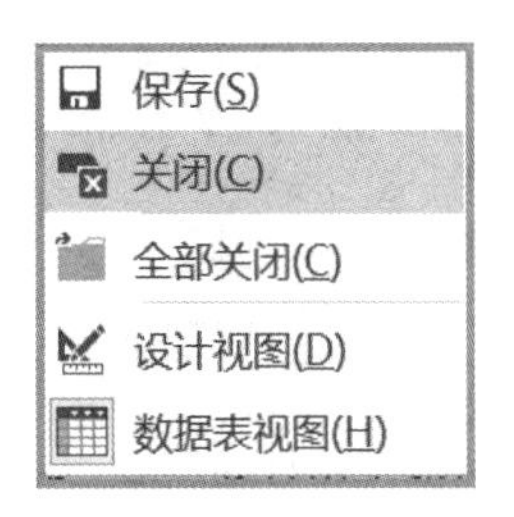

图2-21 关闭表

步骤8：新表创建完成之后，如果需要对表结构进行修改，则可以切换到设计视图，修改之后重新保存即可。

通常，表结构创建完成之后，可以在数据表视图中输入记录数据，如图2-22所示。

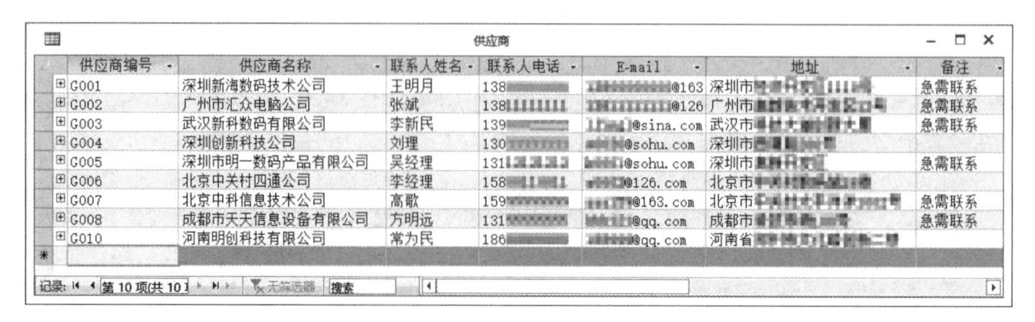

图 2-22　输入记录数据

操作实例 2：使用表设计器新建表的方法创建“商品”表，“商品”表中包含的字段名称、数据类型及字段大小如表 2-2 所示。

表 2-2　“商品”表中包含的字段名称、数据类型及字段大小

字段名称	数据类型	字段大小/Byte
商品编号（主键）	短文本	10
供应商编号	短文本	5
商品名称	短文本	20
类别	短文本	10
生产日期	日期/时间	
单位	短文本	2
规格型号	短文本	20
商品单价	货币	
数量	数字	
商品图片	OLE 对象	
商品描述	长文本	

【操作步骤】

步骤 1：打开“进销存管理”数据库，单击“创建”→“表格”→“表设计”按钮，打开表设计器，进入表的设计视图，如图 2-23 所示。

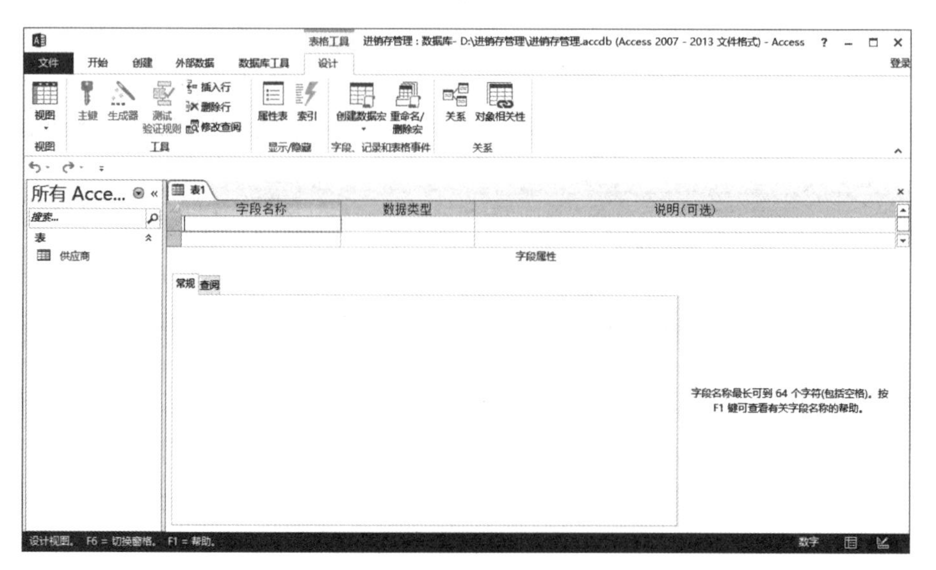

图 2-23　表的设计视图

步骤 2： 在“字段名称”列首行中输入“商品编号”，在“数据类型”列首行中选择“短文本”选项，在“说明（可选）”列首行中输入“为商品提供的唯一编号”，在字段属性“常规”选项卡中设置“字段大小”为 10，如图 2-24 所示。

步骤 3： 按照表 2-2 提供的信息，用同样的方法分别添加其他字段，并分别设置其数据类型及字段大小等，如图 2-25 所示。

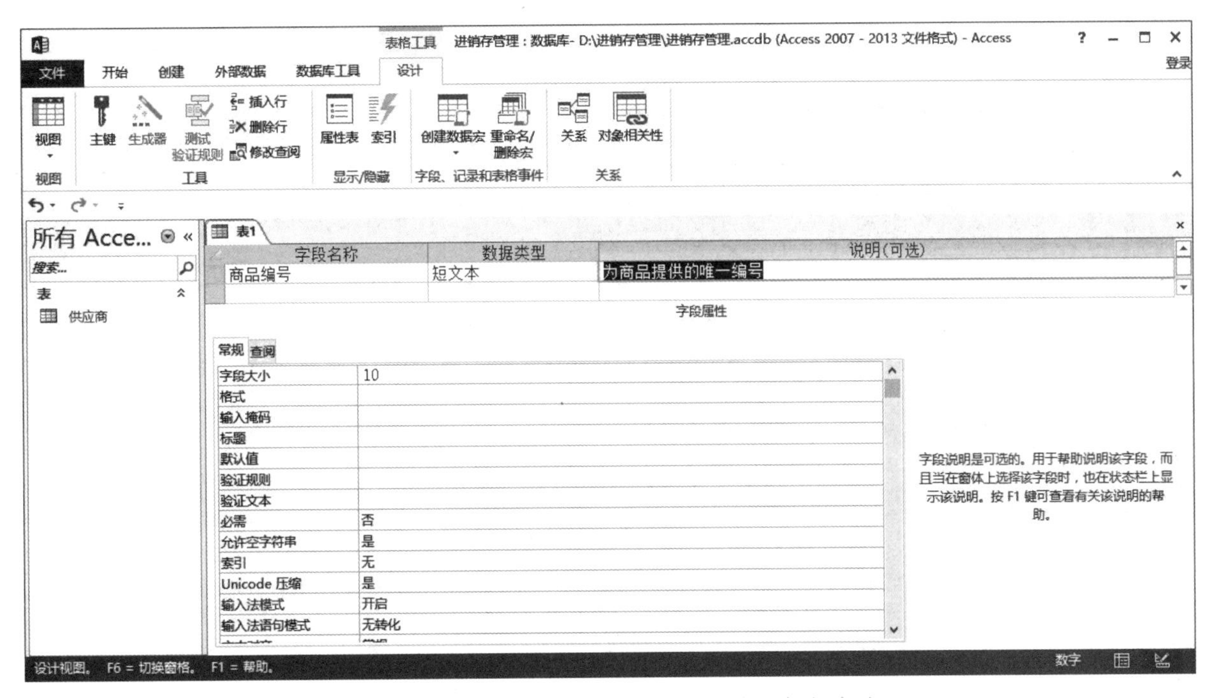

图 2-24 设置字段名称、数据类型及字段大小

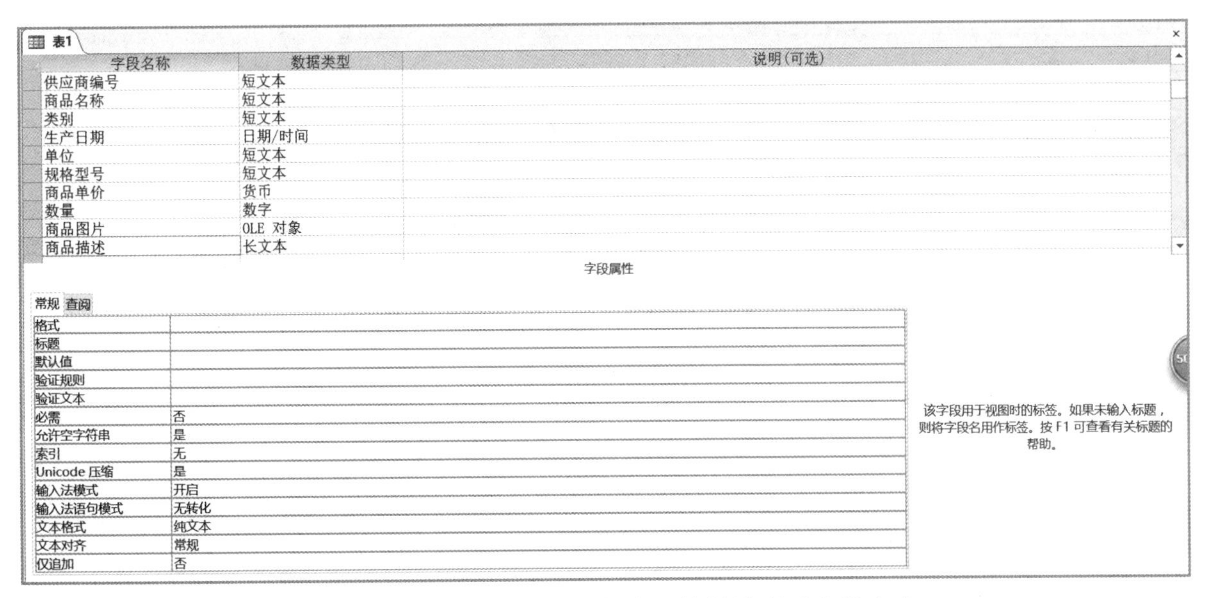

图 2-25 设置所有的字段名称、数据类型及字段大小

工程师提示

表的设计视图中的“说明（可选）”列为可选项，用于帮助说明该字段的含义，当在窗体中选择该字段时，在状态栏中会显示“说明（可选）”列中的文字。

步骤 4：在“商品编号”行右击，在弹出的快捷菜单中选择“主键”命令，如图 2-26 所示，将“商品编号”字段设置为“商品”表的主键。或者选择“商品编号”行，单击“表格工具 / 设计”→“工具”→“主键”按钮，也可以将“商品编号”字段设置为“商品”表的主键。主键设置完成后，单击快速访问工具栏中的“保存”按钮，打开“另存为”对话框，输入表的名称“商品”，单击“确定”按钮，“商品”表创建完成。

工程师提示

输入字段名称时，其名称应符合以下规则。

（1）字段名称长度为 1 ～ 64 个字符。

（2）可以包含空格、数字和其他字符，但空格不能作为第一个字符。

（3）不能包含英文的“.”“！”“[]”“'”等符号。

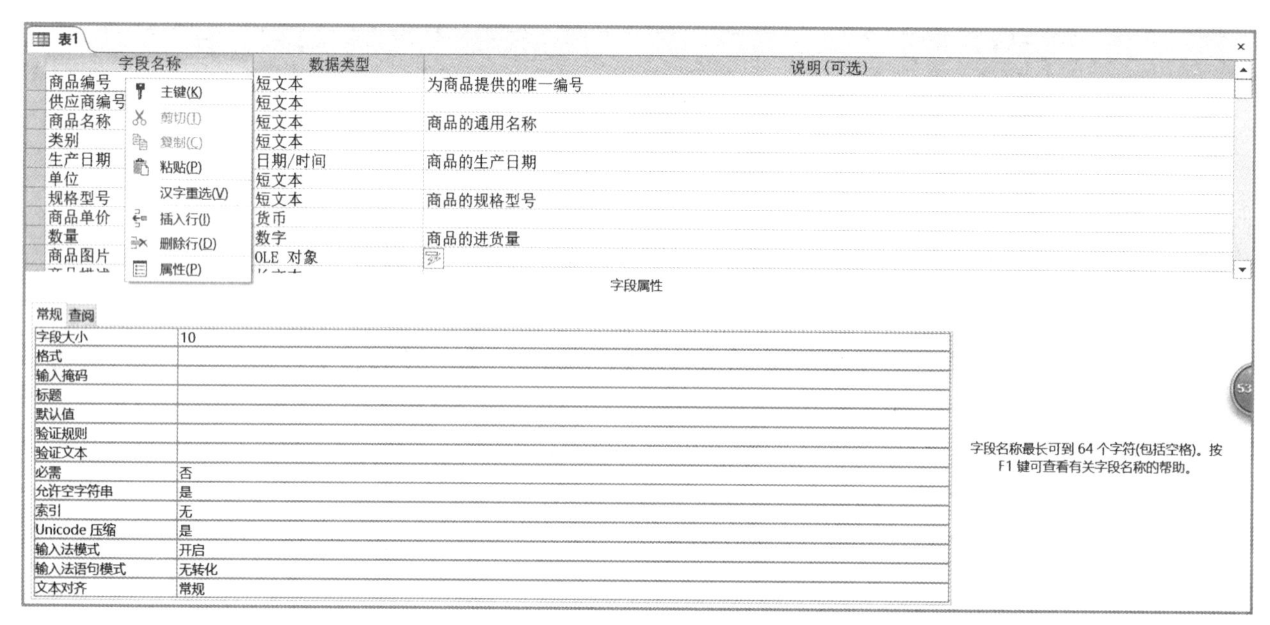

图 2-26 设置“商品”表的主键

操作实例 3：已经创建好的“商品”表中有“商品单价”和“数量”字段，增加“金额”字段，使“金额”字段的值为“商品单价 × 数量”。

【操作步骤】

步骤 1：打开“进销存管理”数据库，在导航窗格中双击“商品”表，进入“商品”表的数据表视图。

步骤 2：选择“数量”列，在任意处单击。

步骤 3：单击“表格工具 / 字段”→“添加和删除”→“其他字段”下拉按钮，在下拉列表中选择“计算字段”→“货币”选项，如图 2-27 所示。

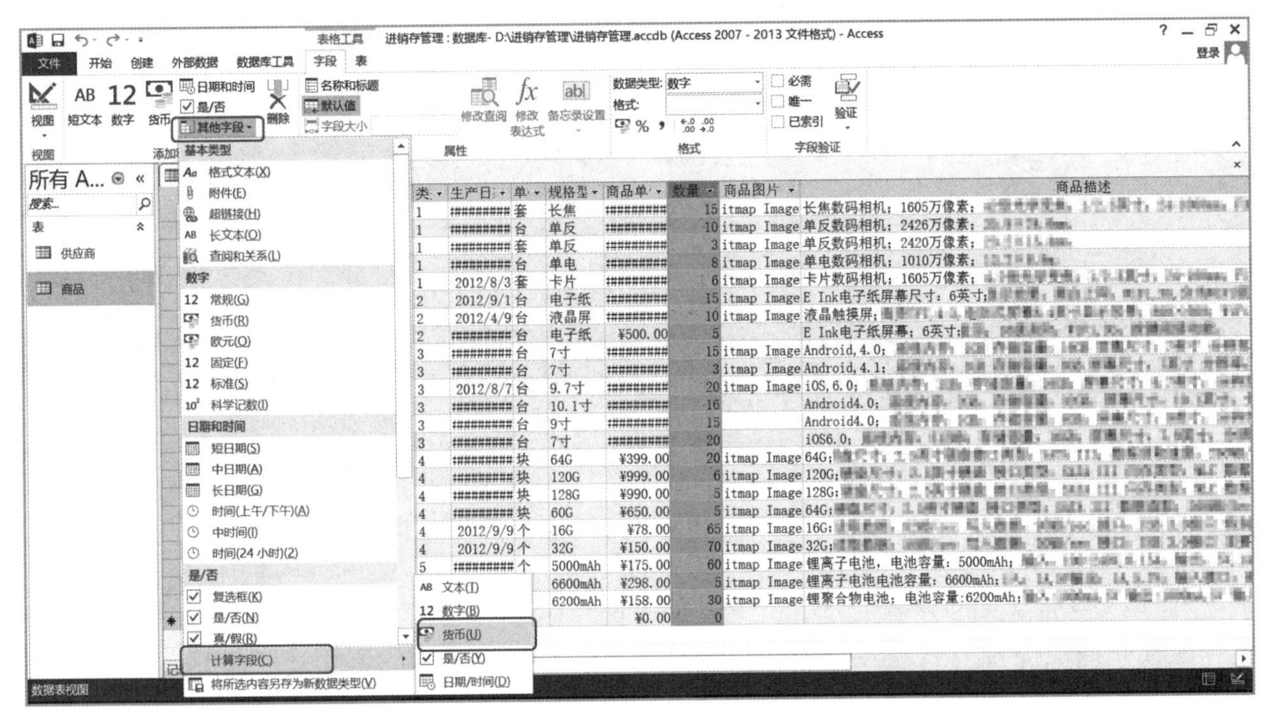

图 2-27　计算字段的设定

步骤 4： 如图 2-28 所示，在打开的“表达式生成器”对话框中输入“[商品单价]*[数量]”，单击“确定”按钮，会自动在“数量”列后出现新的“字段 1”列，且自动填充计算值。

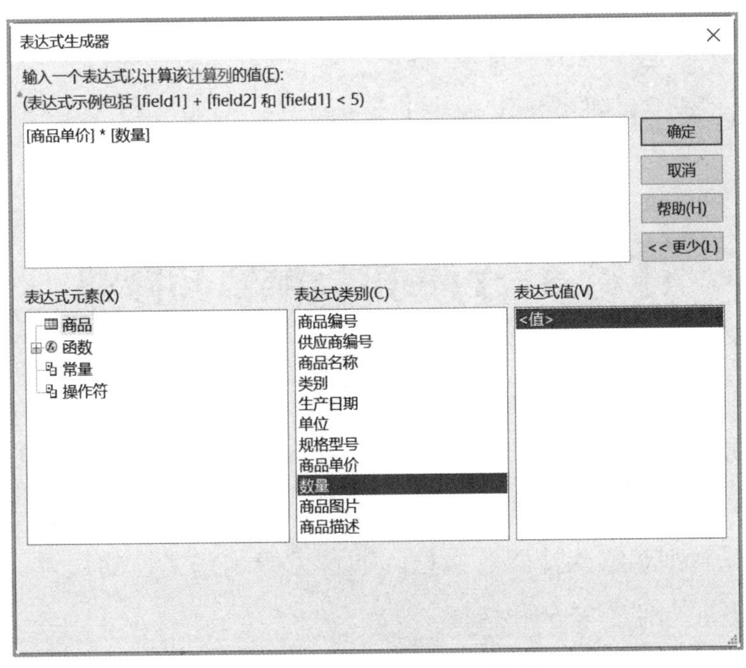

图 2-28　计算字段的表达式

步骤 5： 将新增加的“字段 1”重命名为“金额”。保存并关闭“商品”表。图 2-29 所示为用计算字段计算出“金额”值的“商品”表。

商品

商品编号	供应商编号	商品名称	类别	生产日期	单位	规格型号	商品单价	数量	金额	商品图片	商品描述
101001	G003	尼康 COOLPIX P	1	2/4/10/周二	套	长焦	¥2,800.00	15	¥42,000.00	tmap Image	长焦数码相机；1605万像素；[illegible]
101002	G003	尼康 D600	1	2/4/21/周六	台	单反	¥13,100.00	10	¥131,000.00	tmap Image	单反数码相机；2426万像素；[illegible]
101003	G003	尼康 D3200	1	2/5/21/周一	套	单反	¥3,400.00	3	¥10,200.00	tmap Image	单反数码相机；2420万像素；[illegible]
101004	G003	尼康 J1	1	2/7/11/周三	台	单电	¥2,100.00	8	¥16,800.00	tmap Image	单电数码相机；1010万像素；[illegible]
101005	G003	尼康 COOLPIX P	1	12/8/3/周五	套	卡片	¥1,900.00	6	¥11,400.00	tmap Image	卡片数码相机；1605万像素；[illegible]
201001	G002	亚马逊Kindle 3	2	12/9/1/周六	台	电子纸	¥1,200.00	15	¥18,000.00	tmap Image	E Ink电子纸屏幕尺寸：6英寸；[illegible]
201002	G002	汉王文阅8001	2	12/4/9/周一	台	液晶屏	¥1,580.00	10	¥15,800.00	tmap Image	液晶触摸屏；[illegible]
201003	G002	盛大Bambook	2	2/2/12/周日	台	电子纸	¥500.00	5	¥2,500.00		E Ink电子纸屏幕；[illegible]
301001	G001	联想乐Pad A220	3	2/6/28/周四	台	7寸	¥1,599.00	15	¥23,985.00	tmap Image	Android, 4.0；[illegible]
301002	G001	谷歌 Nexus 7	3	2/7/12/周四	台	7寸	¥1,799.00	3	¥5,397.00	tmap Image	Android, 4.1；[illegible]
301003	G004	苹果iPad4	3	12/8/7/周二	台	9.7寸	¥3,688.00	20	¥73,760.00	tmap Image	iOS, 6.0；[illegible]
301004	G001	三星GALAXY Not	3	2/8/15/周三	台	10.1寸	¥3,599.00	16	¥57,584.00		Android4.0；[illegible]
301005	G001	联想 乐Pad A21	3	2/8/25/周六	台	9寸	¥1,799.00	15	¥26,985.00		Android4.0；[illegible]
301006	G004	苹果iPad Mini	3	2/8/28/周二	台	7寸	¥2,499.00	20	¥49,980.00		iOS6.0；[illegible]
501001	G005	金士顿SV200	4	2/5/13/周日	块	64G	¥399.00	20	¥7,980.00	tmap Image	64G；[illegible]
501002	G006	Intel 330 seri	4	2/6/20/周三	块	120G	¥999.00	6	¥5,994.00	tmap Image	120G；[illegible]
501003	G008	三星830	4	2/7/10/周二	块	128G	¥990.00	5	¥4,950.00	tmap Image	128G；[illegible]
501004	G005	金士顿V+200	4	2/8/19/周日	块	60G	¥650.00	5	¥3,250.00	tmap Image	64G；[illegible]
501005	G010	台电极速USB3.0	4	12/9/9/周日	个	16G	¥78.00	65	¥5,070.00	tmap Image	16G；[illegible]
501006	G010	台电骑士USB3.0	4	12/9/9/周日	个	32G	¥150.00	70	¥10,500.00	tmap Image	32G；[illegible]
601001	G007	品胜电霸	5	2/6/12/周二	个	5000mAh	¥175.00	60	¥10,500.00	tmap Image	锂离子电池，电池容量：5000mAh；[illegible]
601002	G007	羽博YB-631	5	2/7/20/周五	个	6600mAh	¥298.00	5	¥1,490.00	tmap Image	锂离子电池电池容量：6600mAh；[illegible]
601003	G007	飞毛腿07	5	2/8/17/周五	个	6200mAh	¥158.00	30	¥4,740.00	tmap Image	锂聚合物电池；电池容量:6200mAh；[illegible]

记录：第 1 项(共 23 项 无筛选器 搜索

图 2-29　用计算字段计算出“金额”值的“商品”表

任务实训

实训：创建“销售记录”表、“入库记录”表、“客户”表、“员工”表、“管理员”表和“商品类别”表，表的详细结构及属性参照项目 1 中的表 1–5、表 1–6、表 1–2、表 1–9、表 1–7 和表 1–8。

【实训要求】

1. 使用“创建”选项卡创建“入库记录”表。
2. 使用表设计器创建“销售记录”表。
3. 使用任意方法创建“员工”表、“客户”表、“管理员”表和“商品类别”表。
4. 每个表创建完成后，都要添加表中的记录。

任务 3　对表进行编辑和修改

任务分析

通过前面的任务可以看到，用户可以用多种方法创建表，在创建表时，已经对表中的字段名称、数据类型、字段大小等进行了设置。但表中的字段除了包括这些属性，还包括标题、格式、默认值、验证规则和输入掩码等属性。通过完善这些属性的设置，可以使表在数据输入、显示和管理上更加方便、安全和快捷。

表建成以后，用户也可能需要对表的字段进行添加、删除和修改等操作，以使表更符合实际数据存储和管理的需要。

本任务将通过实例来讲解表中的字段属性的设置和表中字段的编辑修改。

知识准备

一、表中的字段属性的设置

在表的设计视图中，当选中某个字段时可以看到“字段属性”区会显示该字段的相关属性，如图2-30所示。字段的数据类型不同，字段能够设置的字段属性也不同，常用的字段属性有“字段大小”“格式”“输入掩码”“标题”“默认值”“验证规则”“验证文本”等。

在 Access 2013 中，还可以通过属性表来设置“验证规则”“筛选”“排序依据”等字段属性。不同的字段，其属性表中会显示不同属性。在设计视图中，“属性表”窗格默认显示在窗口右侧，如图 2-31 所示。

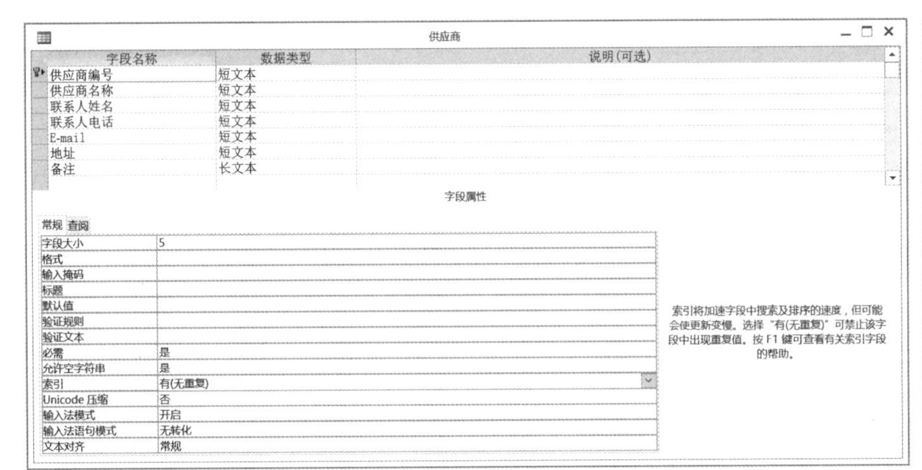

图 2-30　设计视图中的字段属性

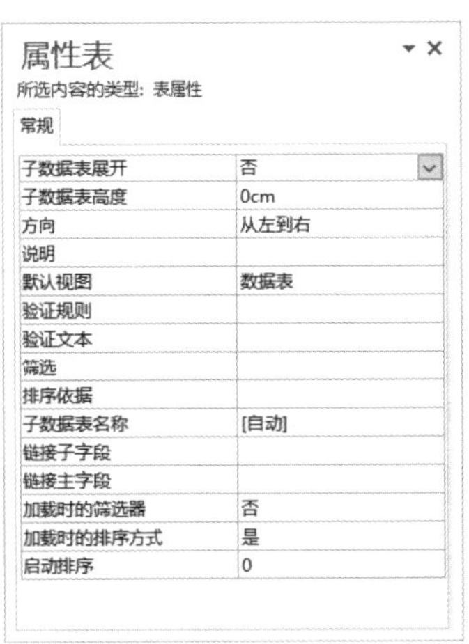

图 2-31　“属性表”窗格

在表的数据表视图中，“表格工具 / 字段”选项卡“属性”选项组中对应的选项也可以用于设置部分属性。选中某一列字段时，可以按照字段的不同数据类型设置不同的属性，如可以设置“名称和标题”“默认值”“字段大小”等属性，如图 2-32 所示。

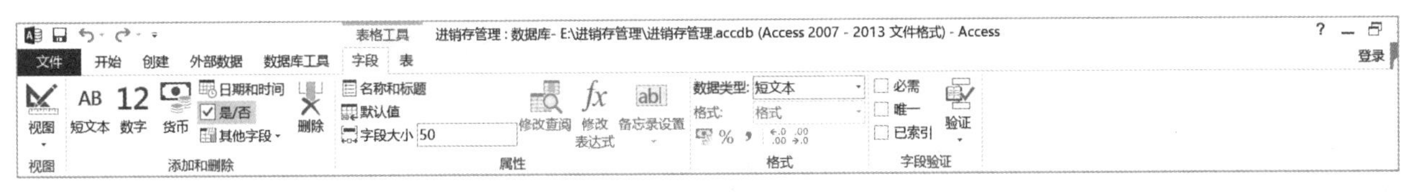

图 2-32　数据表视图中的“属性”选项组

一般情况下，用户可以对表中字段进行以下属性设置。

1. “字段大小”属性

“字段大小”属性用于设置存储数据所占空间的大小。只能对“短文本”和“数字”两种类型的字段设置该属性。“短文本”类型字段的“字段大小”取值是 0 ～ 255，默认值为 50，可以输入取值范围内的整数。在表的设计视图中，“数字”类型字段的“字段大小”属性是通过单击“字段大小”下拉按钮，在下拉列表中选择某一类型来确定的，最常用的是“长整型”和“双精度型”。

2. “格式”属性

“格式”属性用于设置数据的显示方式。对于不同数据类型的字段，其格式的选择有所不同。

“数字”“自动编号”“货币”类型的数据有“常规数字”“货币”“欧元”“固定”“标准”“百分比”“科学记数”等格式。例如，单精度型数字“123.45”的货币格式为“¥123.45”，百分比格式为“12345.00%”。

“日期 / 时间”类型的数据有“常规日期”“长日期”“中日期”“短日期”“长时间”“中时间”“短时间”等格式。例如，“下午 5 时 30 分 21 秒”的长时间格式为“17:30:21”，中时间格式为“5:30 下午”，短时间格式为“17:30”。

“是 / 否”类型的数据有“真 / 假”“是 / 否”“开 / 关”等格式。

“OLE 对象”类型的数据没有“格式”属性，“短文本”“长文本”“超链接”类型的数据没有特殊的显示格式。

“格式”属性只影响数据的显示方式，对表中的数据并无影响。

3. “输入掩码”属性

“输入掩码”属性用于设置数据的输入格式。例如，短日期的掩码格式为“0000/99/99;0;_”，则输入数据时，会自动出现“____/__/__”格式，必须按此种格式输入日期。Access 中的“输入掩码”属性主要用于“长文本”“短文本”“日期 / 时间”类型的字段，有时也用于“数字”和“货币”类型的字段。

4. “标题”属性

标题是字段的另一个名称，标题和字段名称可以相同，也可以不同。当未指定标题时，标题默认为字段名称。

字段名称通常用于系统内部的引用，而标题通常用于显示给用户看。在数据表视图、窗体和报表中，相应字段显示的是标题。而在设计视图中，相应字段显示的是字段名称。

5. “默认值”属性

“默认值”属性用于指定新记录的默认值。设定默认值后，输入记录时，默认值会自动输入新记录的相应字段中。例如，“商品”表中将“单位”字段的默认值设为“台”，输入新数据时，“台”会自动输入“单位”字段中。

6. “验证规则”和“验证文本”属性

“验证规则”属性用于设置输入数据时必须遵守的表达式规则。利用“验证规则”属性可限制字段的取值范围，确保输入数据的合理性，防止非法数据输入。“验证规则”要用 Access 2013 表达式来描述。

“验证文本”属性用于配合“验证规则”使用。当输入的数据违反了“验证规则”时，系统会用设置的“验证文本”来给出提示信息。

为验证一个字段而设置的表达式是“字段的验证规则”。如果多个字段需要验证，则要用“表的验证规则”进行设置。

二、表中字段的编辑修改

在 Access 2013 中，使用设计视图和数据表视图都可以对表中的字段进行添加、删除、移动、修改及属性设置等操作。

1. 添加新字段

在设计视图中，若添加的新字段要出现在现有字段的后面，则直接在“字段名称”列的空行中输入新的字段名称即可。若需要在原有字段的前面插入新字段，则可选中原有字段，单击“表格工具 / 设计”→“工具”→“插入行”按钮，会生成一个空行，输入新的字段名称，设置字段属性即可。

在数据表视图中，若添加的新字段要出现在现有字段的最后，则直接在标题列的最后一列中单击“单击以添加”按钮，即可添加新字段，并进行数据类型的设置。若需要在中间字段的后面插入新字段，则可选中原有字段，再单击“表格工具 / 字段”选项卡“添加和删除”选项组中的常见的数据类型的按钮，即可添加相应字段并给字段重命名。若需要添加的新字段不是常见的数据类型，则可单击“其他字段”下拉按钮，选择其他类型的数据类型并添加新的字段。

2. 删除字段

在设计视图中，对于表中不需要的字段，可以将其删除。在需要删除的字段所在的行中单击，单击“表格工具 / 设计”→“工具”→“删除行”按钮，或者选择右键快捷菜单中的“删除行”命令，在打开的对话框中单击“是”按钮即可删除相应字段。

在数据表视图中，选中需要删除的字段，单击“表格工具 / 字段”→“添加和删除”→“删除”按钮，或者选择右键快捷菜单中的“删除字段”命令即可。

3. 修改字段

如果需要修改字段名称，则可以双击该字段名称直接修改，或删除该字段名称后重新输入新的字段名称；还可以单击“表格工具 / 字段”→“属性”→“名称和标题”按钮，直接进行字段名称的修改。如果需要修改字段的数据类型，可以直接在“数据类型”下拉列表中选择新的数据类型。如果需要修改字段大小，可以直接在“字段大小”文本框中修改。

4. 移动字段

如果需要改变字段的显示顺序，则可以选中要改变的字段，并将其拖到需要的位置。

工程师提示

（1）删除字段后，如果表中有记录，则会同时删除该字段中的全部记录。

（2）修改字段的数据类型时，如果表中有数据记录，则“OLE 对象”数据类型不能修改为其他数据类型，也不能将其他数据类型修改为“自动编号”数据类型。

（3）增加“字段大小”不会影响已有数据记录，减小“字段大小”时记录中的数据会被截断。

任务操作

操作实例 1：设置“客户”表中的“客户姓名”字段的字段大小为 10，并设置“联系电话”字段的标题为“联系方式”，设置“收货地址”字段的标题为“联系地址”。

【操作步骤】

步骤 1：切换到“客户”表的设计视图，选中“客户姓名”字段。

步骤 2：在字段属性“常规”选项卡的“字段大小”文本框中输入“10”，如图 2-33 所示。

步骤 3：保存对“客户”表的修改并关闭设计视图。切换到数据表视图，此时“客户姓名”字段只能输入 10 个字符（或 10 个汉字）。

步骤 4：切换到“客户”表的设计视图，选中“联系电话”字段，在字段属性“常规”选项卡的“标题”文本框中输入“联系方式”，如图 2-34 所示。

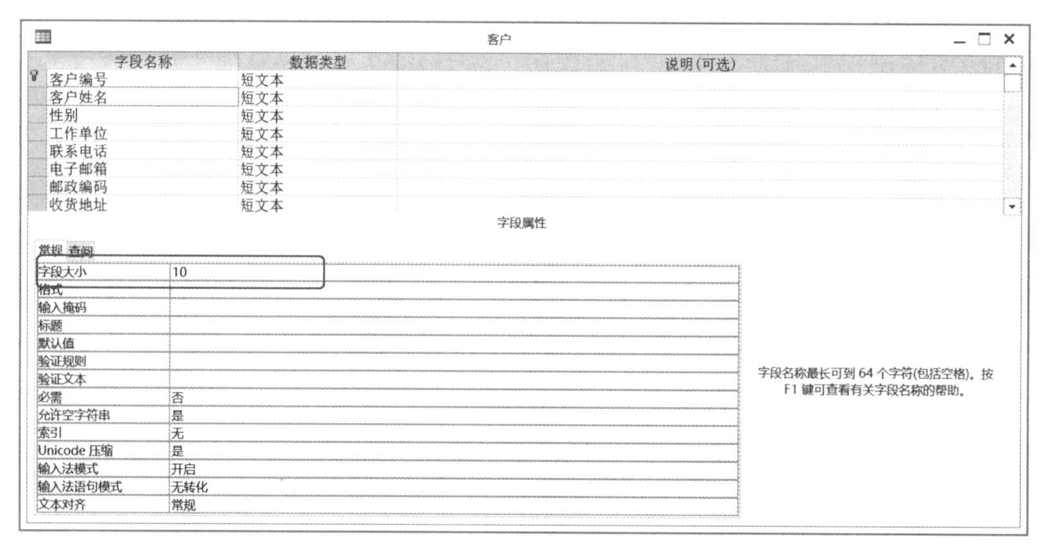

图 2-33 设置字段大小

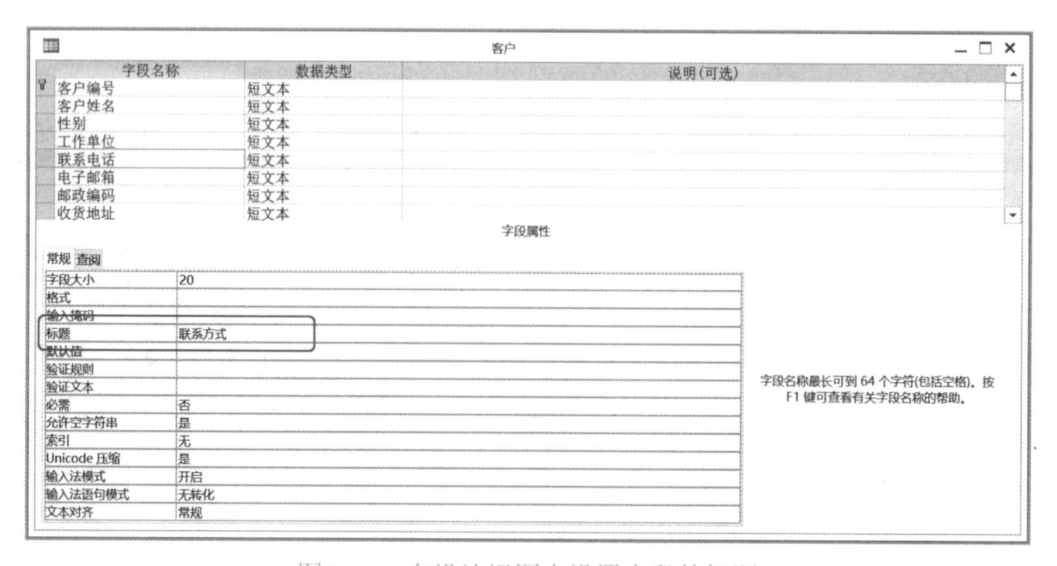

图 2-34 在设计视图中设置字段的标题

步骤 5： 也可以切换到“客户”表的数据表视图，单击“表格工具 / 字段”→“属性”→“名称和标题”按钮，打开“输入字段属性”对话框，在“标题”文本框中输入“联系方式”，如图 2-35 所示。

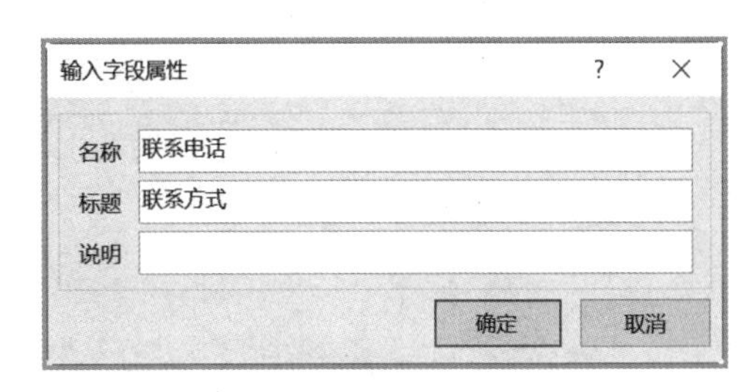

图 2-35　在数据表视图中设置字段的标题

步骤 6： 同样地，在“客户”表的设计视图中，选中“收货地址”字段，在字段属性“常规”选项卡的“标题”文本框中输入“联系地址”。

步骤 7： 关闭设计视图，弹出提示对话框，单击“是”按钮，保存对“客户”表的修改。打开“客户”表，在数据表视图中可以看到“联系电话”字段的标题已被修改为“联系方式”，“收货地址”字段的标题已被修改为“联系地址”，如图 2-36 所示。

客户

客户编号	客户姓名	性别	工作单位	联系方式	电子邮箱	邮政编码	联系地址	积分	是否会员
K001	李鹏	男		133	@163.com	450000	河南省	5310	☑
K002	张路遥	男		132	@163.com	710000	陕西省	1098	☐
K003	王朋	男		139	@126.com	473000	河南省	3000	☐
K004	刘佳	女		609	@sina.com	450000	郑州市	6500	☑
K005	吴新国	女		138	@sohu.com	475000	开封	3500	☐
K006	赵明明	男		137	@qq.com	471000	洛阳	6700	☑
K007	刘洋洋	女		137	@126.com	061000	河北	2001	☐
K008	张明远	男		136	@yeah.com	430000	湖北省	3500	☐
		男						0	■

记录：第 8 项(共 8 项)　无筛选器　搜索

图 2-36　设置字段的标题后的“客户”表

操作实例 2：设置“客户”表中“电子邮箱”字段必须输入包含“@”字符的数据的规则。

【操作步骤】

步骤 1： 切换到“客户”表的设计视图，选中“电子邮箱”字段，在字段属性的“常规”选项卡中单击“验证规则”右侧的 按钮，打开“表达式生成器”对话框。

步骤 2： 也可以切换到“客户”表的数据表视图，选中需要设定规则的字段“电子邮箱”，单击“表格工具 / 字段”→“字段验证”→“验证”下拉按钮，在弹出的下拉列表中选择“字段验证规则”选项，如图 2-37 所示，打开“表达式生成器”对话框。

步骤 3： 在“表达式生成器”对话框中输入“like "*@*"”，如图 2-38 所示，单击“确定”按钮。

步骤 4： 切换到“客户”表的设计视图，在字段属性的“常规”选项卡的“验证文本”文本框中输入“邮箱格式错误，缺少 '@' 字符”提示信息，如图 2-39 所示。

步骤 5： 关闭设计视图，弹出提示对话框，单击“是”按钮，对修改进行保存。当表中已存有数据时，会弹出另一个提示对话框，提示“这个过程可能需要很长时间。是否用新规则来测试现有数据？”，如图 2-40 所示。

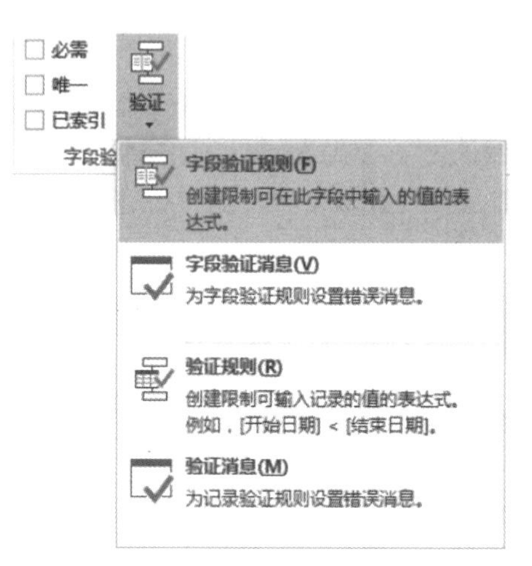

图 2-37 “字段验证规则”选项

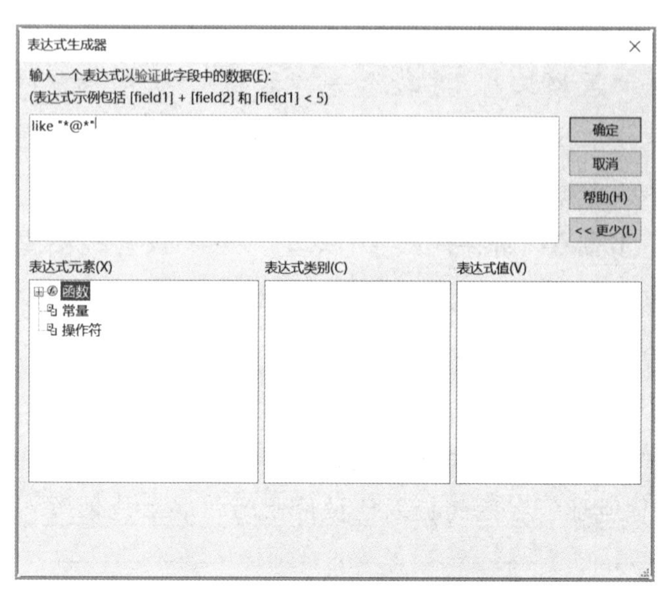

图 2-38 “表达式生成器”对话框

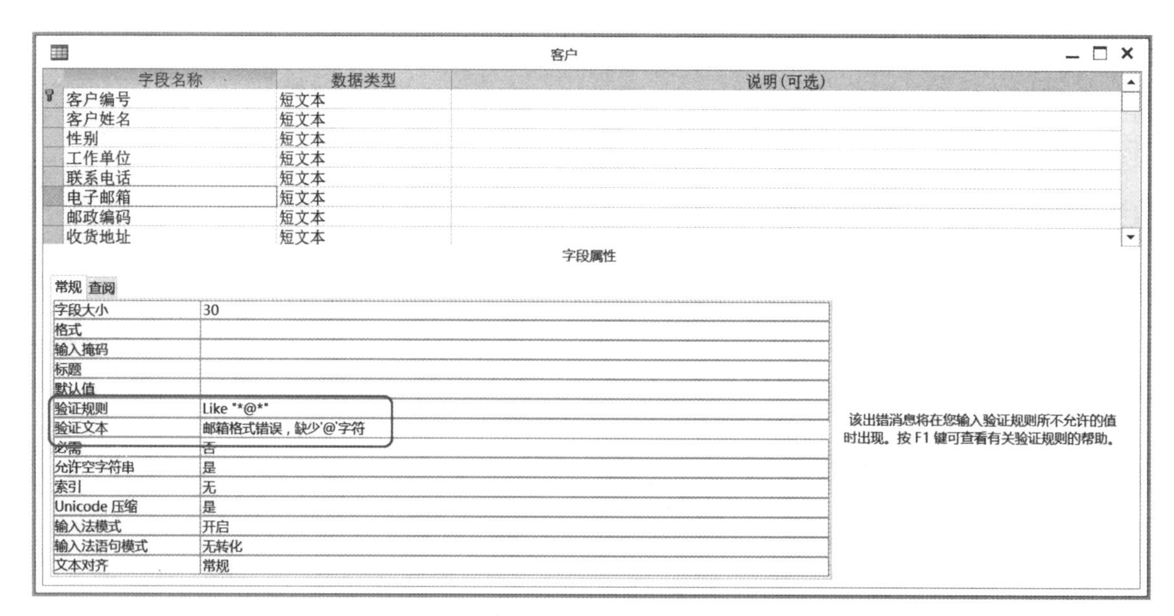

图 2-39 设置字段的验证规则和验证文本

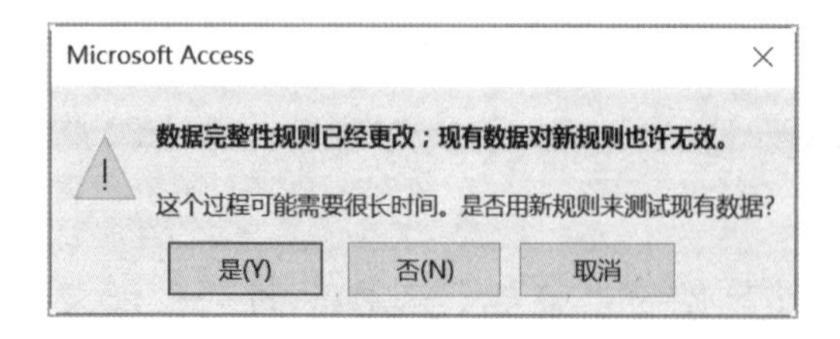

图 2-40 提示对话框 1

步骤 6：单击“是”按钮，又会提示“是否用新设置继续测试？”，如图 2-41 所示。这是因为现有数据已不符合新的验证规则。新的验证规则不能改变现有数据的格式，但对后来再输入的数据有限制作用。

步骤 7：单击“是”按钮，返回数据库工作窗口。

步骤 8：再次打开“客户”表，切换到数据表视图。在新增记录时，在“电子邮箱”字段中输入不带“@”字符的非法邮件地址数据后，会弹出含有验证文本提示信息的对话框，提示录入数据错误，如图 2-42 所示。这是因为输入的数据不符合字段的验证规则，必须输入带有“@”字符的数据，才可以继续输入。

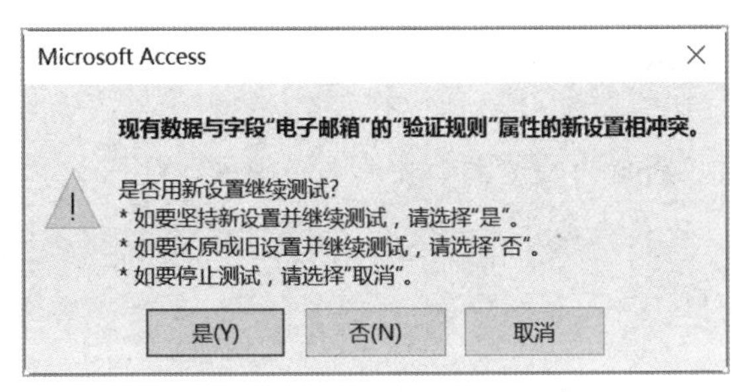

图 2-41　提示对话框 2

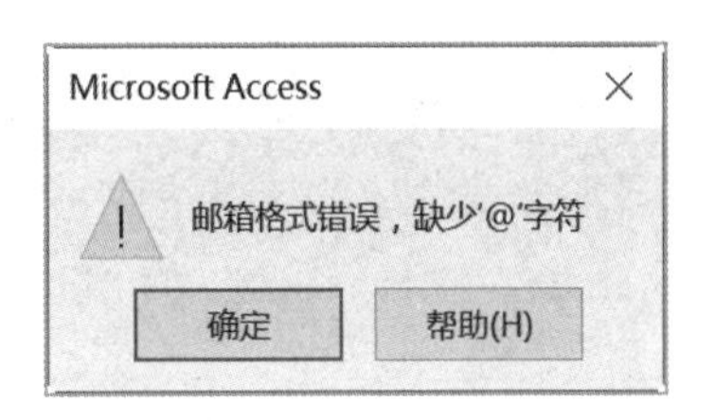

图 2-42　提示录入数据错误

操作实例 3：设置"员工"的入职时间必须在出生日期之后的规则。

【操作步骤】

步骤 1： 切换到"员工"表的数据表视图，选中"出生日期"字段。

步骤 2： 单击"表格工具 / 字段"→"字段验证"→"验证"下拉按钮，在弹出的下拉列表中选择"字段验证规则"选项，打开"表达式生成器"对话框。

步骤 3： 在"表达式生成器"对话框中输入"[入职时间]>[出生日期]"，如图 2-43 所示，单击"确定"按钮。

步骤 4： 也可以切换到"员工"表的设计视图，单击"表格工具 / 设计"→"显示 / 隐藏"→"属性表"按钮，打开"属性表"窗格，如图 2-44 所示。在"属性表"窗格的"验证规则"文本框中输入"[入职时间]>[出生日期]"，或者通过调出"表达式生成器"对话框输入记录验证规则。

步骤 5： 切换到数据表视图，打开"员工"表，在输入"入职时间"时，如果"入职时间"的值在"出生日期"之前，就会弹出错误信息提示，直到"入职时间"修改到"出生日期"之后为止。

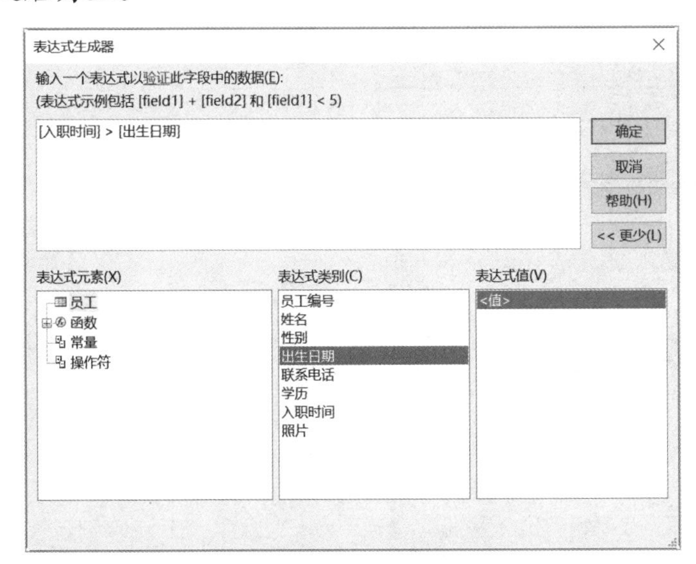

图 2-43　输入记录验证规则

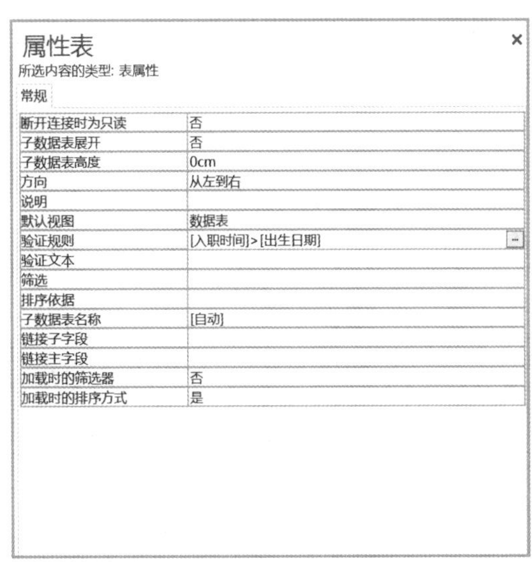

图 2-44　"属性表"窗格

工程师提示

Access 2013 提供了以下两种类型的验证规则。

（1）字段验证规则：创建限制可在此字段中输入的值的表达式。表达式一般仅针对一个字段。

（2）记录验证规则：创建限制可输入记录的值的表达式。可以使用记录验证规则比较不同字段间的值（例如，识别“开始日期”在“结束日期”之前）。

操作实例 4：设置“客户”表的“性别”字段的默认值为“男”，修改“邮政编码”字段名称为“邮编”，并设置该字段只能输入 6 位阿拉伯数字。

【操作步骤】

步骤 1：切换到“客户”表的设计视图，选中“性别”字段。

步骤 2：在字段属性的“常规”选项卡的“默认值”文本框中输入“男”，如图 2-45 所示，按快捷键“Ctrl+S”保存对“性别”字段“默认值”属性的修改。也可以切换到“客户”表的数据表视图，选中“性别”字段，单击“表格工具 / 字段”→“属性”→“默认值”按钮，打开“表达式生成器”对话框，输入“="男"”，如图 2-46 所示。

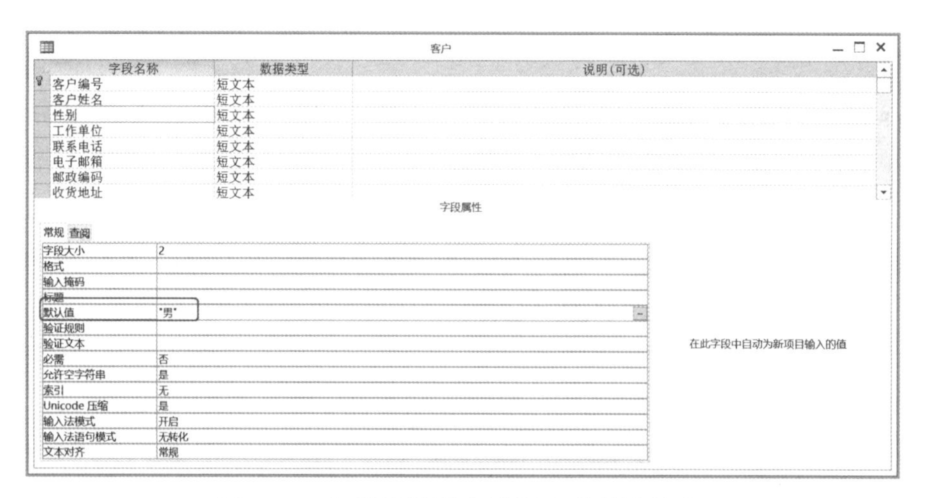

图 2-45　在设计视图中设置字段的默认值

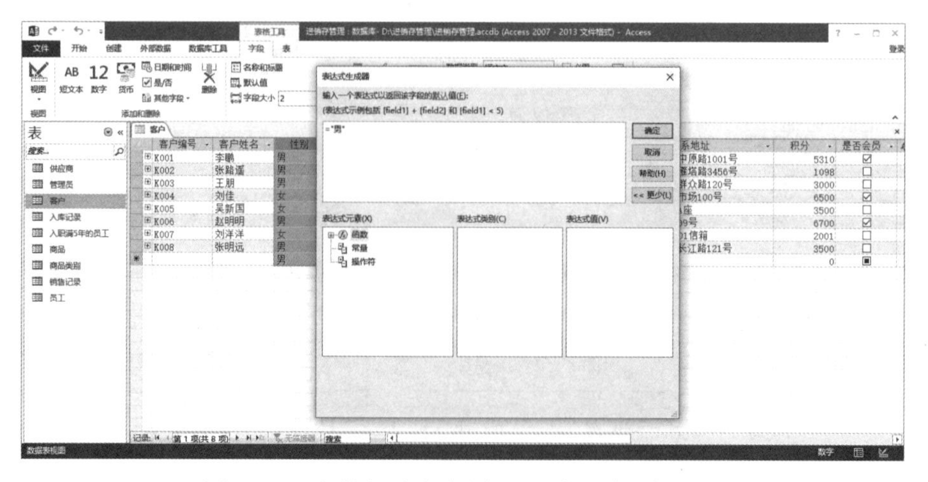

图 2-46　在数据表视图中设置字段的默认值

步骤 3：在设计视图中双击“邮政编码”字段名称，直接输入“邮编”，即可完成字段名称的修改。

步骤 4：选中“邮编”字段，在字段属性的“常规”选项卡的“输入掩码”文本框中输入“000000”，如图 2-47 所示。

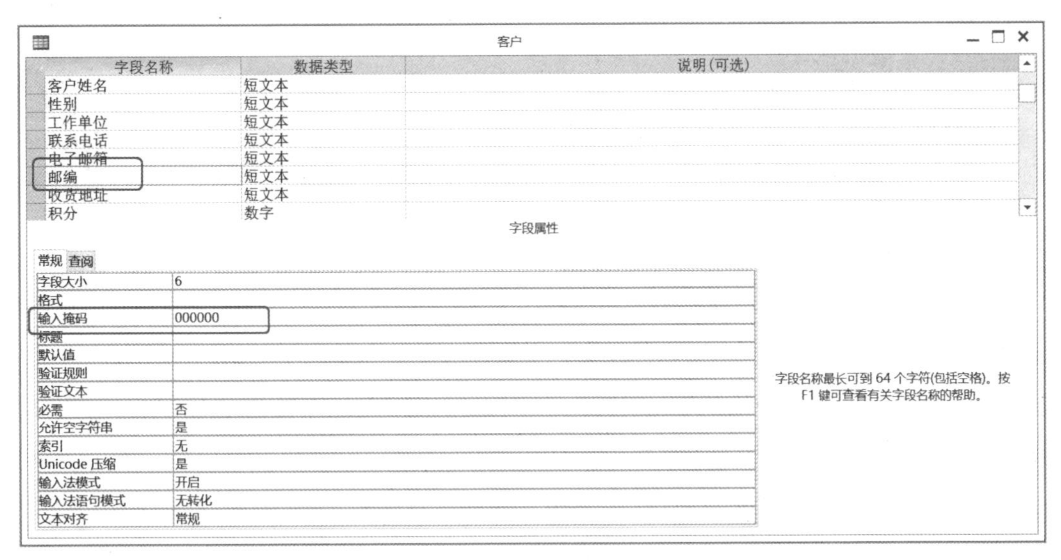

图 2-47　设置“输入掩码”属性

步骤 5：按快捷键“Ctrl+S”保存对“邮编”字段“输入掩码”属性的修改。

步骤 6：在数据表视图中添加或修改记录时，“性别”字段不用输入数据，默认自动输入“男”;“邮编”字段只能输入 6 位阿拉伯数字，否则将弹出提示对话框，提示输入错误，如图 2-48 所示。

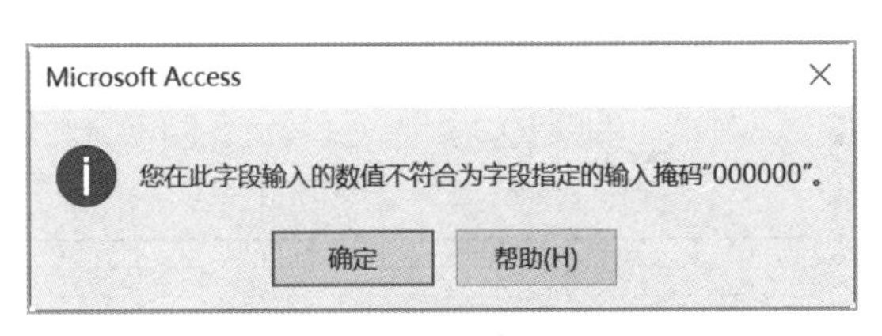

图 2-48　提示对话框

操作实例 5：在“客户”表“联系电话”字段前添加“工作单位”字段，将“电子邮箱”字段移动到“邮政编码”字段前。

【操作步骤】

步骤 1：切换到“客户”表的设计视图，将光标定位在“联系电话”字段上。

步骤 2：右击，在弹出的快捷菜单中选择“插入行”选项，如图 2-49 所示。或者单击“表格工具 / 设计”→“工具”→“插入行”按钮，即可在“联系电话”字段前添加一个空字段，而该位置原来的字段会自动向下移动。

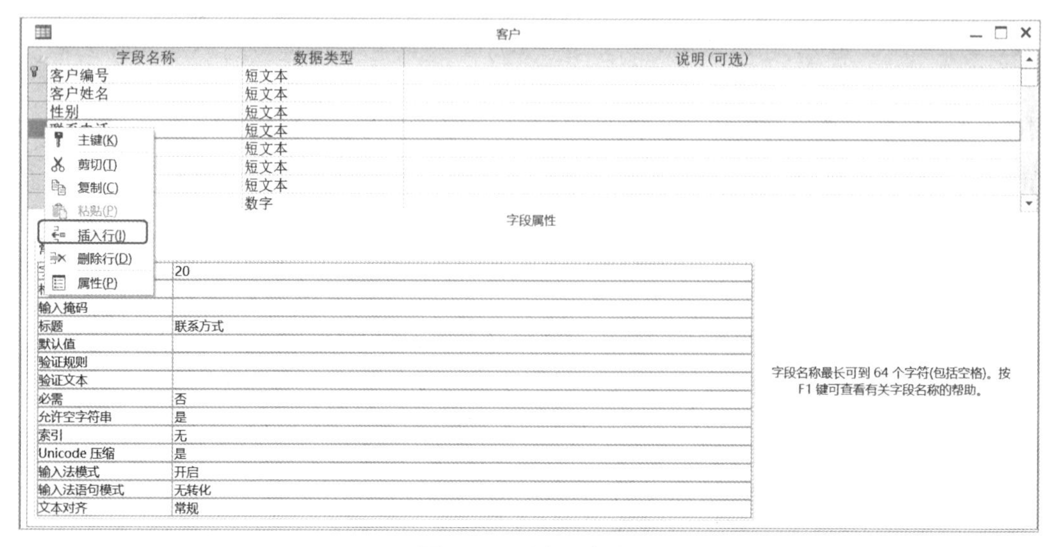

图 2-49　插入字段

步骤 3：设置空字段的名称为“工作单位”，设置该字段的数据类型为“短文本”，设置字段大小为“30”，字段添加完成。

步骤 4：也可以切换到“客户”表的数据表视图，选中“联系电话”字段，单击“表格工具 / 字段”→“添加和删除”→“短文本”按钮，即可在“联系电话”字段后边添加一列新字段，双击字段名称直接重命名，或者右击字段名称，在弹出的快捷菜单中选择“重命名”选项，将该字段命名为“工作单位”。

步骤 5：单击“电子邮箱”字段前的行选择器，选中该行，出现移动按钮 ，将其拖到“邮政编码”字段前，字段移动即可完成，如图 2-50 所示。

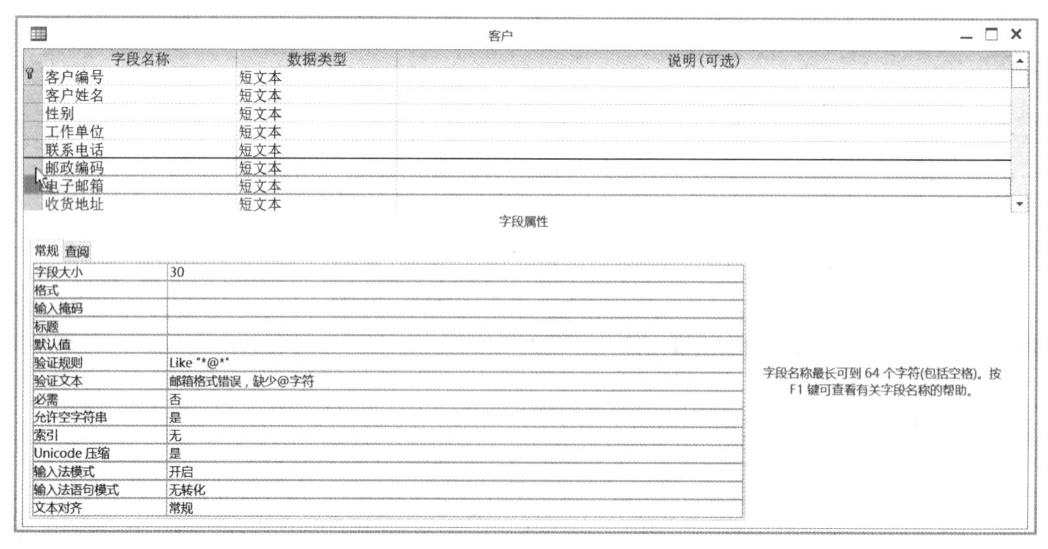

图 2-50　移动字段

工程师提示

（1）在数据表视图中也可以对字段进行添加、修改和删除操作。

（2）插入一个新的字段不会影响其他字段，如果在查询、窗体或报表中已经使用该表，则需要将添加的字段增加到查询、窗体或报表中。

任务实训

实训：设置和修改各表的字段属性。

【实训要求】

1．设置“商品”表中各字段的属性。

（1）设置“客户编号”字段只能输入 10 位数字。

（2）设置“商品单价”字段的验证规则为“单价大于 10 且小于或等于 30000”，验证文本为“输入单价错误！！！”。

2．设置“销售记录”表中各字段的属性。

（1）设置“数量”字段的标题为“销售数量”。

（2）设置“销售时间”字段的格式为“长日期”。

（3）设置“付款方式”字段的验证规则为“只能输入‘已付’或‘未付’”，验证文本为“输入付款方式错误”。

（4）设置“销售状态”字段的默认值为“已售”。

任务 4　对表中记录进行操作

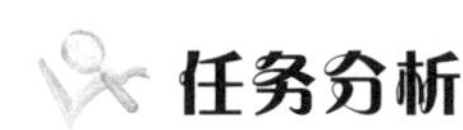

任务分析

对表中记录进行操作，主要是指浏览、添加、删除和修改记录，对记录内容的查找、替换及对记录的排序和筛选等基本操作。

本任务将通过实例讲解对表中记录进行添加、修改、删除，以及查找、替换、排序和筛选等的操作步骤和方法，要求使用者掌握对表中记录进行基本操作的方法。

知识准备

对表中记录的操作一般在数据表视图中完成，因此要先切换到数据表视图，其方法主要有以下几种。

（1）在导航窗格中选中“表”对象，在表列表中双击要打开的表。

（2）在导航窗格中选中“表”对象，在表列表中右击要打开的表，在弹出的快捷菜单中选择“打开”命令。

（3）如果处于设计视图，则可单击“开始”→“视图”→“视图”下拉按钮，在弹出的下拉列表中选择“数据表视图”选项，或者在状态栏的右下角单击视图切换按钮进行切换。

使用以上几种方法中的任何一种切换到数据表视图后，即可对表中记录进行相应的操作。

一、记录的添加、修改和删除

在数据表视图中，表以表格的方式显示，可以直接在表格中逐行添加记录，各字段的数据类型不同，记录的添加方法也不相同。

1．常规数据类型的输入

对于短文本、长文本、数字、日期 / 时间、货币、是 / 否等类型的字段，可以直接在表中输入记录。“自动编号”类型的字段不用输入，添加记录时自动完成。在添加记录时如果某字段设置有“默认值”，则新记录的该字段使用“默认值”自动填充。

2．OLE 对象数据类型的输入

OLE 对象数据类型的字段不能直接在数据表视图中输入，可采用插入对象的方法输入数据。

（1）选中 OLE 对象数据类型的字段并双击，打开提示对话框，提示需要用插入对象的方法进行输入，如图 2-51 所示。右键单击该字段，在弹出的快捷菜单中选择“插入对象”命令，打开如图 2-52 所示的对话框，插入 OLE 对象。

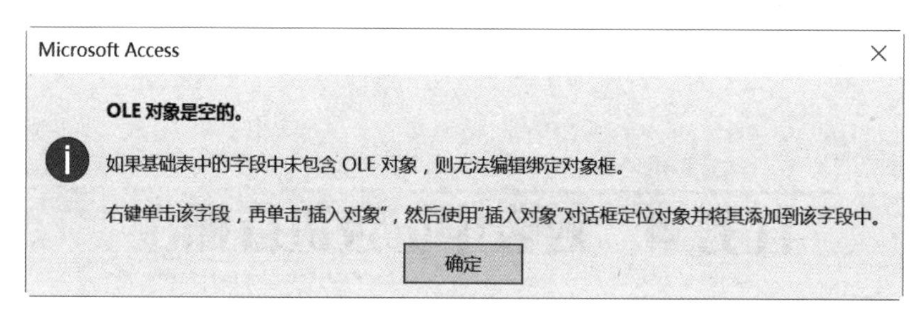

图 2-51　提示插入 OLE 对象

（2）对话框中各选项的含义如下。

新建：根据要创建的对象类型，在对象类型列表中进行选择，单击“确定”按钮后，会根据所选择的对象类型自动打开相应的应用程序来创建对象文件。

由文件创建：如果对象文件已经存在，则可以选中此单选按钮，如图 2-53 所示，单击“浏览”按钮，在打开的对话框中选择已存在的文件，单击“确定”按钮后，将对象文件插入表中。

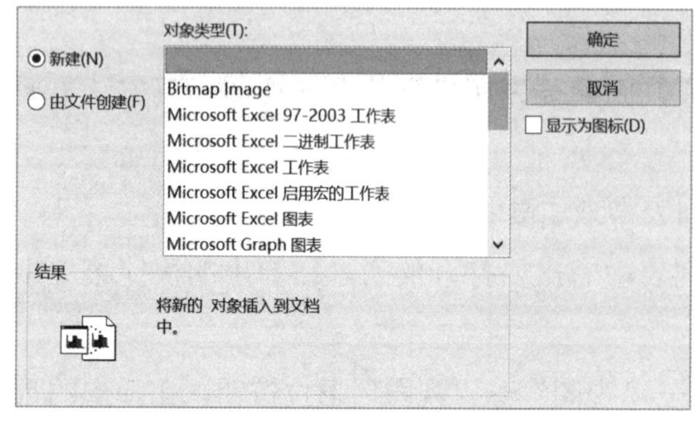

图 2-52　插入 OLE 对象

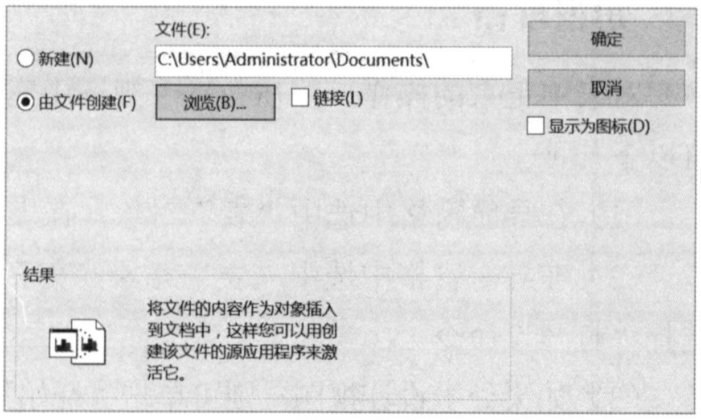

图 2-53　由文件创建 OLE 对象

链接：不选中该复选框时，Access 2013 会将对象文件的内容插入表中，会增加数据库的容量；选中该复选框时，创建的 OLE 对象在表中只保存一个链接路径，在应用中数据库文件和对象文件必须都存在，但文件的容量会较小。

3. 记录的修改和删除

记录的修改和删除可以使用以下方法。

（1）选中记录中要修改的字段，重新输入数据即可对记录进行修改操作。

（2）在行选择器中选中要删除的记录，单击“开始”→“记录”→“删除”按钮，或右击，在弹出的快捷菜单中选择“删除记录”命令，即可对记录进行删除操作。

4. 操作中要注意的问题

（1）每输入一条记录，表会自动添加一条新的空记录，并在该空记录左侧的行选择器中显示一个“*”号，表示这是一条新记录。

（2）对于选中的准备输入的记录，其左侧的行选择器中会出现黄色矩形标记，表示该记录为当前记录。

（3）对于正在输入的记录，其左侧的行选择器中会显示铅笔符号，表示该记录正处于输入或编辑状态。

（4）Access 2013 的 OLE 对象可以是图片、Excel 图表、PowerPoint 幻灯片、Word 文档等。插入图片的格式可以是 BMP、JPG 等，但只有 BMP（位图）格式可以在窗体中正常显示，因此，插入图片不是 BMP 格式时，要将其转换为 BMP 格式。

二、记录的查找和替换

1. 记录的查找

如果表中存储的数据量比较大，则可以使用查找来快速定位记录的位置，方法如下。

单击“开始”→“查找”→“查找”按钮，打开“查找和替换”对话框，如图 2-54 所示。在“查找内容”文本框中输入要查找的内容，单击“查找下一个”按钮，光标将定位到包含要查找内容的记录的位置。

在“查找和替换”对话框中，“查找范围”下拉列表用于确定是在整个表还是在某个字段中查找数据；“匹配”下拉列表用于确定匹配方式，包括“整个字段”“字段任何部分”“字段开头”3 种方式；“搜索”下拉列表用于确定搜索方式，包括“向上”“向下”“全部”3 种方式。

2. 记录的替换

如果要修改表中多处相同的数据，则可以使用“查找和替换”来进行批量修改，方法如下。

单击“开始”→“查找”→“替换”按钮，打开“查找和替换”对话框，如图 2-55 所示。在“查找内容”文本框中输入要查找的内容，在“替换为”文本框中输入要替换为的内容。单击“替换”按钮，可手工查找并替换数据；单击“全部替换”按钮，可自动将查找到的全部内容替换掉。

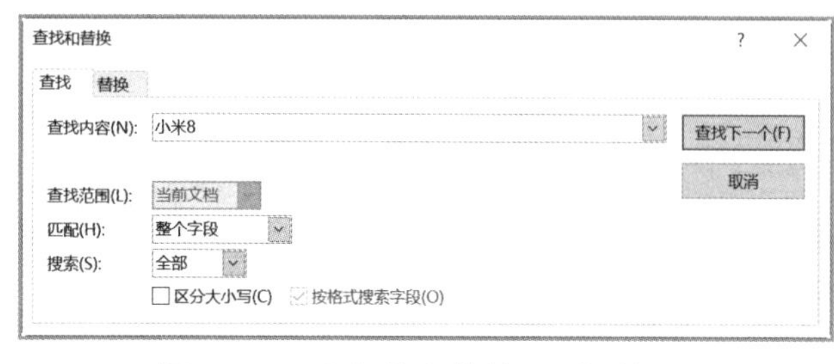

图 2-54 “查找和替换”对话框 1

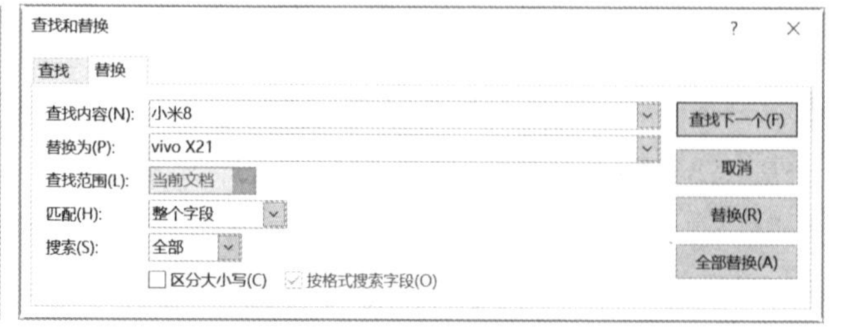

图 2-55 “查找和替换”对话框 2

3. 查找中可以使用的通配符

在查找中可以使用通配符进行更快捷的搜索。Access 提供的通配符及其含义如表 2-3 所示。

表 2-3 Access 提供的通配符及其含义

通 配 符	含 义	示 例
*	与任意多个字符匹配。在字符串中，它可以当作第一个或最后一个字符使用	St* 可以找到 Start、Student 等所有以 St 开始的字符串数据
?	与单个字符匹配	B?ll 可以找到 ball、bell、bill 等字符串数据
[]	与方括号内任何单个字符匹配	B[ae]ll 可以找到 ball 和 bell，但是找不到 bill 字符串数据
!	匹配任何不在方括号之内的字符	B[!ae]ll 可以找到 bill，但是找不到 ball 和 bell 字符串数据
-	与某个范围内的任何一个字符匹配，必须按升序指定范围	B[a-c]d 可以找到 bad、bbd、bcd 字符串数据
#	与任何单个数字字符匹配	2#0 可以找到 200、210、220 等字符串数据

三、记录的排序

1. 排序的概念

排序是指将表中的记录按照一个字段或多个字段的值重新排列。若排序的字段的值是从小到大排列的，则称为“升序”；若排序的字段的值是从大到小排列的，则称为“降序”。对于不同的字段类型，有不同的排序规则。

2. 排序的规则

（1）数字按照大小排序，升序时从小到大排序，降序时从大到小排序。

（2）英文字母按照 26 个字母的顺序排序（大小写视为相同），升序时按 A → Z 排序，降序时按 Z → A 排序。

（3）中文按照汉语拼音字母的顺序排序，升序时按 a → z 排序，降序时按 z → a 排序。

（4）日期 / 时间类型的字段按日期的先后顺序排序，升序时按日期时间从前到后排序，降序时按日期时间从后到前排序。

（5）Access 2013 中数据类型为长文本、超链接或 OLE 对象的字段不能排序。

（6）在短文本类型的字段中保存的数字将作为字符串对待，排序时按照 ASCII 码值大小来排列，而不是按照数值大小来排列。

（7）字段内容为空时值最小，当记录按照升序排序时，含有空字段（包含 NULL 值）的记录将排在第一位。如果字段中同时包含 NULL 值和空字符串，则包含 NULL 值的字段将在第一位显示，紧接着是空字符串。

四、记录的筛选

1．筛选的概念

筛选是指仅显示那些满足某种条件的记录，而把不满足条件的记录隐藏起来的一种操作。

2．筛选方式

Access 2013 提供了 4 种筛选方式：公用筛选器、按选定内容筛选、按窗体筛选和高级筛选 / 排序。

（1）公用筛选器：公用筛选器是适合大多数数据类型的内置筛选器，提供特定于数据的基本筛选功能。数据表中每个字段名称的右侧都会显示一个下拉按钮，单击该下拉按钮，就会打开公用筛选器。根据字段数据类型的不同，会有不同的筛选条件。

（2）按选定内容筛选：按选定内容筛选是以数据表中的某个字段值为筛选条件，将满足条件的值筛选出来，通过单击“开始”→“排序和筛选”→“选择”下拉按钮来实现。

按照筛选器的不同，按选定内容筛选给出了不同的选项。文本筛选器提供了“等于”“不等于”“包含”“不包含”等选项；数字筛选器提供了“等于”“不等于”“小于或等于”“大于或等于”“介于”等选项；日期筛选器提供了“等于”“不等于”“不晚于”“不早于”“介于”等选项。

（3）按窗体筛选：按窗体筛选可以为多个字段设置筛选条件。用户可以在相关的字段列表中选择某个字段值作为筛选条件。当有多个筛选条件时，可以单击窗体底部的“或”标签确定字段之间的关系。

（4）高级筛选 / 排序：高级筛选 / 排序适用于较为复杂的筛选需求，用户可以为筛选指定多个筛选条件和准则，并对筛选出来的结果进行排序。

五、数据表视图格式及行列操作

1．设置数据表视图格式

设置数据表视图格式包括设置数据表的样式、字体及字号，改变行高和列宽，调整背景色彩等，通常通过单击“开始”→“文本格式”选项组中对应的按钮进行设置。图 2-56 所示为设置了数据表视图格式后的“商品”表的效果。

2．调整表的行高和列宽

在应用中，可能需要对行的高度或列的宽度进行调整，以满足数据操作的需要。调整表的行高和列宽有手动调节和设定参数调节两种方法。

（1）手动调节：将光标移动到表中两个字段的列（或两条记录的行）交界处，当光标变成 ⟷（或 ↕）形状后，按下鼠标左键，向左右（或上下）拖动即可调整列宽（或行高）。

商品编号	供应商编号	商品名称	类别	生产日期	单位	规格型号	商品单价	数量	金额	商品图片	商品描述
101001	G003	尼康 COOLPIX P	1	2012/4/10/周二	套	长焦	¥2,800.00	15	¥42,000.00	tmap Image	长焦数码相机；1605万像素；[illegible]
101002	G003	尼康 D600	1	2012/4/21/周六	台	单反	¥13,100.00	10	¥131,000.00	tmap Image	单反数码相机；2426万像素；[illegible]
101003	G003	尼康 D3200	1	2012/5/21/周一	套	单反	¥3,400.00	3	¥10,200.00	tmap Image	单反数码相机；2420万像素；[illegible]
101004	G003	尼康 J1	1	2012/7/11/周三	台	单电	¥2,100.00	8	¥16,800.00	tmap Image	单电数码相机；1010万像素；[illegible]
101005	G003	尼康 COOLPIX P	1	2012/8/3/周五	套	卡片	¥1,900.00	6	¥11,400.00	tmap Image	卡片数码相机；1605万像素；[illegible]
201001	G002	亚马逊Kindle 3	2	2012/9/1/周六	台	电子纸	¥1,200.00	15	¥18,000.00	tmap Image	E Ink电子纸屏幕尺寸：6英寸；[illegible]
201002	G002	汉王文阅8001	2	2012/4/9/周一	台	液晶屏	¥1,580.00	10	¥15,800.00	tmap Image	液晶触摸屏；[illegible]
201003	G002	盛大Bambook	2	2012/2/12/周日	台	电子纸	¥500.00	5	¥2,500.00		E Ink电子纸屏幕；[illegible]
301001	G001	联想乐Pad A220	3	2012/6/28/周四	台	7寸	¥1,599.00	15	¥23,985.00	tmap Image	Android, 4.0；[illegible]
301002	G001	谷歌 Nexus 7	3	2012/7/12/周四	台	7寸	¥1,799.00	3	¥5,397.00	tmap Image	Android, 4.1；[illegible]
301003	G004	苹果iPad4	3	2012/8/7/周二	台	9.7寸	¥3,688.00	20	¥73,760.00	tmap Image	iOS, 6.0；[illegible]
301004	G001	三星GALAXY Not	3	2012/8/15/周三	台	10.1寸	¥3,599.00	16	¥57,584.00		Android4.0；[illegible]
301005	G001	联想 乐Pad A21	3	2012/8/25/周六	台	9寸	¥1,799.00	15	¥26,985.00		Android4.0；[illegible]
301006	G004	苹果iPad Mini	3	2012/8/28/周二	台	7寸	¥2,499.00	20	¥49,980.00		iOS6.0；[illegible]
501001	G005	金士顿SV200	4	2012/5/13/周日	块	64G	¥399.00	20	¥7,980.00	tmap Image	64G；[illegible]
501002	G006	Intel 330 seri	4	2012/6/20/周三	块	120G	¥999.00	6	¥5,994.00	tmap Image	120G；[illegible]
501003	G008	三星830	4	2012/7/10/周二	块	128G	¥990.00	5	¥4,950.00	tmap Image	128G；[illegible]
501004	G005	金士顿V+200	4	2012/8/19/周日	块	60G	¥650.00	5	¥3,250.00	tmap Image	64G；[illegible]
501005	G010	台电极速USB3.0	4	2012/9/9/周日	个	16G	¥78.00	65	¥5,070.00	tmap Image	16G；[illegible]
501006	G010	台电骑士USB3.0	4	2012/9/9/周日	个	32G	¥150.00	70	¥10,500.00	tmap Image	32G；[illegible]
601001	G007	品胜电霸	5	2012/6/12/周二	个	5000mAh	¥175.00	60	¥10,500.00	tmap Image	锂离子电池，电池容量：5000mAh；[illegible]
601002	G007	羽博YB-631	5	2012/7/20/周五	个	6600mAh	¥298.00	5	¥1,490.00	tmap Image	锂离子电池电池容量：6600mAh；[illegible]
601003	G007	飞毛腿Q7	5	2012/8/17/周五	个	6200mAh	¥158.00	30	¥4,740.00	tmap Image	锂聚合物电池；电池容量:6200mAh；[illegible]
*			0				¥0.00	0			

图 2-56　设置了数据表视图格式后的“商品”表

（2）设定参数调节：如图 2-57 所示，单击“开始”→“记录”→“其他”下拉按钮，在弹出的下拉列表中选择“行高”（或“字段宽度”）选项，打开“行高”（或“列宽”）对话框，在对话框中输入“行高”（或“列宽”）的参数，单击“确定”按钮。

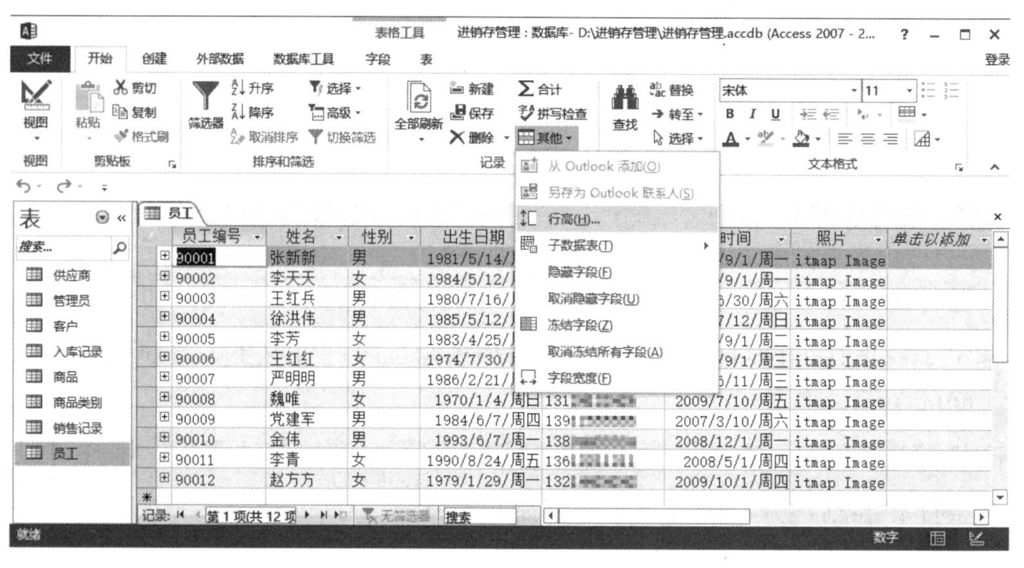

图 2-57　调整行高

工程师提示

（1）可以通过双击字段的右边界来自动调整列宽，此时列宽与字段中最长的数据的宽度相同。

（2）列宽的设定不会改变表中“字段大小”属性的字符长度，只是改变字段列在数据表视图中的显示宽度。

3. 隐藏列 / 取消隐藏列

当一个数据表的字段较多，使得屏幕的宽度无法全部显示表中所有的字段时，可以将那些不需要显示的列暂时隐藏起来。

（1）隐藏列的方法：选中要隐藏的列，单击“开始”→“记录”→“其他”下拉按钮，在弹出的下拉列表中选择“隐藏字段”选项，即可隐藏所选择的列。

（2）取消隐藏列的方法：单击“开始”→“记录”→“其他”下拉按钮，在弹出的下拉列表中选择“取消隐藏字段”选项，选中要取消隐藏的列的复选框，单击“关闭”按钮。

在使用鼠标拖动来改变列宽时，当拖动列右边界的分隔线超过左边界时，也可以隐藏该列。隐藏不是删除，只是在屏幕上不显示而已，当需要再次显示时，还可以取消隐藏以恢复显示。

4. 冻结列 / 取消冻结列

对于较宽的数据表而言，在屏幕上无法显示全部内容，给查看和输入数据带来了不便。此时可以利用“冻结列”功能将表中一部分重要的字段固定在屏幕上。

（1）冻结列的方法：选中要冻结的列，单击“开始”→“记录”→“其他”下拉按钮，在弹出的下拉列表中选择“冻结字段”选项，选中的列就被“冻结”在表格的最左边。

（2）取消冻结列的方法：单击“开始”→“记录”→“其他”下拉按钮，在弹出的下拉列表中选择“取消冻结所有字段”选项。

任务操作

操作实例 1：在“员工”表中添加如表 2-4 所示的记录，添加完成后，将“员工编号”为“90005”的记录的“姓名”修改为“李芳”，并删除“员工编号”为“90003”的记录。

表 2-4　“员工”表中的记录信息

员工编号	姓　名	性　别	出生日期	联系电话	入职时间	照　片
90001	张新新	男	1981-5-14	158********	2008-9-1	
90002	李天天	女	1984-5-12	159********	2008-9-1	
90003	王红兵	男	1980-7-16	607*****	2007-6-30	
90004	徐洪伟	男	1985-5-12	138********	2008-9-12	
90005	李元芳	女	1983-4-25	136********	2009-9-1	
90006	王红红	女	1974-7-30	130********	2010-9-1	
90007	严明明	男	1986-2-21	136********	2008-6-11	
90008	魏唯	女	1970-1-4	131********	2008-9-10	
90009	党建军	男	1984-6-7	139********	2007-3-10	
90010	金伟	男	1993-6-7	138********	2008-12-1	
90011	李青	女	1990-8-24	136********	2008-5-1	
90012	赵方方	女	1979-1-29	132********	2009-10-1	

【操作步骤】

步骤 1：在“进销存管理”数据库的导航窗格中选中“表”对象，双击“员工”表，在数据表视图中打开“员工”表。

步骤 2：“员工”表是一个空表，先把光标定位在表的第一行，按照字段顺序输入信息，输入过程中通过“Tab”键或“Enter”键跳至下一个字段。

步骤 3：对于“照片”字段的输入，将光标定位到“照片”字段并右击，在弹出的快捷菜单中选择“插入对象”命令，如图 2-58 所示。

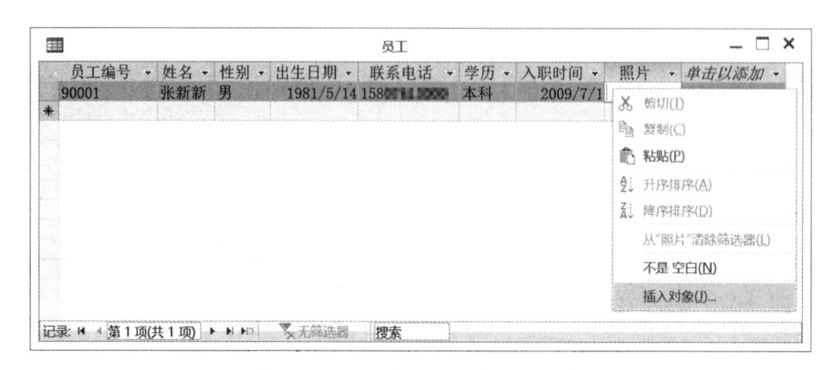

图 2-58 “插入对象”命令

步骤 4：在打开的对话框中选择“由文件创建”单选按钮，单击“浏览”按钮，打开“浏览”对话框，“查找范围”为“X:\ 进销存管理 \”文件夹（X 为文件实际的盘符），文件名选择“1.bmp”，如图 2-59 所示。

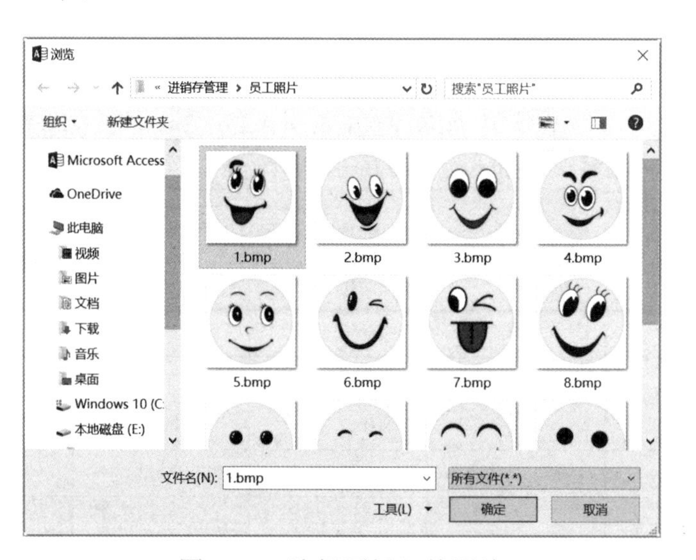

图 2-59 选择要插入的照片

步骤 5：单击“确定”按钮，即可把员工的照片文件插入“照片”字段中。重复上述操作，将表 2-4 所示的其他记录信息输入表中，结果如图 2-60 所示。

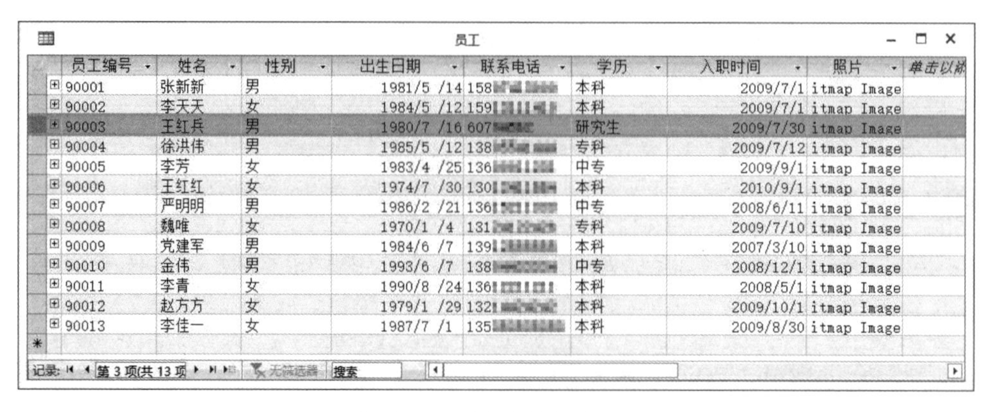

图 2-60 记录添加完成

步骤 6： 将光标定位到“员工编号”为“90005”的记录的“姓名”字段，直接将“李元芳”修改为“李芳”。

步骤 7： 单击“员工编号”为“90003”的记录的行选择器，将该记录选中。

步骤 8： 单击“开始”→“记录”→“删除”下拉按钮，在弹出的下拉列表中选择“删除记录”选项；或右击需要删除的记录的区域，在弹出的快捷菜单中选择“删除记录”命令，如图 2-61 所示。

步骤 9： 弹出删除记录提示对话框，如图 2-62 所示，单击“是”按钮，记录即被删除。

图 2-61　删除记录

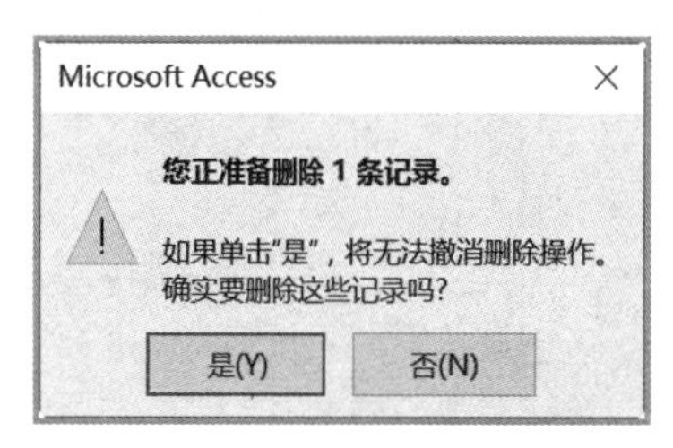

图 2-62　提示对话框

工程师提示

（1）如果表中已存在记录，直接将光标定位到最后一行，即可输入新的记录。

（2）选择记录时，如果同时按住“Shift”键，则可以选择多条记录，删除时，可以同时删除多条选中的记录。

操作实例 2：在“员工”表中查找“入职时间”为 2008 年 9 月的记录，并将其“入职时间”替换为 2009 年 7 月。

【操作步骤】

步骤 1： 在“进销存管理”数据库中，选中“表”对象，在数据表视图中打开“员工”表。

步骤 2： 选中第一条记录的“入职时间”字段，单击“开始”→“查找”→“查找”按钮，打开“查找和替换”对话框。

步骤 3： 在“查找内容”文本框中输入“2008/9”；因光标定位在“入职时间”字段，所以“查找范围”自动为“当前字段”；将“匹配”设置为“字段开头”，其他设置采用默认设置即可。

步骤 4： 单击“查找下一个”按钮，第一个“入职时间”为“2008/9”的记录被找到，并呈反白显示，如图 2-63 所示。

步骤 5： 再次单击“查找下一个”按钮，则下一个入职时间为“2008/9”的记录被找到。

步骤 6： 选择“替换”选项卡，在“替换为”文本框中输入“2009/7”，其他设置不变，单击“替换”按钮，则将找到的第一条符合条件的记录的“入职时间”改为“2009/7”。单击“全部替换”按钮，弹出信息提示框，提示用户替换操作不能撤销，单击“是”按钮，将该字段中所有符合条件的记录都替换为“2009/7”，如图 2-64 所示。

图 2-63　查找入职时间为“2008/9”的记录

图 2-64　将“入职时间”字段中的“2008/9”替换为“2009/7”

操作实例 3：对于“员工”表，按“入职时间”先后进行排序，“入职时间”相同的按“出生日期”进行降序排列。

【操作步骤】

步骤 1：在“进销存管理”数据库中，选中“表”对象，在数据表视图中打开“员工”表。

步骤 2：将光标定位到“入职时间”字段，单击“开始”→“排序和筛选”→“升序”按钮，排序完成，结果如图 2-65 所示。

步骤 3：对于多字段排序，需要使用“高级筛选 / 排序”功能，单击“开始”→“排序和筛选”→“高级”下拉按钮，在弹出的下拉列表中选择“高级筛选 / 排序”选项，打开筛选窗口。

员工

员工编号	姓名	性别	出生日期	联系电话	学历	入职时间	照片	单击以添加
90009	党建军	男	1984/6 /7	139[illegible]	本科	2007/3/10	itmap Image	
90011	李青	女	1990/8 /24	136[illegible]	本科	2008/5/1	itmap Image	
90007	严明明	男	1986/2 /21	136[illegible]	中专	2008/6/11	itmap Image	
90010	金伟	男	1993/6 /7	138[illegible]	中专	2008/12/1	itmap Image	
90002	李天天	女	1984/5 /12	159[illegible]	本科	2009/7/1	itmap Image	
90001	张新新	男	1981/5 /14	158[illegible]	本科	2009/7/1	itmap Image	
90008	魏唯	女	1970/1 /4	131[illegible]	专科	2009/7/10	itmap Image	
90004	徐洪伟	男	1985/5 /12	138[illegible]	专科	2009/7/12	itmap Image	
90003	王红兵	男	1980/7 /16	607[illegible]	研究生	2009/7/30	itmap Image	
90013	李佳一	女	1987/7 /1	135[illegible]	本科	2009/8/30	itmap Image	
90005	李芳	女	1983/4 /25	136[illegible]	中专	2009/9/1	itmap Image	
90012	赵方方	女	1979/1 /29	132[illegible]	本科	2009/10/1	itmap Image	
90006	王红红	女	1974/7 /30	130[illegible]	本科	2010/9/1	itmap Image	

记录: 第 1 项(共 13 项 无筛选器 搜索

图 2-65　按“入职时间”先后排序的结果

步骤 4：在筛选窗口“字段”第一列下拉列表中选择“入职时间”选项，在“排序”下拉列表中选择“升序”选项；在“字段”第二列下拉列表中选择“出生日期”选项，在对应的“排序”下拉列表中选择“降序”选项，如图 2-66 所示。

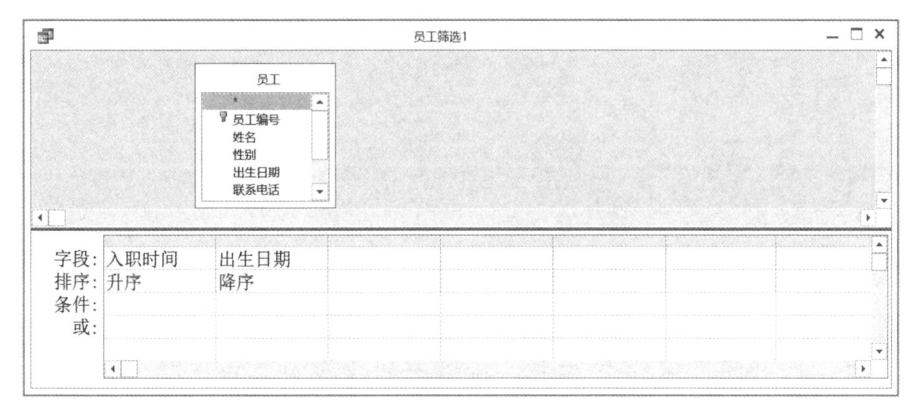

图 2-66　筛选窗口

步骤 5：单击“开始”→“排序和筛选”→“切换筛选”按钮，应用筛选，切换到“员工”表的数据表视图，多字段排序后的结果如图 2-67 所示，入职时间相同的按照“出生日期”字段降序排列了。

员工

员工编号	姓名	性别	出生日期	联系电话	学历	入职时间	照片	单击以添加
90009	党建军	男	1984/6 /7	139[illegible]	本科	2007/3/10	itmap Image	
90011	李青	女	1990/8 /24	136[illegible]	本科	2008/5/1	itmap Image	
90007	严明明	男	1986/2 /21	136[illegible]	中专	2008/6/11	itmap Image	
90010	金伟	男	1993/6 /7	138[illegible]	中专	2008/12/1	itmap Image	
90002	李天天	女	1984/5 /12	159[illegible]	本科	2009/7/1	itmap Image	
90001	张新新	男	1981/5 /14	158[illegible]	本科	2009/7/1	itmap Image	
90008	魏唯	女	1970/1 /4	131[illegible]	专科	2009/7/10	itmap Image	
90004	徐洪伟	男	1985/5 /12	138[illegible]	专科	2009/7/12	itmap Image	
90003	王红兵	男	1980/7 /16	607[illegible]	研究生	2009/7/30	itmap Image	
90013	李佳一	女	1987/7 /1	135[illegible]	本科	2009/8/30	itmap Image	
90005	李芳	女	1983/4 /25	136[illegible]	中专	2009/9/1	itmap Image	
90012	赵方方	女	1979/1 /29	132[illegible]	本科	2009/10/1	itmap Image	
90006	王红红	女	1974/7 /30	130[illegible]	本科	2010/9/1	itmap Image	

记录: 第 1 项(共 13 项 无筛选器 搜索

图 2-67　多字段排序后的结果

操作实例 4：先筛选出“员工”表中“女”员工的记录，再筛选出 2009 年以前入职的“女”员工的记录。

【操作步骤】

步骤 1：在数据表视图中打开“员工”表。

步骤 2：把光标定位在“性别”字段中任意一个值为“女”的单元格中，单击“开始”→“排序和筛选”→“选择”下拉按钮，在弹出的下拉列表中选择“等于 "" 女 ""”选项，如图 2-68 所示，筛选结果如图 2-69 所示。

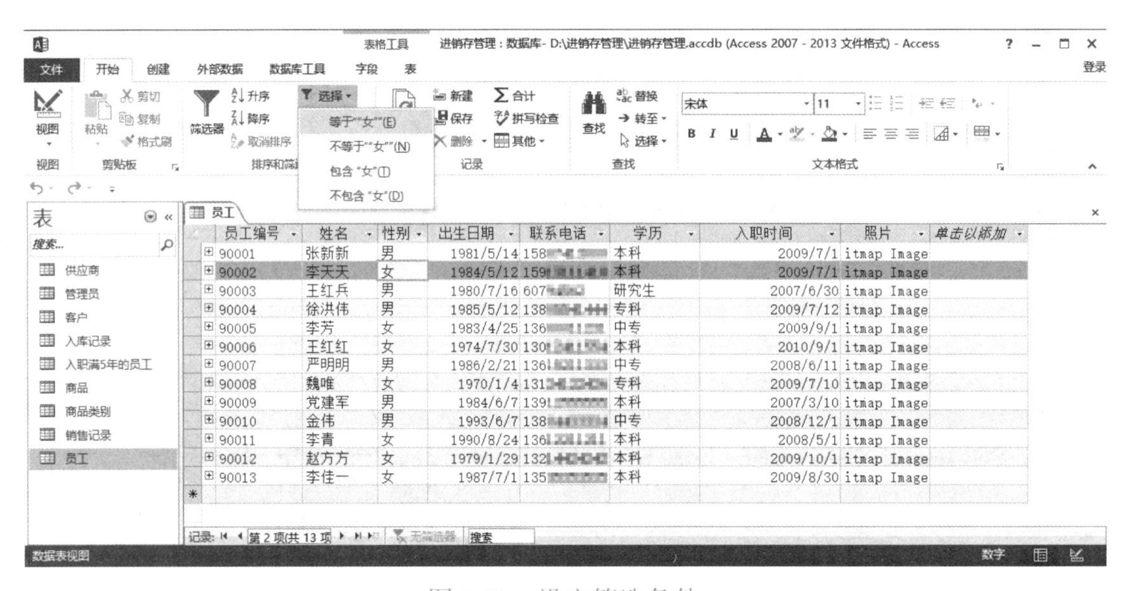

图 2-68　设定筛选条件

步骤 3：在“入职时间”字段中右击，在弹出的快捷菜单中选择“日期筛选器”→“之前”命令，打开“自定义筛选”对话框，输入筛选条件“<=2009/1/1”，或单击文本框后面的“单击以选择日期”按钮，在弹出的日期选择器中找到设定的日期“2009-1-1”，如图 2-70 所示，确定操作后，得到最终的筛选结果，如图 2-71 所示。

步骤 4：步骤 3 也可以通过按窗体筛选功能来完成，单击“开始”→“排序和筛选”→“高级”下拉按钮，在弹出的下拉列表中选择“按窗体筛选”选项。

步骤 5：此时数据表视图中只有一条记录，在“性别”下拉列表中选择“女”选项，在“入职时间”下拉列表中直接输入“<=#2009-1-1#”，如图 2-72 所示。

图 2-69　筛选结果

图 2-70　自定义筛选

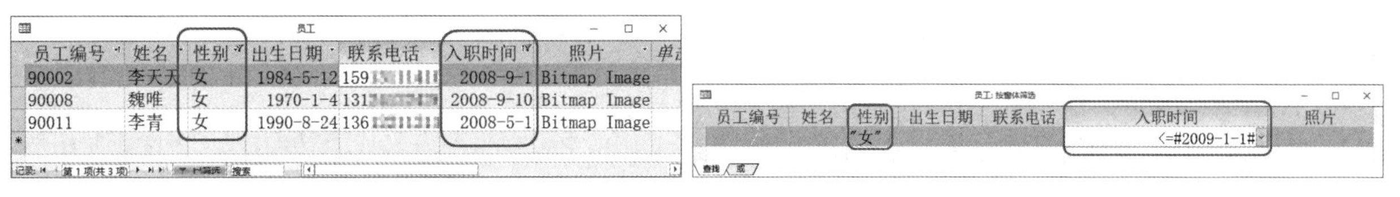

图 2-71　最终的筛选结果　　　　图 2-72　按窗体筛选

步骤 6：单击“开始”→“排序和筛选”选项组中的“切换筛选”按钮，或单击“高级”按钮，选择“应用筛选 / 排序”选项，也能得到如图 2-71 所示的筛选结果。

操作实例 5：在“员工”表中，筛选出性别为“男”的员工，并按照参加工作时间的先后排序。

【操作步骤】

步骤 1：在数据表视图中打开“员工”表。

步骤 2：将光标定位在“性别”字段中值为“男”的任一单元格中，单击“开始”→“排序和筛选”→“高级”下拉按钮，在弹出的下拉列表中选择“高级筛选 / 排序”选项，打开筛选窗口。

步骤 3：在“字段”第一列下拉列表中选择“性别”选项，在“条件”文本框中输入“"男"”，注意，这里的引号是西文字符。再在“字段”第二列下拉列表中选择“入职时间”选项，在“排序”下拉列表中选择“升序”选项，如图 2-73 所示。

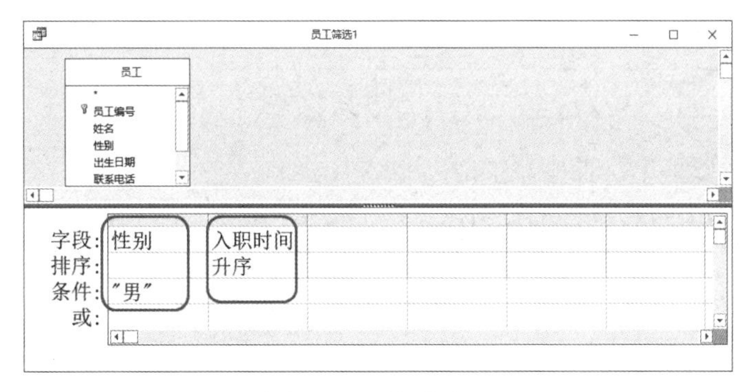

图 2-73　筛选窗口

步骤 4：单击“开始”→“排序和筛选”→“切换筛选”按钮，应用筛选，高级筛选 / 排序的结果如图 2-74 所示。

员工

员工编号	姓名	性别	出生日期	联系电话	学历	入职时间	照片	单击以添加
90009	党建军	男	1984/6 /7	139[illegible]	本科	2007/3/10	itmap Image	
90007	严明明	男	1986/2 /21	136[illegible]	中专	2008/6/11	itmap Image	
90010	金伟	男	1993/6 /7	138[illegible]	中专	2008/12/1	itmap Image	
90001	张新新	男	1981/5 /14	158[illegible]	本科	2009/7/1	itmap Image	
90004	徐洪伟	男	1985/5 /12	138[illegible]	专科	2009/7/12	itmap Image	
90003	王红兵	男	1980/7 /16	607[illegible]	研究生	2009/7/30	itmap Image	

记录: 第 1 项(共 6 项)　已筛选　搜索

图 2-74　高级筛选 / 排序的结果

任务实训

实训 1：在“销售记录”表、“入库记录”表、“商品类别”表及“管理员”表中添加记录。

图 2-75 所示为“销售记录”表中的内容。

图 2-76 所示为“入库记录”表中的内容。

销售编号	业务类别	客户编号	商品编号	销售单价	数量	金额	销售时间	付款方式	销售状态	经办人	单击以
1	个人	K002	101001	¥3,050.00	1	¥3,050.00	2012/5/20	刷卡	已售	90001	
2	公司	K001	101003	¥3,450.00	2	¥6,900.00	2012/7/28	转帐	已售	90003	
3	个人	K003	101004	¥2,530.00	1	¥2,530.00	2012/8/30	刷卡	已售	90002	
4	个人	K004	201003	¥710.00	2	¥1,420.00	2012/4/15	现金	已售	90001	
5	公司	K001	301001	¥1,720.00	5	¥8,600.00	2012/8/30	转账	已售	90003	
6	个人	K005	301003	¥3,980.00	1	¥3,980.00	2012/8/27	现金	退货	90004	
7	个人	K007	301005	¥2,099.00	1	¥2,099.00	2012/9/28	刷卡	已售	90006	
8	个人	K008	101003	¥3,400.00	1	¥3,400.00	2012/8/1	刷卡	已售	90001	
9	公司	K006	301006	¥2,699.00	3	¥8,097.00	2012/9/19	转帐	已售	90003	
10	公司	K006	301004	¥3,599.00	2	¥7,198.00	2012/8/30	转账	已售	90007	
11	个人	K007	601001	¥205.00	1	¥205.00	2012/7/20	现金	退货	90010	
12	个人	K002	601002	¥298.00	3	¥1,496.00	2012/8/10	刷卡	已售	90008	
(新建)				¥0.00	0	¥0.00					

图 2-75 “销售记录”表中的内容

入库编号	业务类别	商品编号	供应商编号	入库时间	入库单价	入库数量	经办人	单击以添加
1	公司调货	101003	G003	2012/7/15	¥3,100.00	2	90011	
2	公司进货	201003	G002	2012/4/1	¥400.00	5	90010	
3	公司进货	501003	G008	2012/8/15	¥890.00	10	90010	
4	公司进货	301002	G001	2012/8/20	¥1,560.00	5	90003	
5	公司调货	501002	G010	2012/8/1	¥810.00	5	90004	
6	公司进货	601002	G007	2012/7/30	¥210.00	5	90005	
(新建)					¥0.00	0		

图 2-76 “入库记录”表中的内容

图 2-77 所示为“管理员”表中的内容。

图 2-78 所示为“商品类别”表中的内容。

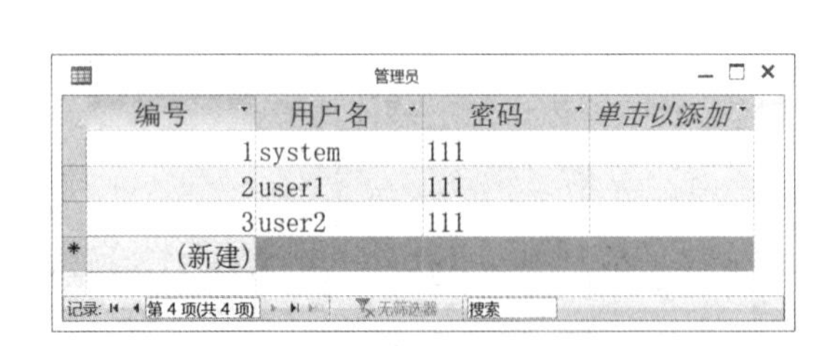

编号	用户名	密码	单击以添加
1	system	111	
2	user1	111	
3	user2	111	
(新建)			

图 2-77 “管理员”表中的内容

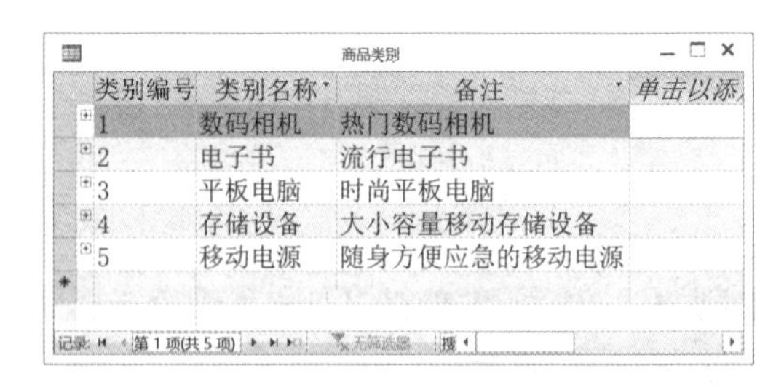

类别编号	类别名称	备注	单击以添
1	数码相机	热门数码相机	
2	电子书	流行电子书	
3	平板电脑	时尚平板电脑	
4	存储设备	大小容量移动存储设备	
5	移动电源	随身方便应急的移动电源	

图 2-78 “商品类别”表中的内容

【实训要求】

1．在数据表视图中添加各表中的记录。

2．表中不同的数据类型要注意采用不同的输入方法。

3．输入完成后要及时进行保存。

实训 2：对表结构进行修改及对表记录进行查找与替换。

【实训要求】

1．在“进销存管理”数据库的“员工”表中，在“入职时间”字段前添加“学历”字段，其数据类型为“短文本”，并自行输入模拟数据。

2. 在“商品类别”表的“类别名称”字段后面插入“BZ”字段，数据类型为“长文本”，并将“BZ”字段的标题设置为“备注”，为记录添加备注内容。

3. 为“管理员”表添加 2 条记录，数据自拟；为“入库记录”表添加记录，数据自拟。

4. 在“销售记录”表中查找“退货”的记录，并将查找到的第一条记录的“销售状态”改为“换货”。

实训 3：记录数据的排序、筛选与表的修饰。

【实训要求】

1. 在“销售记录”表中，按“数量”字段升序排列。

2. 在“商品”表中，筛选出所有“生产日期”早于“2009 年 4 月”的商品。

3. 在“入库记录”表中，筛选出“业务类别”为“公司进货”的记录。

4. 对“员工”表的数据表视图格式进行设置，要求设置“员工”表的数据表视图的单元格效果、网格线、背景、边框、字体、字形、字号和字的颜色等。

任务 5　设置并编辑表关系

任务分析

在“进销存管理”数据库中，每个表都是相对独立的，但表之间的数据并不是完全孤立的，表与表之间可以通过共有的字段来创建关系，将不同表中的相关信息联系起来，以提供更加有用的数据。例如，“商品”表和“供应商”表中都有“商品编号”字段，通过该共有的字段，可以在“商品”表和“供应商”表之间建立关系，能提供表中某种商品的供应商的详细信息等。

本任务将通过实例，详细介绍数据库表关系的相关概念，以及建立和维护表关系的具体操作方法和步骤，以使读者熟练掌握建立表关系的技能。

知识准备

一、表关系的相关概念

1. 表关系的概念

表关系是在两个表的字段之间建立的关系。通过表关系，数据库表间的数据能够联系起来，形成“有用”的数据，以便应用于查询、窗体和报表等对象中。

2. 表关系的类型

表关系有 3 种类型：一对一关系、一对多关系、多对多关系。

（1）一对一关系：若 A 表中的每一条记录只能与 B 表中的一条记录相匹配，同时，B

表中的每一条记录也只能与 A 表中的一条记录相匹配，则称 A 表与 B 表为一对一关系。这种表关系类型并不常用，因为大多数与此相关的信息都在一个表中。

（2）一对多关系：若 A 表中的一条记录能与 B 表中的多条记录相匹配，但 B 表中的一条记录仅与 A 表中的一条记录相匹配，则称 A 表与 B 表为一对多关系。其中，“一”方的表称为父表，“多”方的表称为子表。

（3）多对多关系：若 A 表中的一条记录能与 B 表中的多条记录相匹配，同时，B 表中的一条记录也能与 A 表中的多条记录相匹配，则称 A 表与 B 表为多对多关系。

表关系类型的建立取决于两个表中相关字段的定义。如果两个表中的相关字段都是主键，则创建一对一关系；如果仅有一个表中的相关字段是主键，则创建一对多关系。

3. 参照完整性

设置参照完整性能确保相关表中各记录之间关系的有效性，并且确保不会意外删除或更改相关的数据，因此在建立表关系时，一般应实施参照完整性检查。

（1）级联更新相关字段：级联更新相关字段是指在修改关联字段时，执行参照完整性检查。使用此项功能，则在修改父表关联字段时，如果子表中有关联记录，则自动修改关联字段；不使用此项功能，则不允许修改子表中的关联字段。同样，修改子表关联字段时，使用此项功能也可检查父表中是否有关联记录，并执行相应的操作。

（2）级联删除相关记录：级联删除相关记录是指在删除父表中的记录时，执行参照完整性检查。如果使用此项功能，则删除父表中的记录时，自动删除相关子表中的有关记录；否则，仅删除父表中的记录。

二、表关系的建立和维护

表关系的建立和维护在“关系”窗口中进行，单击“数据库工具”→“关系”→“关系”按钮，可以打开“关系”窗口。

1. “关系”窗口

默认的“关系”窗口是空的，表示没有建立任何关系。在创建表关系之前，需要将表添加到“关系”窗口中。添加表前要打开“显示表”对话框，打开“显示表”对话框的方法有以下几种。

（1）单击“关系工具 / 设计”→“关系”→“显示表”按钮。

（2）在关系窗口的空白处右击，在弹出的快捷菜单中选择“显示表”命令。

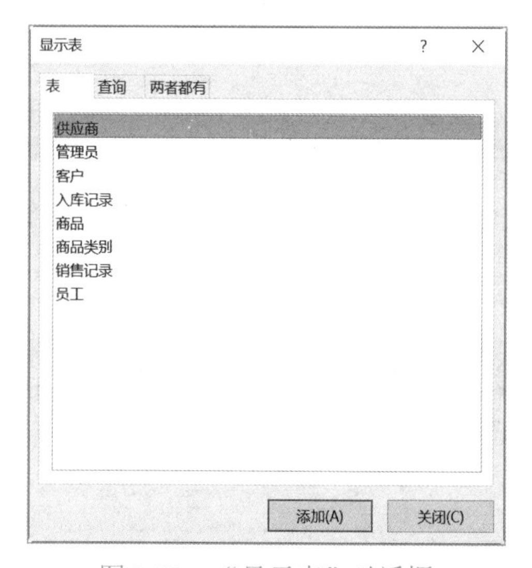

图 2-79 “显示表”对话框

使用以上任一方法都可以打开“显示表”对话框，如图 2-79 所示。在“显示表”对话框中选择表，单击“添加”按钮或直接双击表名称即可使表显示在“关系”窗口中，重复操作即可添加多个表，如图 2-80 所示。

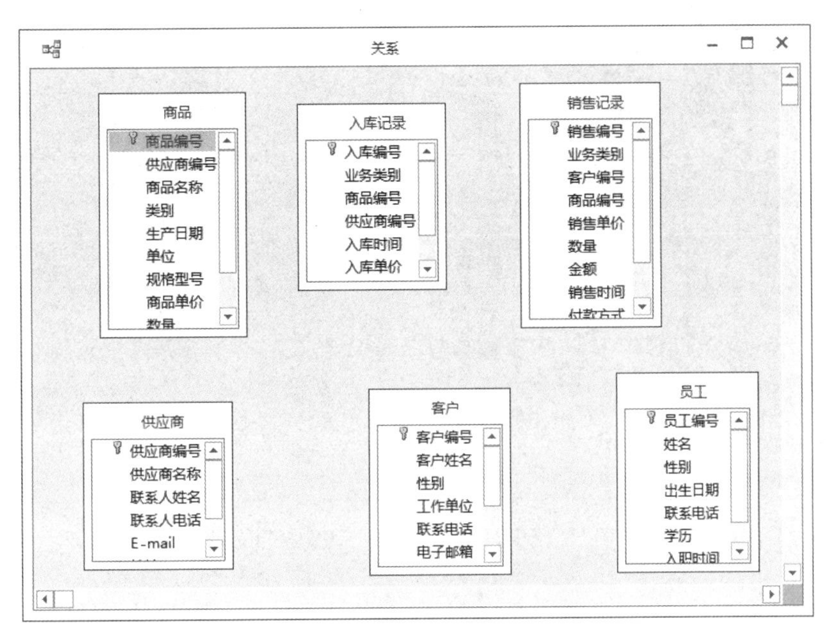

图 2-80　“关系”窗口中的表

2. 隐藏和显示表

如果不想在“关系”窗口中显示某个表，则可将其从“关系”窗口中删除或隐藏。其方法如下：先选中表，再直接按“Delete”键，将表从“关系”窗口中删除。在“关系”窗口中右击，在弹出的快捷菜单中，如果选择“显示表”命令，可以有选择地显示表，如果选择“全部显示”命令，则可以把表全部显示出来。如果选择点击“关系工具 / 设计”→“工具”→“清除布局”按钮，则可以将“关系”窗口中的所有表及设定的关系清空。

3. 创建及修改表关系

表显示在“关系”窗口中后即可建立表关系。

（1）添加关系连线：将主表的字段列表中的字段拖到子表字段列表的关联字段上，打开“编辑关系”对话框，如图 2-81 所示。选中“实施参照完整性”复选框，单击“创建”按钮，即可创建表关系。

（2）表关系的修改和删除：表关系创建完成后，建立了表关系的表间有一条连线，线的两端会显示符号“1”和“∞”，其中“1”表示关系的“一”方，“∞”表示关系的“多”方，如图 2-82 所示。双击连线即可在“编辑关系”对话框中对表关系进行编辑和修改。可以右击关系连线，在弹出的快捷菜单中选择“删除”命令，即可删除表关系。

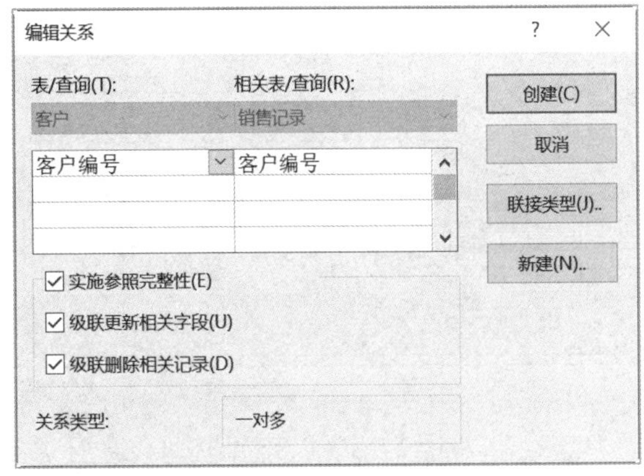

图 2-81　“编辑关系”对话框

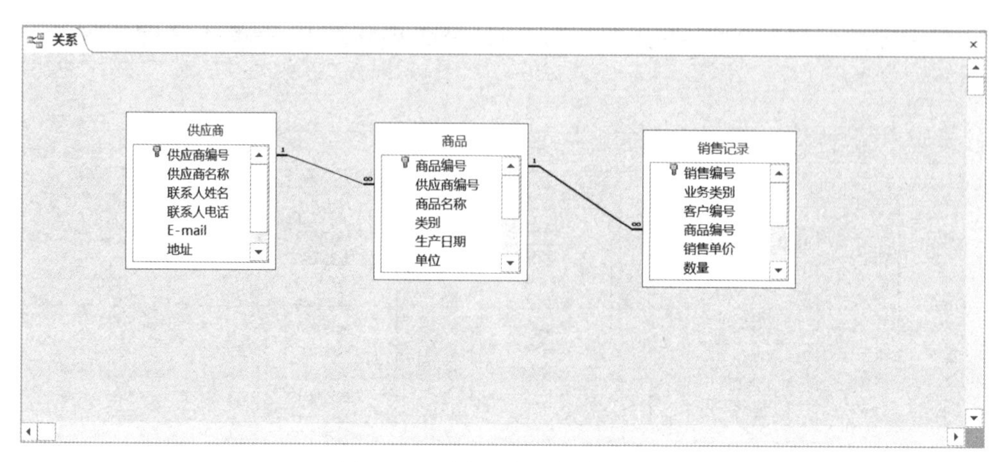

图 2-82　创建完成的表关系

任务操作

操作实例 1：对“进销存管理”数据库中表间关联字段建立各表关系。

【操作步骤】

步骤 1： 打开“进销存管理”数据库，单击“数据库工具”→“关系”→“关系”按钮，打开“关系”窗口。单击“关系工具 / 设计”→“关系”→“显示表”按钮，打开“显示表”对话框，其中显示了数据库中所有的表，将除“管理员”表外的所有表添加到“关系”窗口中，如图 2-83 所示。

步骤 2： 先建立“供应商”表和“商品”表之间的关系。选中“供应商”表中的“供应商编号”字段，将其拖到“商品”表的“供应商编号”字段上，打开“编辑关系”对话框，选中“实施参照完整性”复选框，如图 2-84 所示。

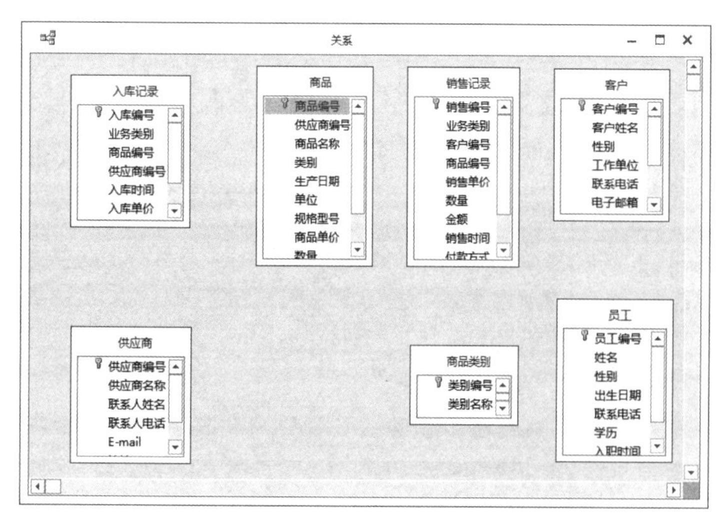

图 2-83　“关系”窗口

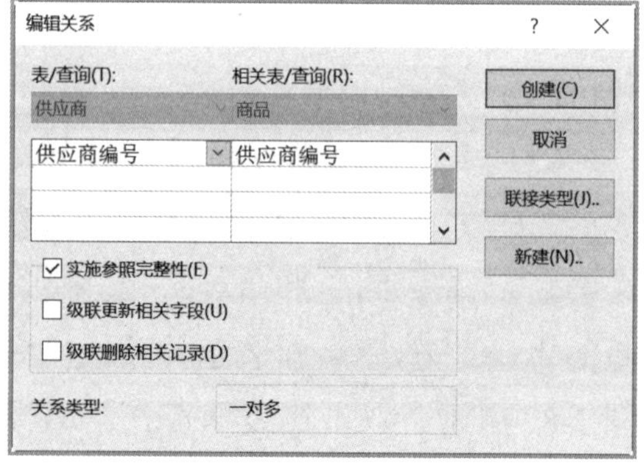

图 2-84　“编辑关系”对话框

步骤 3： 单击“创建”按钮，即可在“关系”窗口中看到“供应商”表和“商品”表之间出现了一条连线，并在“供应商”表的一方显示“1”，在“商品”表的一方显示“∞”，表示在“供应商”表和“商品”表之间建立了一对多关系。

步骤 4： 用同样的方法，建立其他表之间的关系，相关关系如下。

①“商品类别”表和“商品”表之间通过“类别编号”建立关系。

②“客户”表与“销售记录”表之间通过“客户编号”建立关系。

③“入库记录”表与“商品”表之间通过“商品编号”建立关系。

④“销售记录”表与“商品”表之间通过“商品编号”建立关系。

⑤“销售记录”表、“入库记录”表中的“经办人”与“员工”表中的“员工编号”建立关系。

建立完成的各个表关系如图 2-85 所示，单击快速访问工具栏中的“保存”按钮进行保存。

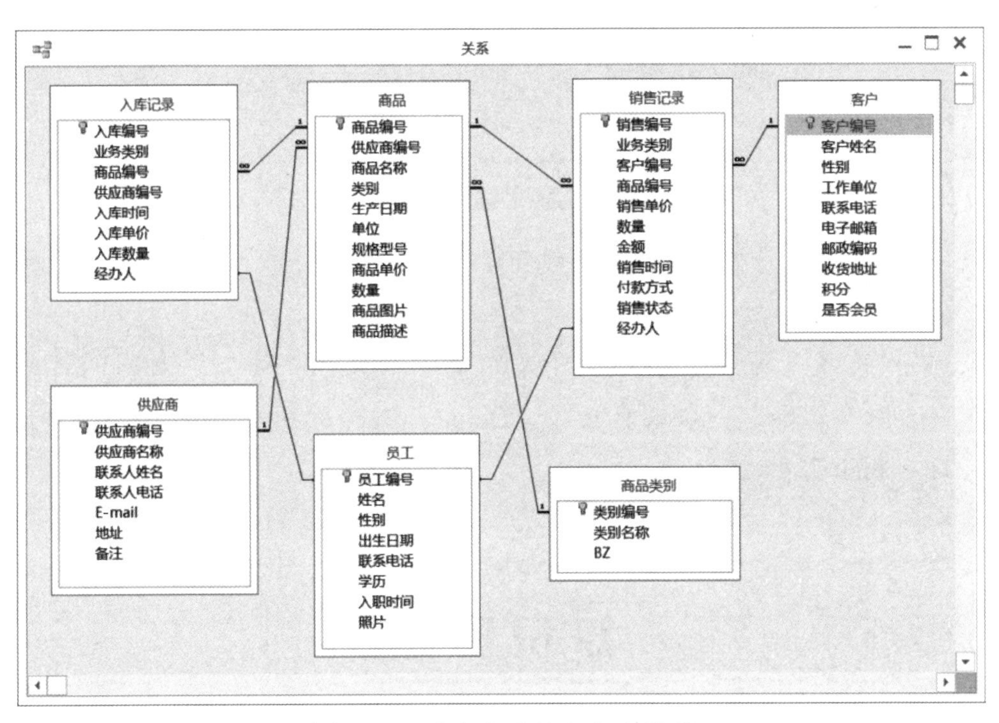

图 2-85　建立完成的各个表关系

工程师提示

在创建表关系时，主表的关联字段必须是主键，表关系只能建立在相同数据类型的字段上，关联字段允许有不同的名称。

操作实例 2：编辑“销售记录”表和“客户”表之间的关系，取消使用实施参照完整性功能，并删除“员工”表和“入库记录”表之间的关系。

【操作步骤】

步骤 1： 打开“进销存管理”数据库，单击“数据库工具”→“关系”→“关系”按钮，打开“关系”窗口。

步骤 2： 右击“销售记录”表和“客户”表间的连线，在弹出的快捷菜单中选择“编辑关系”命令，如图 2-86 所示，打开“编辑关系”对话框。

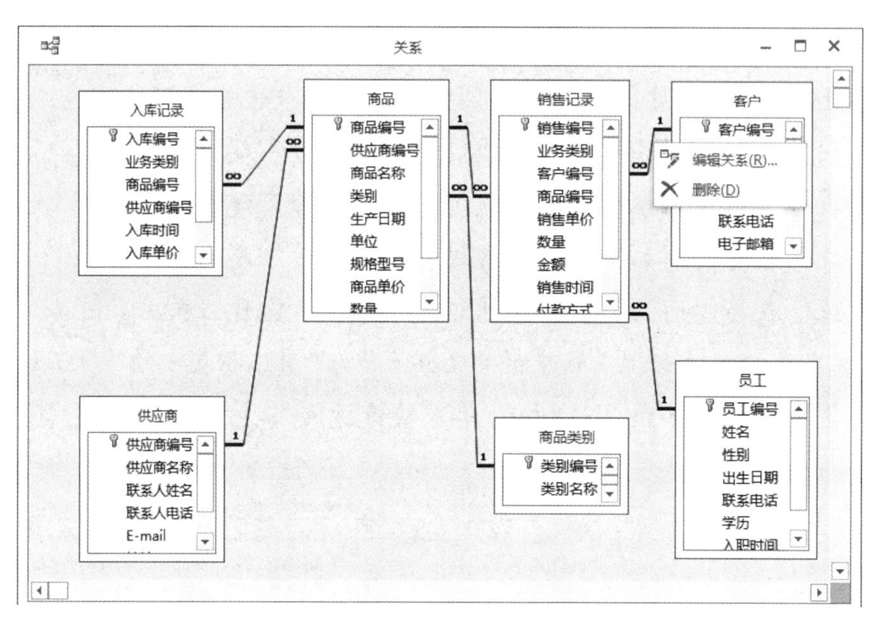

图 2-86　选择“编辑关系”命令

步骤 3：在“编辑关系”对话框中取消选中“实施参照完整性”复选框，单击“确定”按钮，表关系修改完成。

步骤 4：在“关系”窗口中，右击“入库记录”表和“员工”表间的连线，在弹出的快捷菜单中选择“删除”命令或直接按“Delete”键，弹出删除关系提示对话框，单击“是”按钮，即可删除两表之间的表关系。

知识回顾

本项目主要介绍了如何使用 Access 2013 创建数据库和表的方法及基本操作技能，用户重点掌握以下内容和操作技能。

1. 创建数据库和表的方法

创建数据库有新建空白桌面数据库和使用模板创建数据库两种方法；创建表主要有使用“创建”选项卡新建表和使用表设计器新建表两种方法，其中最常用的方法是使用表设计器新建表。

2. 表的组成

表由表结构与表内容两部分组成。表结构是指组成数据表的字段名称、字段的数据类型和字段大小等，表内容是指表中的记录。

3. 表的两种视图

在设计视图中可以进行表结构的定义和修改。在数据表视图中除了可以对字段进行添加和修改操作，还可以进行记录的增加、删除、修改等操作。不同视图之间可以相互切换。

4．表的数据类型

Access 2013 中表的数据类型有 10 种，分别是短文本、长文本、数字、日期 / 时间、货币、自动编号、是 / 否、OLE 对象、超链接、附件。计算字段与查阅和关系不是数据类型。

5．主键

主键是表中能唯一标识一条记录的一个字段或多个字段的组合。使用主键可以避免重复记录，还能加快表中数据的查找速度。一个表中只能有一个主键。

6．字段属性

字段属性主要包括字段大小、格式、输入掩码、标题、默认值、验证规则和验证文本等。

7．表结构的添加、删除和编辑修改

表结构的修改包括修改字段名称、数据类型和字段属性等，还包括添加字段、删除字段、改变字段的顺序等。表结构的修改是在设计视图中完成的。

8．修改表的主键

如果需要改变数据表中原有的主键，则一般采用重新设置主键的方法。一个数据表中只能有一个主键，因此重新设置了新的主键以后，原有的主键将被新的主键取代。如果该数据表已与其他数据表建立了表关系，则要先取消表关系，再重新设置主键。

9．表的编辑修改

表的编辑修改主要包括添加记录、删除记录和修改记录中的数据。表的编辑修改是在数据表视图中完成的。

10．数据的查找和替换

数据的查找和替换操作也是在数据表视图中完成的。先选择要查找和替换的内容，再在“查找和替换”对话框中输入查找范围和查找方式，确定后即可完成查找和替换操作。

11．数据的排序

数据的排序是指将表中的记录按照一个字段或多个字段的值重新排序。有“升序”和“降序”两种排列方式。

排序的主要规则如下。

（1）数字按大小排序。

（2）英文字母按照 26 个字母的顺序排序（大小写视为相同）。

（3）中文按照汉语拼音字母的顺序排序。

（4）日期 / 时间字段按日期的先后顺序排序。

（5）数据类型为长文本、超链接或 OLE 对象的字段不能排序。

（6）短文本类型的数字作为字符串排序。

12．数据的筛选

从数据表中找出满足一定条件的记录称为“筛选”。

Access 2013 提供了 4 种筛选方式：公用筛选器、按选定内容筛选、按窗体筛选和高级筛选 / 排序。

13. 设置数据表的格式

设置数据表的格式的目的是使数据表醒目美观，更加符合用户的要求。设置数据表的格式包括设置数据表的样式、字体、字号、行高、列宽和字段的排列顺序与背景颜色等。

自我测评

一、选择题

1. 建立表结构时，一个字段由（　　）组成。

A. 字段名称　　B. 数据类型　　C. 字段属性　　D. 以上都是

2. 数据库的创建是通过（　　）完成的。

A. “文件”菜单　　B. “开始”选项卡

C. “创建”选项卡　　D. “数据库工具”选项卡

3. 在 Access 2013 的表中，（　　）不可以定义为主键。

A. 自动编号　　B. 单字段　　C. 多字段　　D. OLE 对象

4. 空数据库是指（　　）。

A. 没有基本表的数据库　　B. 没有任何数据库对象的数据库

C. 数据库中数据表记录为空的数据库　　D. 没有窗体和报表的数据库

5. 在表的设计视图中，不能完成的操作是（　　）。

A. 修改字段名称　　B. 删除一个字段

C. 修改字段属性　　D. 删除一条记录

6. 关于主键，下列说法错误的是（　　）。

A. Access 2013 并不要求在每一个表中都必须包含一个主键

B. 在一个表中只能指定一个字段为主键

C. 在输入数据或对数据进行修改时，不能向主键的字段输入相同的值

D. 利用主键可以加快数据的查找速度

7. 如果一个字段在多数情况下取一个固定的值，则可以将这个值设置为字段的（　　）。

A. 关键字　　B. 默认值　　C. 验证文本　　D. 输入掩码

8. 在 Access 中，能存放 Word 文档的字段类型是（　　）。

A. OLE 对象　　B. 超链接　　C. 查阅和关系　　D. 长文本

9. 一名学生和其所学课程的关系是（　　）。

A. 一对多　　B. 一对一　　C. 多对一　　D. 多对多

10．在 Access 中，如果不想显示数据表中的某些字段，则可以使用的功能是（　　）。

A．隐藏　　B．删除　　C．冻结　　D．筛选

11．某数据表中有 5 条记录，其中“编号”字段为短文本类型，其值分别为 129、97、75、131、118，若按该字段对记录进行降序排列，则排序后应为（　　）。

A．75、97、118、129、131　　B．118、129、131、75、97

C．131、129、118、97、75　　D．97、75、131、129、118

12．在对某字符型字段进行升序排列时，假设该字段存在 4 个值——"中国"、"美国"、"俄罗斯"和"日本"，则最后排序结果是（　　）。

A．"中国"、"美国"、"俄罗斯"、"日本"

B．"俄罗斯"、"日本"、"美国"、"中国"

C．"中国"、"日本"、"俄罗斯"、"美国"

D．"俄罗斯"、"美国"、"日本"、"中国"

13．通配符“#”的含义是（　　）。

A．通配任意个数的字符　　B．通配任意单个字符

B．通配任意个数的数字字符　　D．通配任意单个数字字符

二、填空题

1．在 Access 2013 中，表有两种视图，即________视图和________视图。

2．如果一个数据表中含有“照片”字段，那么“照片”字段的数据类型应定义为________。

3．Access 2013 自动创建的主键是________类型。

4．________由表中的一个或多个字段构成，用于唯一标识数据表中的一条记录。

5．如果字段的值只能是 4 位数字，则该字段的输入掩码的定义应为________。

6．字段的________属性用于检查错误的输入或不符合要求的数据输入。

7．对表的修改分为对________的修改和对________的修改。

8．在“查找和替换”对话框中，“查找范围”用于确定在哪个字段中查找数据，“匹配”用于确定匹配方式，包括________、________和________3 种方式。

9．在查找时，如果确定了查找内容的范围，则可以通过设置________来缩小查找的范围。

10．数据类型为________、________或________的字段不能排序。

11．设置表的数据视图的列宽时，当拖动列右边界的分隔线超过左边界时，将会________该列。

12．当冻结某个或某些字段后，无论怎样水平滚动窗口，这些被冻结的字段总是固定可见的，并且显示在窗口的________。

13．Access 2013 提供了________、________、________和________4 种筛选方式。

三、判断题

1. 要使用数据库必须先打开数据库。（　　）

2. 创建好空白桌面数据库后，系统将自动进入数据表视图。（　　）

3. 最常用的创建表的方法是使用表设计器新建表。（　　）

4. 计算字段只能在数据表视图中添加。（　　）

5. 在表的设计视图中也可以进行添加、删除、修改记录的操作。（　　）

6. 设置文本型字段的默认值时不用输入引号，系统会自动加入引号。（　　）

7. 在同一条件行的不同列中输入多个条件时，它们彼此的关系为逻辑与关系。（　　）

8. 字段名称通常用于系统内部的引用，而标题通常用于显示给用户看。（　　）

9. 表与表之间的关系只能是一对一的。（　　）

10. 验证规则用于防止非法数据输入表中，对数据输入起着限定作用。（　　）

11. 修改字段名称时不影响该字段的数据内容，也不会影响其他基于该表创建的数据库对象。（　　）

12. 筛选只改变视图中显示的数据，并不改变数据表中的数据。（　　）

13. 在 Access 2013 中进行排序时，英文字母是按照字母的 ASCII 码顺序排序的。（　　）

14. 隐藏列的目的是在数据表中只显示那些需要的数据，而并没有删除该列。（　　）

项目3

查询的创建与应用

使用Access的最终目的是通过对数据库中的数据进行各种处理和分析，来提取有用信息。查询是Access处理和分析数据的工具，它能够将多个表中的数据抽取出来，供用户查看、统计、分析和使用，还可以对数据进行更改、添加和删除等，甚至可以创建新表。本项目主要以已经建立的“进销存管理”数据库为例，介绍创建各种查询的方法和步骤。

能力目标

- 掌握查询的设计方法及操作
- 掌握条件查询的方法及操作
- 熟练掌握选择查询、参数查询、交叉表查询的方法及操作
- 熟练掌握操作查询的方法
- 掌握SQL查询的基本应用及操作

知识目标

- 掌握查询的基本概念
- 了解各种视图的作用及相互切换
- 了解SQL及其格式
- 熟练掌握SELECT语句的应用

任务1　查询的基本概念

任务分析

查询是Access数据库的重要对象，是用户按照一定条件从Access数据库中的表或已建立的查询中检索所需数据的最主要方法。查询可以根据指定的条件对表或者其他查询进行检索，筛选出符合条件的记录，构成一个新数据集合，还可以对数据进行更改、添加、删除等，

从而方便用户对数据库表进行管理。

知识准备

一、查询的类型

根据对数据源操作方式和操作结果的不同，Access 2013 中的查询分为 5 种类型：选择查询、参数查询、交叉表查询、操作查询和 SQL 查询。

（1）选择查询：根据指定的查询条件，从一个或多个表中获取满足条件的数据，并且按指定顺序显示数据。选择查询还可以对记录进行分组，并计算总和、计数、平均值及进行不同类型的计算。

（2）参数查询：这是一种交互式的查询类型，它可以提示用户输入查询信息，然后根据用户输入的查询条件检索记录。例如，可以提示输入两个日期，并检索在这两个日期之间的所有记录。使用参数查询的结果作为窗体、报表和数据访问页的数据源，可以很方便地显示或打印出查询的信息。

（3）交叉表查询：对来源于某个表中的字段进行分组，一组列在数据表的左侧，一组列在数据表的上部，可以在数据表行与列的交叉处显示表中某个字段的各种计算值。例如，计算数据的平均值或总和等。

（4）操作查询：这是用于对记录进行复制和更新的查询。Access 中包括 4 种类型的操作查询：追加查询、删除查询、更新查询和生成表查询。

（5）SQL 查询：这是直接使用 SQL 语句创建的查询。SQL 查询包括 4 种类型：联合查询、传递查询、数据定义查询、子查询。

二、查询的条件设置

1. 查询条件及运算符

（1）查询条件：在创建查询时，有时需要对查询记录中的某个或多个字段进行限制，这就需要将相应的查询条件添加到字段上，只有完全满足查询条件的那些记录才能显示出来。

一个字段可以有多条限制规则，限制规则之间可以用逻辑符号连接。例如，查询条件为"'数量'字段小于或等于 5 并且大于 0"，只要在"数量"字段的"条件"单元格中输入"<=5 and >0"即可。

在输入查询条件时要使用一些特定的运算符、数据、字段名称及函数，将这些运算符、数据、字段名称及函数等组合在一起称为表达式，输入的查询条件称为条件表达式。

在查询中通常有以下两种情况需要书写表达式。

① 用表达式表示一个查询条件，如"[数量]<5"。

② 查询中添加新的计算字段。例如，"商品成本价：[商品单价]×（1+0.30）"，其含义是"'商

品单价’为计算字段，字段的标题为‘商品成本价’”。

每个表达式都有一个计算结果，这个结果称为表达式的返回值，表示查询条件的表达式的返回值只有两种：True（真）或者 False（假）。

（2）算术运算符：算术运算符只能对数字类型的数据进行运算。表 3-1 列出了可以在 Access 表达式中使用的算术运算符。

表 3-1　算术运算符

算术运算符	描　述	例　子
+	两个操作数相加	12+23.5
-	两个操作数相减	45.6-30
×	两个操作数相乘	45×68
/	用一个操作数除以另一个操作数	23.6/12.55
\	用于两个整数的整除	5\2
Mod	返回整数相除时所得到的余数	27 Mod 12
^	指数运算	5^3

工程师提示

① \：整除符号。当使用整数除的时候，带有小数部分的操作数将四舍五入为整数，但在结果中小数部分将被截断。

② Mod：该运算符返回的是整除的余数。例如，13 Mod 3 将返回 1。

③ ^：指数运算符，也称乘方运算符。例如，2^4 返回 16（2×2×2×2）。

（3）关系运算符：关系运算符也称比较运算符，使用关系运算符可以构建关系表达式，以表示单个查询条件。

关系运算符用于比较两个操作数的值，并根据两个操作数和运算符之间的关系返回一个逻辑值（True 或者 False）。表 3-2 列出了在 Access 中可以使用的关系运算符。

表 3-2　关系运算符

关系运算符	描　述	例　子	结　果
<	小于	123<1000	True
<=	小于或等于	5<=5	True
=	等于	2=4	False
>=	大于或等于	1234>=456	True
>	大于	123>123	False
<>	不等于	123<>456	True

（4）逻辑运算符：逻辑运算符通常用于将两个或者多个关系表达式连接起来，表示多个查询条件，其结果也是一个逻辑值（True 或 False）。表 3-3 列出了在 Access 中可以使用的逻辑运算符。

表 3-3 逻辑运算符

逻辑运算符	描　述	例　子	结　果
And	逻辑与	True And True	True
		True And False	False
Or	逻辑或	True Or False	True
		False Or False	False
Not	逻辑非	Not True	False
		Not False	True

在为查询设置多个查询条件时，有以下两种写法。

① 将多个查询条件写在设计网格区的同一行，表示“And”运算；将多个查询条件写在设计网格区的不同行，表示“Or”运算。

② 直接在“条件”行中书写逻辑表达式。

（5）其他运算符：除了上面所述的使用关系运算符和逻辑运算符来表示查询条件，还可以使用 Access 提供的功能更强的运算符设置查询条件。表 3-4 列出了在 Access 中使用的其他运算符。

表 3-4 其他运算符

其他运算符	描　述	例　子
Is	和 Null 一起使用，确定某值是 Null 还是 Not Null	Is Null，Is Not Null
Like	查找指定模式的字符串，可使用通配符 * 和？	Like"jon*"，Like"FILE???? "
In	确定某个字符串是否为某个值列表中的成员	In（"CA"，"OR"，"WA"）
Between	确定某个数字值或者日期值是否在给定的范围之内	Between 1 And 5

例如，逻辑运算“[数量]>=5 and [数量]<=50”可改写为“[数量] Between 5 and 50”，这两种写法等价。

2．常用函数

在表达式中还可以使用函数，表 3-5 列出了 Access 中常用的函数。

表 3-5 常用函数

函　数	描　述	例　子	返　回　值
Date()	返回当前的系统日期	Date()	7/15/06
Day()	返回 1~31 中的一个整数	Day(Date)	15
Month()	返回 1~12 中的一个整数	Month(#15-7-98#)	7
Now()	返回系统时钟的日期和时间值	Now()	7/15/06 5:10:10
Weekday()	以整数形式返回相应的某个日期为星期几（星期天为 1）	Weekday(#7/15/1998#)	4
Year()	返回日期 / 时间值中的年份	Year(#7/15/1998#)	1998
Len（）	获得文本的字符数	Len(“数据库技术”）	5
Left（）	获得文本左侧的指定字符个数的文本	Left(“数据库技术”,3)	“数据库”
Mid（）	获得文本中指定起始位置开始的特定数目字符的文本	Mid(“数据库技术与应用”,4,2)	“技术”
Int（表达式）	得到不大于表达式的最大整数	Int（2.4+3.5）	5

任务 2　使用查询向导创建查询

任务分析

创建查询的方法有两种：使用查询向导和使用查询设计。前者操作简单方便，后者功能强大、丰富。使用查询向导创建查询时，操作者可以在查询向导提示下选择一个或多个表、一个或多个字段，但不能设置查询条件。本任务将在“进销存管理”数据库中使用查询向导创建单表查询和多表查询。

知识准备

查询的视图

Access 中的查询有 3 种视图：数据表视图、设计视图、SQL 视图。在设计视图中，既可以创建不带条件的查询，又可以创建带条件的查询，还可以对已建查询进行修改。

1. 数据表视图

查询的数据表视图是以行和列的格式显示查询结果的窗口。

打开数据库，在导航窗格中选中“查询”对象，切换到查询列表，双击打开某个查询，即可以通过数据表视图的形式打开当前查询。

2. 设计视图

查询的设计视图是用于设计查询的窗口。在设计视图中，不仅可以创建新的查询，还可以对已存在的查询进行修改和编辑。

打开“进销存管理”数据库，在导航窗格中选中“查询”对象，右击某个查询名称，在弹出的快捷菜单中选择“设计视图”命令，即可以通过设计视图的方式打开当前查询。图 3-1 所示为“商品基本信息查询”的设计视图。

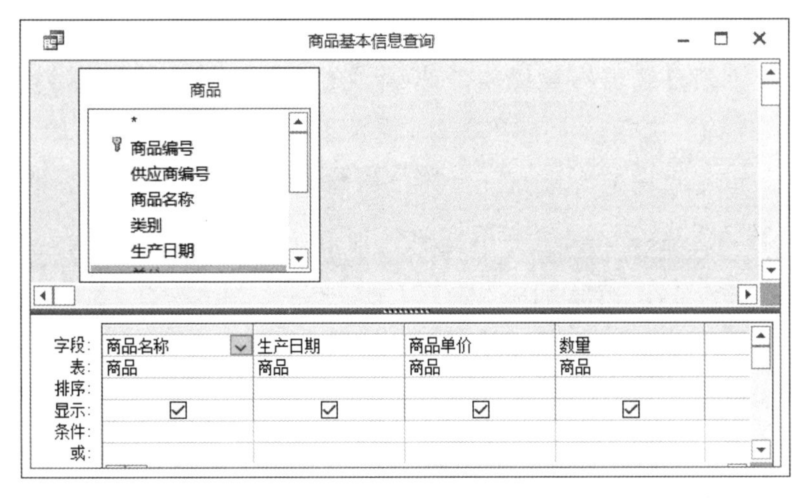

图 3-1　“商品基本信息查询”的设计视图

查询的设计视图由上下两部分构成，上半部分是创建的查询所基于的全部表和查询，称为查询基表，用户可以向其中添加或删除表和查询。具有关系的表之间带有连线，连线上的标记是两个表之间的关系，用户可以添加、删除和编辑表关系。

查询的设计视图的下半部分为查询设计窗口，称为设计网格区。在设计网格区中可以设置查询字段、来源表、排序顺序和条件等。

3. SQL 视图

SQL 视图是用于显示当前查询的 SQL 语句窗口，用户可以使用 SQL 视图建立一个 SQL 特定查询，如联合查询、传递查询、数据定义查询或子查询，也可以对当前的查询进行修改。

当查询以数据表视图的方式打开后，单击“开始”→“视图”→“视图”下拉按钮，在弹出的下拉列表中选择“SQL 视图”，可以打开当前查询的 SQL 视图。当查询以设计视图的方式打开后，单击“查询工具 / 设计”→“结果”→“视图”下拉按钮，在弹出的下拉列表中选择“SQL 视图”选项，也可以打开当前查询的 SQL 视图，SQL 视图中显示了当前查询的 SQL 语句。图 3-2 所示为“商品基本信息查询”的 SQL 视图。

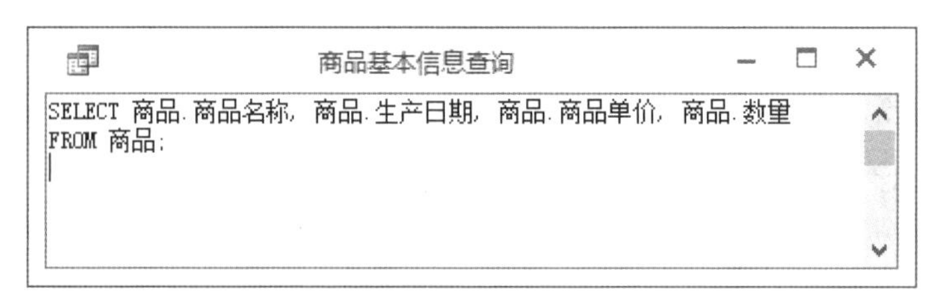

图 3-2 “商品基本信息查询”的 SQL 视图

任务操作

操作实例 1：查询“商品”表中的记录，并显示“商品名称”“生产日期”“商品单价”“数量”4 个字段，查询名称为“商品基本信息查询”。

【操作步骤】

步骤 1：打开“进销存管理”数据库，选择“创建”选项卡，如图 3-3 所示。

步骤 2：单击“查询”选项组中的“查询向导”按钮，打开“新建查询”对话框，选择“简单查询向导”选项，单击“确定”按钮，打开“简单查询向导”对话框，在“表 / 查询”下拉列表中选择“表：商品”选项，在“可用字段”列表框中分别双击“商品名称”“生产日期”“商品单价”“数量”等字段，将它们添加到“选定字段”列表框中，如图 3-4 所示。

步骤 3：设置完成后，单击“下一步”按钮，选中“明细（显示每个记录的每个字段）”单选按钮，如图 3-5 所示。

步骤 4：单击“下一步”按钮，输入查询标题“商品基本信息查询”，如图 3-6 所示。

步骤 5：选中“打开查询查看信息”单选按钮，单击“完成”按钮。此时会显示查询结果，并会自动保存该查询，查询结果如图 3-7 所示。

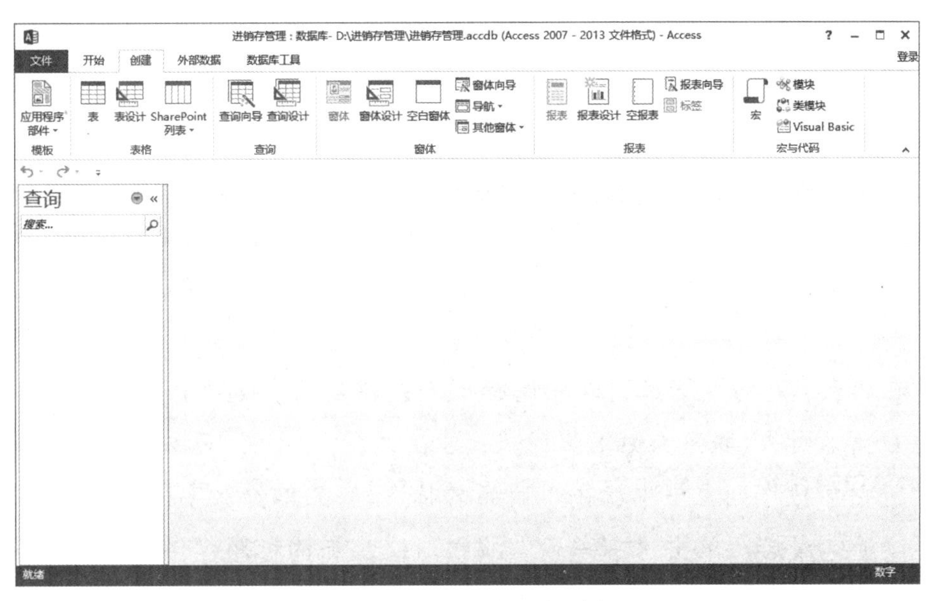

图 3-3　“创建”选项卡

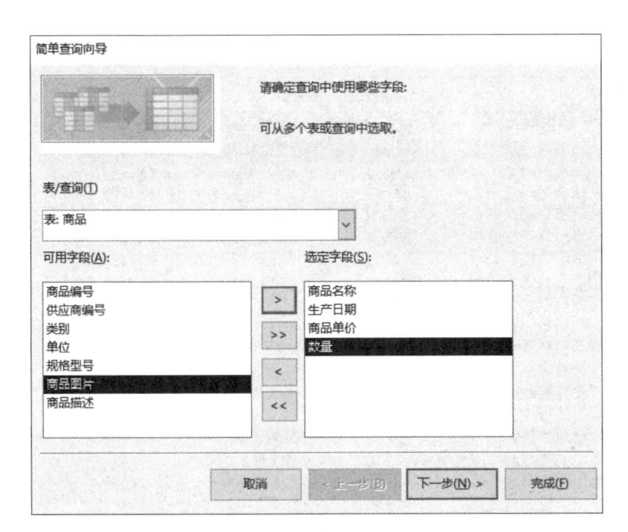

图 3-4　“简单查询向导”对话框 1

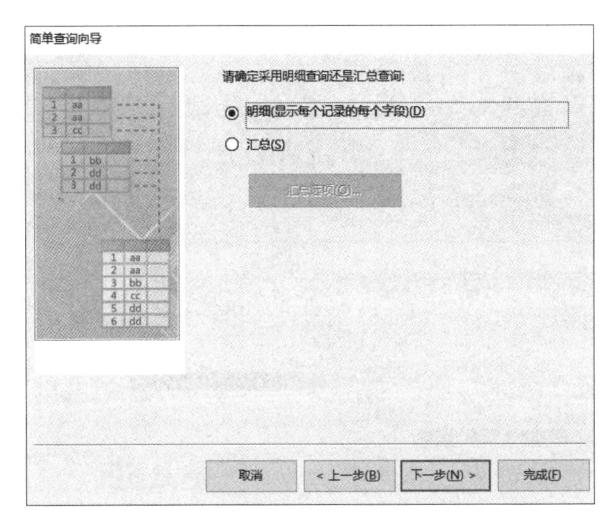

图 3-5　“简单查询向导”对话框 2

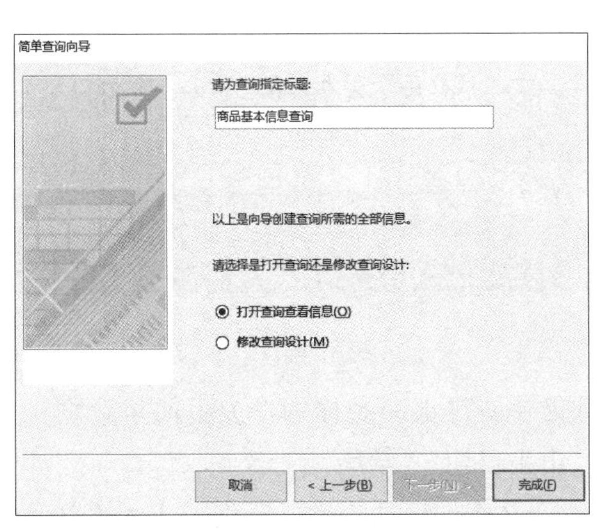

图 3-6　“简单查询向导”对话框 3

商品基本信息查询

商品名称	生产日期	商品单价	数量
尼康 COOLPIX P510	2012/4/10	¥2,800.00	15
尼康 D600	2012/4/21	¥13,100.00	10
尼康 D3200	2012/5/21	¥3,400.00	3
尼康 J1	2012/7/11	¥2,100.00	8
尼康 COOLPIX P310	2012/8/3	¥1,900.00	6
亚马逊Kindle 3	2012/9/1	¥1,200.00	15
汉王文阅8001	2012/4/9	¥1,580.00	10
盛大Bambook	2012/2/12	¥500.00	5
联想乐Pad A2207	2012/6/28	¥1,599.00	15
谷歌 Nexus 7	2012/7/12	¥1,799.00	3
苹果iPad4	2012/8/7	¥3,688.00	20
三星GALAXY Note	2012/8/15	¥3,599.00	16
联想 乐Pad A2109	2012/8/25	¥1,799.00	15
苹果iPad Mini	2012/8/28	¥2,499.00	20
金士顿SV200	2012/5/13	¥399.00	20
Intel 330 series	2012/6/20	¥999.00	6
三星830	2012/7/10	¥990.00	5
金士顿V+200	2012/8/19	¥650.00	5
台电极速USB3.0	2012/9/9	¥78.00	65
台电骑士USB3.0	2012/9/9	¥150.00	70
品胜电霸	2012/6/12	¥175.00	60
羽博YB-631	2012/7/20	¥298.00	5
飞毛腿Q7	2012/8/17	¥158.00	30

记录: 第 1 项(共 23 项　无筛选器　搜索

图 3-7　“商品基本信息查询”的查询结果

操作实例 2：查询每个供应商的名称和所供商品的价格信息。显示“供应商”表中的“供应商名称”“联系人姓名”2 个字段以及“商品”表中的“商品名称”“商品单价”2 个字段，查询名称为“供应商所供商品的价格信息”。

【操作步骤】

步骤 1：打开“进销存管理”数据库，单击“创建”→“查询”→“查询向导”按钮，打开“新建查询”对话框，选择“简单查询向导”选项，单击“确定”按钮，打开“简单查询向导”对话框。

步骤 2：在“表 / 查询”下拉列表中选择“表：供应商”选项，并在“可用字段”列表框中双击“供应商名称”“联系人姓名”字段；再在“表 / 查询”下拉列表中选择“表：商品”选项，并在“可用字段”列表框中双击“商品名称”“商品单价”字段，如图 3-8 所示。

步骤 3：设置完成后，单击“下一步”按钮，输入查询标题“供应商所供商品的价格信息”，选中“打开查询查看信息”单选按钮，单击“完成”按钮。此时会以数据表的形式显示查询结果，如图 3-9 所示。

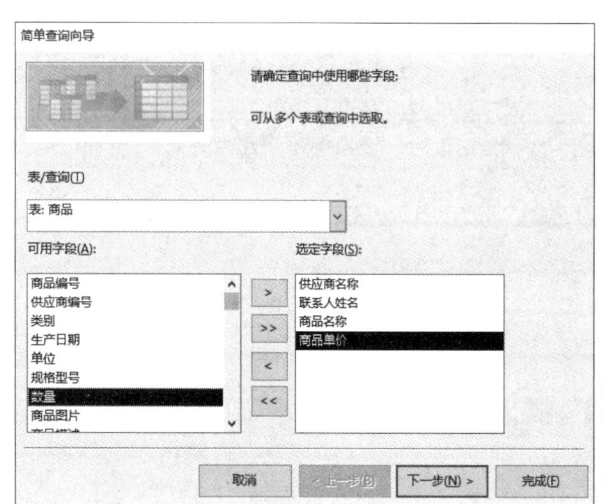

图 3-8 “简单查询向导”对话框

供应商名称	联系人姓名	商品名称	商品单价
深圳新海数码技术公司	王明月	联想乐Pad A220	¥1,599.00
深圳新海数码技术公司	王明月	谷歌 Nexus 7	¥1,799.00
深圳新海数码技术公司	王明月	三星GALAXY Not	¥3,599.00
深圳新海数码技术公司	王明月	联想 乐Pad A21	¥1,799.00
广州市汇众电脑公司	张斌	亚马逊Kindle 3	¥1,200.00
广州市汇众电脑公司	张斌	汉王文阅8001	¥1,580.00
广州市汇众电脑公司	张斌	盛大Bambook	¥500.00
武汉新科数码有限公司	李新民	尼康 COOLPIX P	¥2,800.00
武汉新科数码有限公司	李新民	尼康 D600	¥13,100.00
武汉新科数码有限公司	李新民	尼康 D3200	¥3,400.00
武汉新科数码有限公司	李新民	尼康 J1	¥2,100.00
武汉新科数码有限公司	李新民	尼康 COOLPIX P	¥1,900.00
深圳创新科技公司	刘理	苹果iPad4	¥3,688.00
深圳创新科技公司	刘理	苹果iPad Mini	¥2,499.00
深圳市明一数码产品有限公	吴经理	金士顿SV200	¥399.00
深圳市明一数码产品有限公	吴经理	金士顿V+200	¥650.00
北京中关村四通公司	李经理	Intel 330 seri	¥999.00
北京中科信息技术公司	高歌	品胜电霸	¥175.00

图 3-9 “供应商所供商品的价格信息”的查询结果

当所建查询的数据源来自多个表时，应建立表关系，其中，“供应商”表为主表，“商品”表为相关表，“供应商编号”字段为相关字段。

任务实训

实训：使用查询向导创建员工基本情况查询。

【实训要求】

1. 在“进销存管理”数据库中，使用查询向导创建查询名称为“员工简单查询”的查询，查询内容为“员工编号”“姓名”“性别”“出生日期”“学历”。

2. 使用查询向导创建查询名称为“员工入库产品查询”的查询，查询员工入库产品情况，查询内容为“员工”表中的“员工编号”“姓名”“性别”，“入库记录”表中的“入库数量”以及“商品”表中的“商品名称”。

任务 3　创建选择查询

任务分析

创建选择查询有两种方法：一种是使用查询向导，另一种是使用查询设计。查询向导能够有效地指导操作者顺利地创建查询，在创建过程中对参数的选择有详细解释，并能以图形方式显示结果。而查询设计可以完成新建查询的设计，并可以修改已有查询。两种方法特点不同，查询向导操作简单、方便，查询设计功能丰富、灵活。本任务将介绍使用查询设计创建选择查询的方法与步骤。

知识准备

一、查询的设计视图

使用查询设计创建的查询多种多样，有些带条件，有些不带条件。查询设计不仅可以创建新的查询，还可以对已存在的查询进行修改和编辑。

单击“创建”→“查询”→“查询设计”按钮，打开查询的设计视图，如图 3-10 所示。

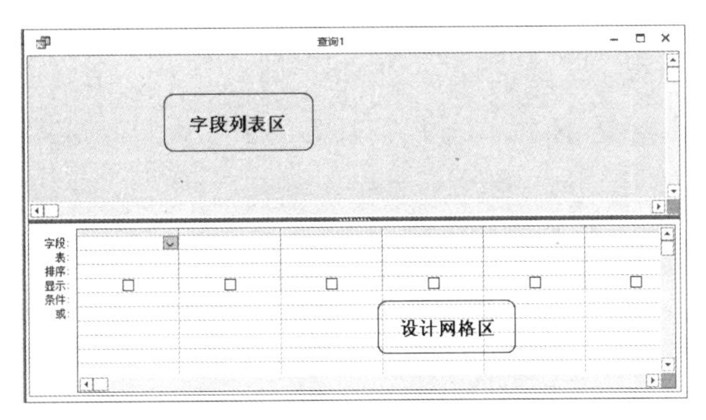

图 3-10　查询的设计视图

查询的设计视图分为“字段列表区”和“设计网格区”两部分。

（1）字段列表区：显示所选表的所有字段。

（2）设计网格区：该区域中的每一列对应查询动态集中的一个字段，每一行对应字段的一个属性或要求，行的功能如表 3-6 所示。

表 3-6　设计网格区中行的功能

行的名称	功　能
字段	设置查询对象时要选择的字段
表	设置字段所在的表或查询的名称

续表

行的名称	功　能
排序	定义字段的排序方式
显示	定义选择的字段是否在数据表（查询结果）视图中显示出来
条件	设置字段限制条件
或	设置“或”条件来限定记录的选择

二、在查询中进行计算

在创建查询时，有时需要的是统计结果，如统计商品数及平均单价等，而不仅仅是表中的记录。为了获取这样的数据，需要创建能够进行统计的查询。使用查询的设计视图中的“总计”行，可以对查询中的全部记录或记录组计算一个或多个字段的统计值。

对设计网格区中的每个字段，单击其在“总计”行中的单元格，选择下列聚合函数之一——合计、平均值、最小值、最大值、计数、StDev（标准差）、变量、First（第一条记录）、Last（最后一条记录）等，就能在查询中进行计算。

任务操作

操作实例 1：在查询的设计视图中查询商品信息，显示“商品”表中的记录，显示“商品名称”“生产日期”“商品单价”“数量”4 个字段，查询名称为“商品信息查询”。

【操作步骤】

步骤 1：打开“进销存管理”数据库，单击“创建”→“查询”→“查询设计”按钮。

步骤 2：在“显示表”对话框中，选中“商品”表，把“商品”表添加到字段列表区中，如图 3-11 所示。

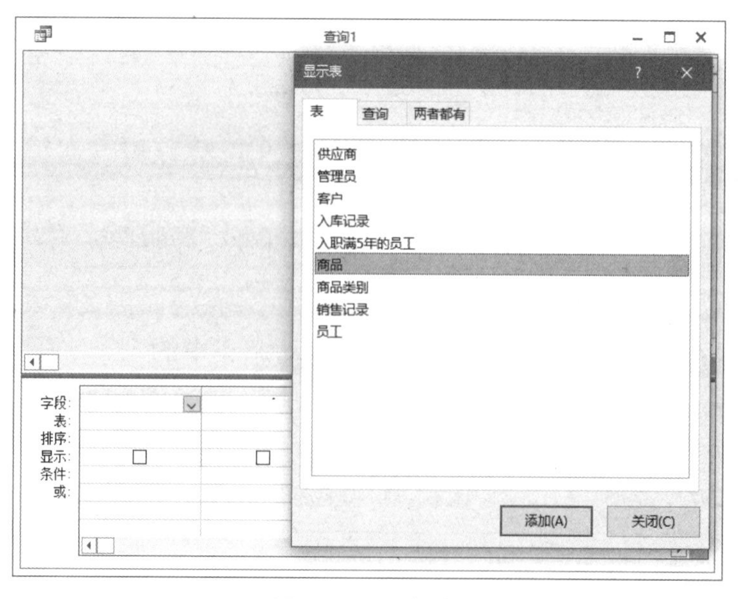

图 3-11　添加表

步骤 3：在“商品”表中，双击“商品名称”字段，将“商品名称”字段添加到设计网格区中。同样，将“商品”表中的“生产日期”“商品单价”“数量”字段添加到设计网格区中，如图 3-12 所示。

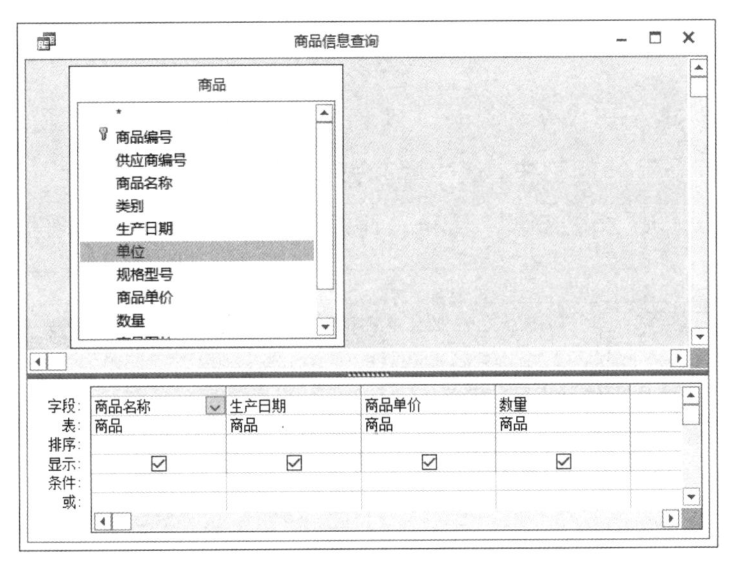

图 3-12 添加字段

步骤 4：单击快速访问工具栏中的“保存”按钮，打开“另存为”对话框，设置查询名称为“商品信息查询”，单击“确定”按钮，如图 3-13 所示。

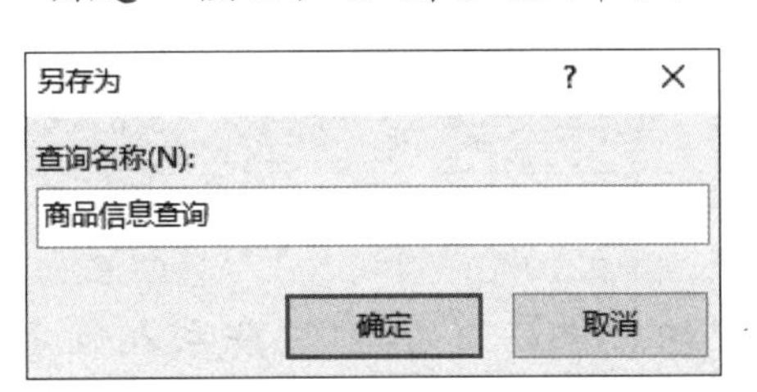

图 3-13 “另存为”对话框

步骤 5：单击“查询工具 / 设计”→“结果”→“运行”按钮，或单击工具栏左侧的“视图”下拉按钮，在弹出的下拉列表中选择“数据表视图”选项，显示查询结果，如图 3-14 所示。

商品信息查询

商品名称	生产日期	商品单价	数量
尼康 COOLPIX P510	2012/4/10	¥2,800.00	15
尼康 D600	2012/4/21	¥13,100.00	10
尼康 D3200	2012/5/21	¥3,400.00	3
尼康 J1	2012/7/11	¥2,100.00	8
尼康 COOLPIX P310	2012/8/3	¥1,900.00	6
亚马逊Kindle 3	2012/9/1	¥1,200.00	15
汉王文阅8001	2012/4/9	¥1,580.00	10
盛大Bambook	2012/2/12	¥500.00	5
联想乐Pad A2207	2012/6/28	¥1,599.00	15
谷歌 Nexus 7	2012/7/12	¥1,799.00	3
苹果iPad4	2012/8/7	¥3,688.00	20
三星GALAXY Note	2012/8/15	¥3,599.00	16
联想 乐Pad A2109	2012/8/25	¥1,799.00	15
苹果iPad Mini	2012/8/28	¥2,499.00	20
金士顿SV200	2012/5/13	¥399.00	20
Intel 330 series	2012/6/20	¥999.00	6
三星830	2012/7/10	¥990.00	5
金士顿V+200	2012/8/19	¥650.00	5
台电极速USB3.0	2012/9/9	¥78.00	65
台电骑士USB3.0	2012/9/9	¥150.00	70
品胜电霸	2012/6/12	¥175.00	60

记录: 第 1 项(共 23 项 无筛选器 搜索

图 3-14 查询结果

操作实例 2：使用查询设计创建查询，查询每个供应商的名称和所供商品的价格信息。显示“供应商”表中的“供应商名称”“联系人姓名”2 个字段以及“商品”表中的“商品名称”“商品单价”2 个字段，查询名称为“供应商的商品价格信息”。

【操作步骤】

步骤 1： 单击“创建”→“查询”→“查询设计”按钮，打开“显示表”对话框。

步骤 2： 在“显示表”对话框中，选中“供应商”表，单击“添加”按钮，再选中“商品”表，单击“添加”按钮，把“供应商”表和“商品”表添加到字段列表区中，如图 3-15 所示。

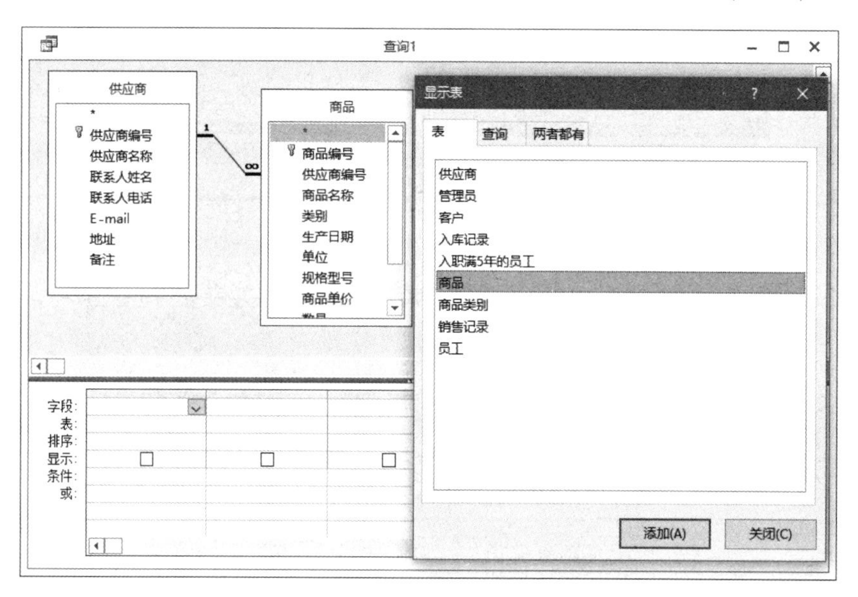

图 3-15　添加表

步骤 3： 将“供应商”表中的“供应商名称”“联系人姓名”和“商品”表中的“商品名称”“商品单价”4 个字段添加到设计网格区中，如图 3-16 所示。

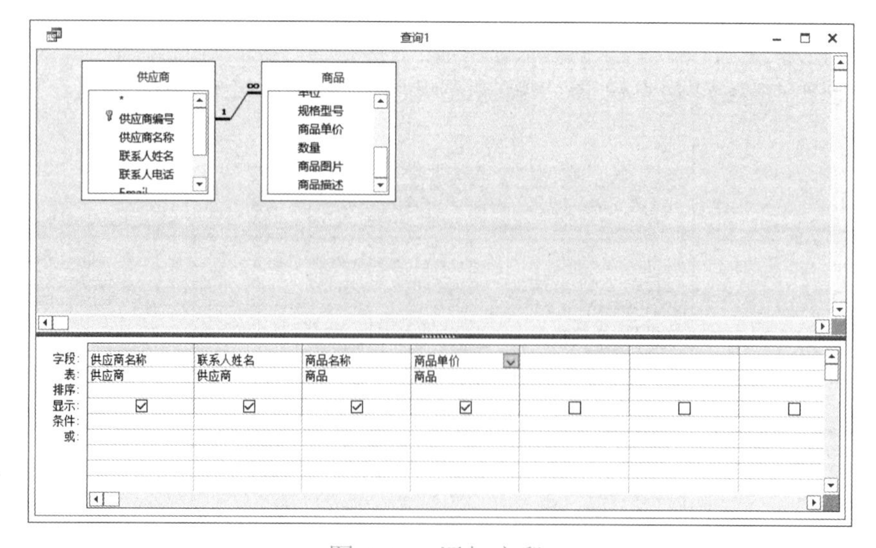

图 3-16　添加字段

步骤 4： 单击快速访问工具栏中的“保存”按钮，打开“另存为”对话框，设置查询名称为“供应商的商品价格信息”，单击“确定”按钮。单击“查询工具 / 设计”→“结果”→“运行”按钮❗，或单击状态栏右下角的“数据表视图”按钮，显示查询结果，如图 3-17 所示。

供应商的商品价格信息

供应商名称	联系人姓名	商品名称	商品单价
深圳新海数码技术公司	王明月	联想乐Pad A2207	¥1,599.00
深圳新海数码技术公司	王明月	谷歌 Nexus 7	¥1,799.00
深圳新海数码技术公司	王明月	三星GALAXY Note	¥3,599.00
深圳新海数码技术公司	王明月	联想 乐Pad A2109	¥1,799.00
广州市汇众电脑公司	张斌	亚马逊Kindle 3	¥1,200.00
广州市汇众电脑公司	张斌	汉王文阅8001	¥1,580.00
广州市汇众电脑公司	张斌	盛大Bambook	¥500.00
武汉新科数码有限公司	李新民	尼康 COOLPIX P510	¥2,800.00
武汉新科数码有限公司	李新民	尼康 D600	¥13,100.00
武汉新科数码有限公司	李新民	尼康 D3200	¥3,400.00
武汉新科数码有限公司	李新民	尼康 J1	¥2,100.00
武汉新科数码有限公司	李新民	尼康 COOLPIX P310	¥1,900.00
深圳创新科技公司	刘理	苹果iPad4	¥3,688.00
深圳创新科技公司	刘理	苹果iPad Mini	¥2,499.00
深圳市明一数码产品有限公	吴经理	金士顿SV200	¥399.00
深圳市明一数码产品有限公	吴经理	金士顿V+200	¥650.00
北京中关村四通公司	李经理	Intel 330 series	¥999.00
北京中科信息技术公司	高歌	品胜电霸	¥175.00
北京中科信息技术公司	高歌	羽博YB-631	¥298.00

记录: 第 1 项(共 23 项 无筛选器 搜索

图 3-17 查询结果

操作实例 3：查询库存数量小于或等于 5 的商品，并显示其“商品编号”“商品名称”“生产日期”。

【操作步骤】

步骤 1： 单击“创建”→“查询”→“查询设计”按钮，打开“显示表”对话框，将“商品”表添加到字段列表区中。

步骤 2： 查询结果没有要求显示“数量”字段，但由于查询条件需要使用这个字段，因此，在确定查询所需的字段时必须选中该字段。分别双击“商品编号”“商品名称”“生产日期”“数量”字段，或直接将这 4 个字段拖到设计网格区中。

步骤 3：“数量”字段只作为查询条件，不显示其内容，因此应该取消“数量”字段的显示状态。取消选中“数量”字段中的“显示”复选框，此时复选框内变为空白。

步骤 4： 在“数量”字段的“条件”行中输入查询条件“<=5”，如图 3-18 所示。

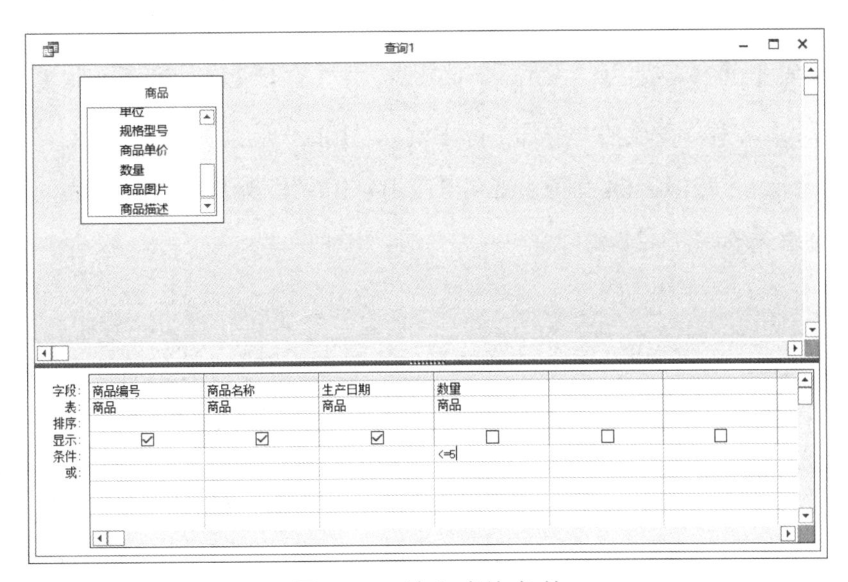

图 3-18 输入查询条件

步骤 5： 单击快速访问工具栏中的“保存”按钮，打开“另存为”对话框，设置“查询名称”为“库存量小于或等于 5 的商品”，单击“确定”按钮。

步骤 6： 切换到数据表视图，查询结果如图 3-19 所示。

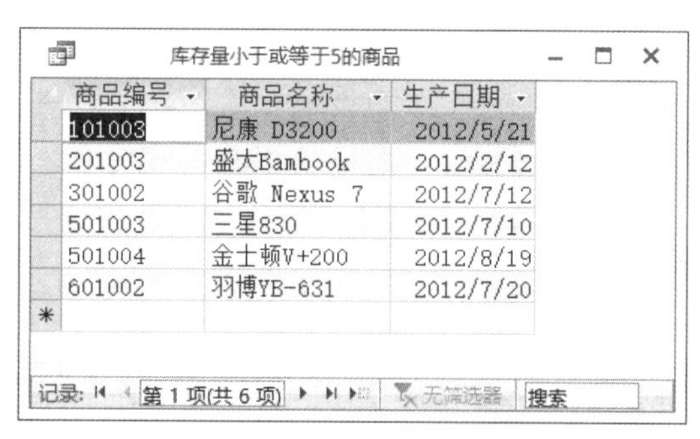

商品编号	商品名称	生产日期
101003	尼康 D3200	2012/5/21
201003	盛大Bambook	2012/2/12
301002	谷歌 Nexus 7	2012/7/12
501003	三星830	2012/7/10
501004	金士顿V+200	2012/8/19
601002	羽博YB-631	2012/7/20

图 3-19 查询结果

工程师提示

在带条件的查询中，查询的信息来自数据库中的表，查询的条件中“小于或等于”或“大于或等于”等在表达式中要转换为 Access 中的格式，如“小于或等于”用“<=”符号表示，“大于或等于”用“>=”符号表示。

操作实例 4：查询 2012 年 4 月份生产的尼康相机，并显示“商品名称”“数量”“供应商名称”“联系人姓名”“联系人电话”。

【操作步骤】

步骤 1： 单击“创建”→“查询”→“查询设计”按钮，将“供应商”表和“商品”表添加到字段列表区中。

步骤 2： 分别双击“供应商”表的“供应商名称”“联系人姓名”“联系人电话”3 个字段和“商品”表的“商品名称”“生产日期”“数量”3 个字段，或直接将这 6 个字段拖到设计网格区中。

步骤 3： 取消选中“生产日期”字段中的“显示”复选框，使查询结果不显示该字段。

步骤 4： 在“商品名称”字段的“条件”行中输入“Like" 尼康 *"”。在“生产日期”字段的“条件”行中输入“between #2012-04-01# and #2012-04-30#”，如图 3-20 所示。

步骤 5： 查询结果如图 3-21 所示。

工程师提示

本例查询中的条件“尼康相机”是指“商品名称”以“尼康”开头的商品，表达式应写为“Like “尼康 *””，条件“2012 年 4 月份生产”的表达式应写为“between #2012-04-01# and #2012-04-30#”。

根据要求，要同时满足以上两个条件，所以这两个条件都应放在各自字段的“条件”行中。对于两个条件满足其一便可的情况，也就是说，如果两个条件是“或”的关系，则应将其中一个条件放在“条件”行，另一个条件放在“或”行。

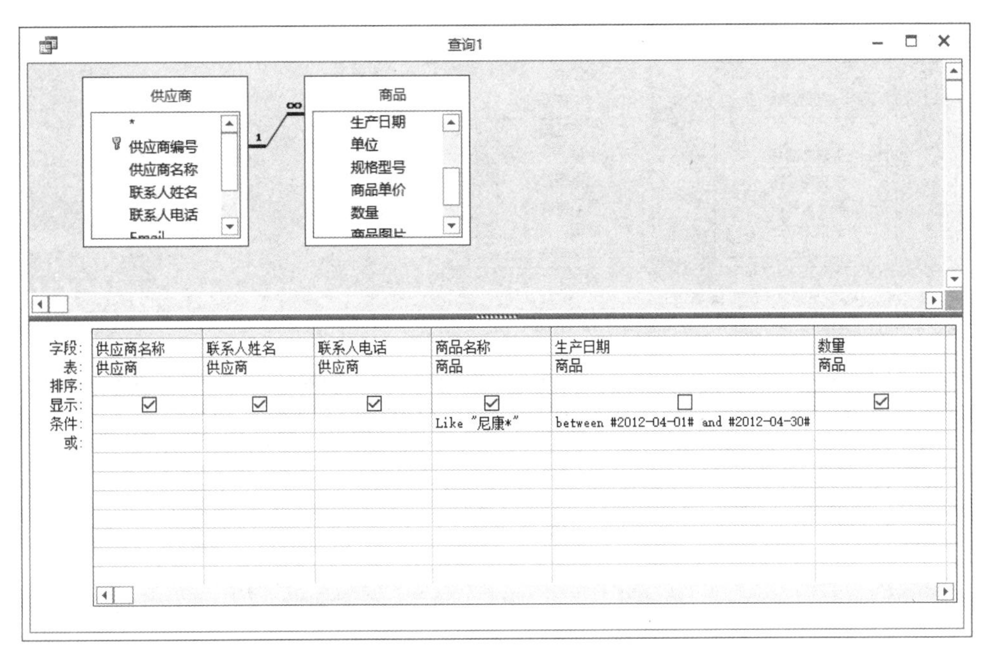

图 3-20　输入查询条件

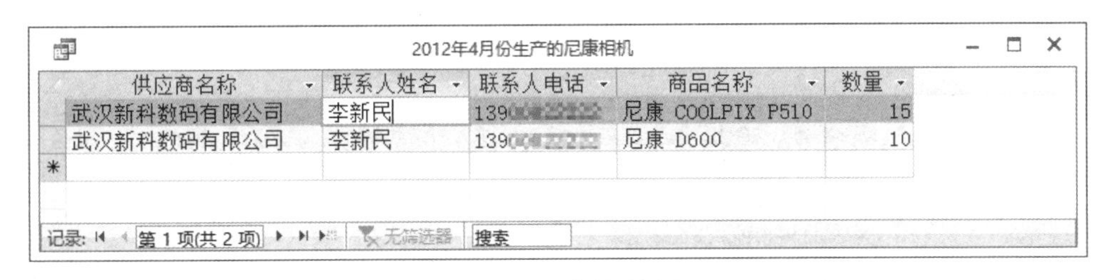

供应商名称	联系人姓名	联系人电话	商品名称	数量
武汉新科数码有限公司	李新民	139	尼康 COOLPIX P510	15
武汉新科数码有限公司	李新民	139	尼康 D600	10

图 3-21　查询结果

操作实例 5：统计各个供应商所供商品数以及所供商品的平均单价。

【操作步骤】

步骤 1：切换到查询的设计视图，将“供应商”表和“商品”表添加到字段列表区中。

步骤 2：双击“供应商”表中的“供应商编号”“供应商名称”字段和“商品”表中的“商品名称”“商品单价”字段，将它们添加到设计网格区中。

步骤 3：单击“查询工具 / 设计”→“显示 / 隐藏”→“汇总”按钮Σ，在设计网格区中插入“总计”行。

步骤 4：单击“商品名称”字段“总计”行右侧的下拉按钮，在弹出的下拉列表中选择“计数”选项；单击“商品单价”字段“总计”行右侧的下拉按钮，在弹出的下拉列表中选择“平均值”选项，如图 3-22 所示。

步骤 5：保存查询并将其命名为“各供应商所供商品数及平均单价”。运行查询，查询结果如图 3-23 所示。

工程师提示

本例用到“供应商”表和“商品”表，对“供应商编号”进行“分组”，对“商品名称”进行“计数”，对“商品单价”进行求“平均值”。

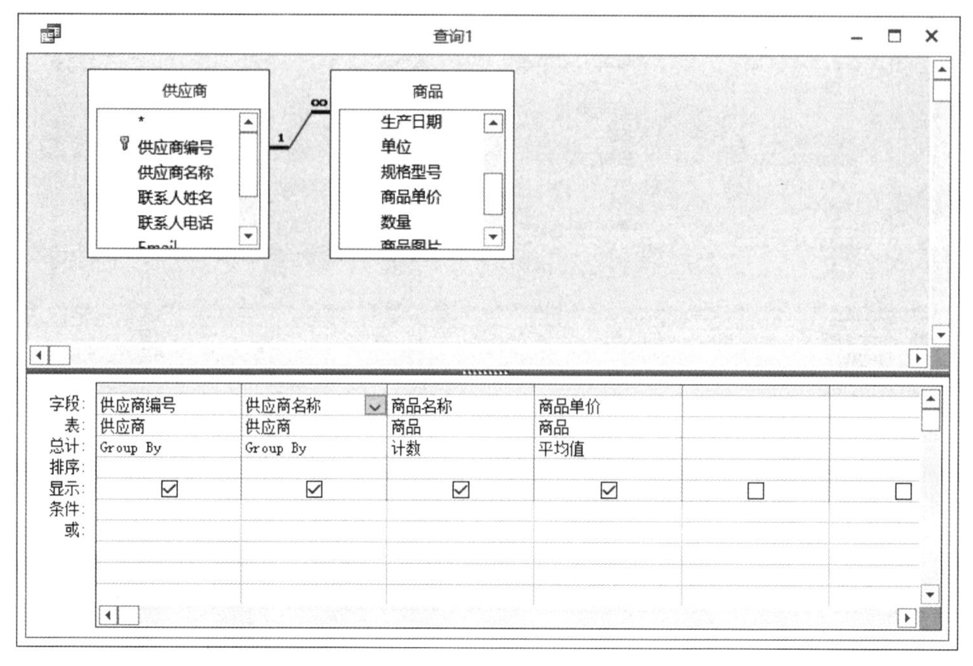

图 3-22　设置统计的条件

各供应商所供商品数及平均单价

供应商编号	供应商名称	商品名称之计数	商品单价之平均值
G001	深圳新海数码技术公司	4	¥2,199.00
G002	广州市汇众电脑公司	3	¥1,093.33
G003	武汉新科数码有限公司	5	¥4,660.00
G004	深圳创新科技公司	2	¥3,093.50
G005	深圳市明一数码产品有限公司	2	¥524.50
G006	北京中关村四通公司	1	¥999.00
G007	北京中科信息技术公司	3	¥210.33
G008	成都市天天信息设备有限公司	1	¥990.00
G010	河南明创科技有限公司	2	¥114.00

记录: 第 1 项(共 9 项)　无筛选器　搜索

图 3-23　查询结果

 任务实训

实训：使用查询设计创建条件查询。

【实训要求】

1．对于“进销存管理”数据库，使用查询设计创建一个对“商品”表的查询，查询内容为“商品编号”“商品名称”“商品单价”“数量”，查询名称为“查询商品 1”。

2．在“查询商品 1”的设计视图中，添加“供应商”表、“商品类别”表。

3．在“查询商品 1”的设计视图中，添加“供应商”表的“供应商名称”及“商品类别”表的“类别名称”等字段，并查询供应商处于“深圳”地区的商品的数据记录。

4．运行及保存“查询商品 1”。

任务 4　创建参数查询

任务分析

选择查询无论是内容还是条件都是固定的，如果希望根据某个或某些字段不同的值来查找记录，就需要不断地更改所查询的条件，这显然很麻烦。参数查询是一种交互式的查询方式，执行参数查询时会打开一个对话框，以提示用户输入查询信息，并根据用户输入的查询条件来检索记录。参数查询可以建立一个参数提示的单参数查询，也可以建立多个参数提示的多参数查询。本任务将通过实例讲解创建参数查询的基本操作方法。

知识准备

一、在设计视图中添加表之间的连接

在创建多表查询时，必须在表之间建立关系。在设计视图中添加表或查询时，如果所添加的表或查询之间已经建立了关系，则在添加表或查询的同时会显示已有的关系；如果没有建立关系，则需要手工添加表之间的关系，方法如下。

在查询的设计视图中，从表或查询的字段列表区中将一个字段拖到另一个表或查询中的相等字段上即可。如果要删除两个表之间的关系，则单击两个表之间的连线，连线将变粗，再在连线上右击，在弹出的快捷菜单中选择“删除”命令即可。

二、查询的设计视图中的字段操作

查询中的字段操作，如添加字段、删除字段、更改字段、排序记录、显示和隐藏字段等，需要在查询的设计视图的设计网格区中进行。

1．添加和删除字段

如果要在设计网格区中添加字段，则可采用两种方法：一种方法是拖动字段列表区中的字段到设计网格区的列中；另一种方法是双击字段列表区中的字段。

当不再需要设计网格区中的某一字段时，可将该字段删除，其操作方法有以下两种。

（1）选中某字段，单击“查询工具 / 设计”→“查询设置”→“删除列”按钮。

（2）将光标放在该字段的顶部，单击以选中整个字段，按“Delete”键。

2．插入和移动字段

如果要在某字段之间插入一个字段，则可采用以下两种方法。

（1）选中某字段，单击“查询工具 / 设计”→“查询设置”→“插入列”按钮，可在当前字段前插入一个空字段。

（2）将光标放在某字段的顶部，单击以选中整个字段，按“Insert”键。空字段插入后，

在设计网格区中设置该字段的属性或要求即可。

要改变字段的排列次序，可进行移动字段的操作，其在数据表视图中的显示次序也将改变。移动字段的操作步骤为：将光标放在该字段的顶部，单击以选中整个字段，然后可将该字段拖到任意位置。

3．为查询添加条件

在查询中可以通过添加条件的方法来检索满足特定条件的记录。为查询添加条件的操作步骤如下。

（1）在设计视图中打开查询。

（2）选中设计网格区中某字段的“条件”单元格。

（3）直拉添加条件，或打开“表达式生成器”对话框输入条件表达式。

如果要删除设计网格区中某字段的条件，则选中该条件，按“Delete”键即可。

任务操作

操作实例 1：创建单参数查询，查询某一供应商所供商品的名称、单价、规格。

【操作步骤】

步骤 1：单击“创建”→“查询”→“查询设计”按钮，打开“显示表”对话框，将“供应商”表和“商品”表添加到字段列表区中。

步骤 2：将“供应商名称”“商品名称”“商品单价”“规格型号”4 个字段添加到设计网格区中。

步骤 3：在“供应商名称”字段的“条件”行中输入“[请输入供应商名称：]”，如图 3-24 所示。

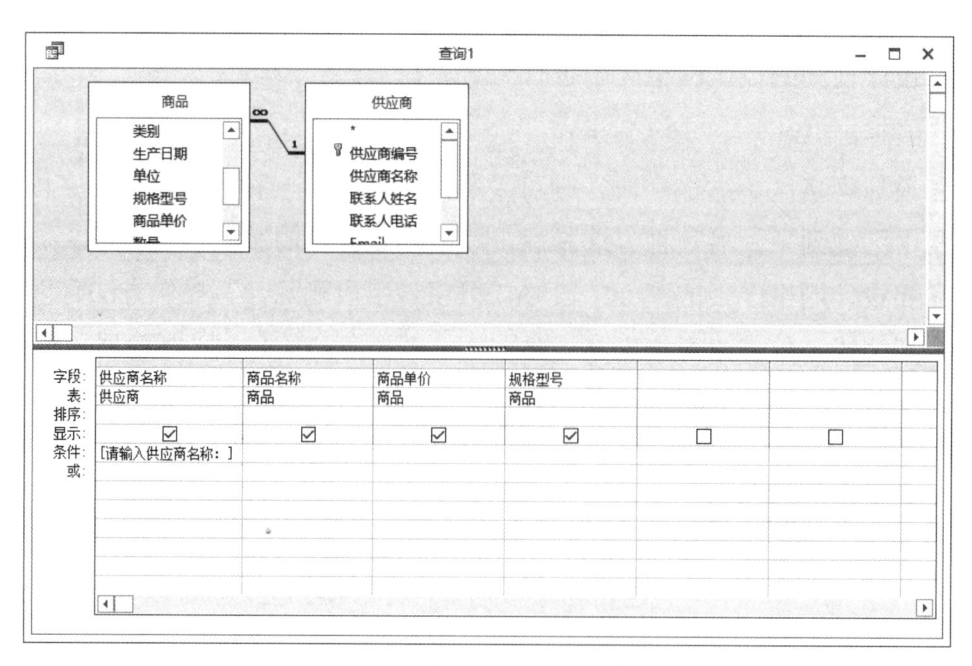

图 3-24　输入单参数查询条件

步骤 4：其中，方括号中的内容即查询运行时出现在“输入参数值”对话框中的提示文本。注意：提示文本不能与字段名称完全相同。

步骤 5：单击“查询工具 / 设计”→“结果”→“视图”按钮，或单击“查询工具 / 设计”→“结果”→“运行”按钮，打开“输入参数值”对话框，在“请输入供应商名称：”文本框中输入“深圳新海数码技术公司”，如图 3-25 所示。

步骤 6：单击“确定”按钮，即可看到所建单参数查询的查询结果，如图 3-26 所示。

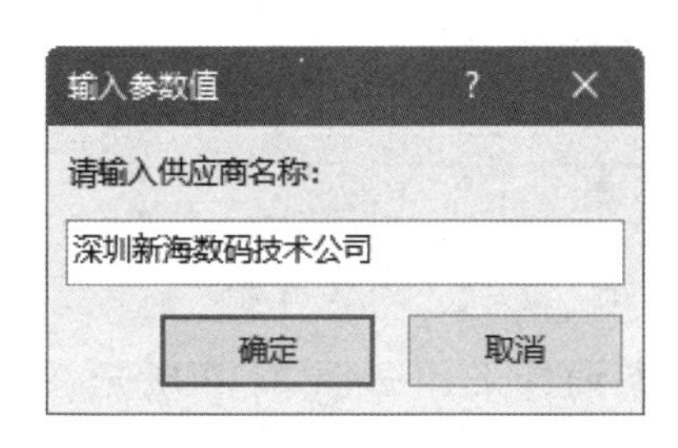

图 3-25　“输入参数值”对话框

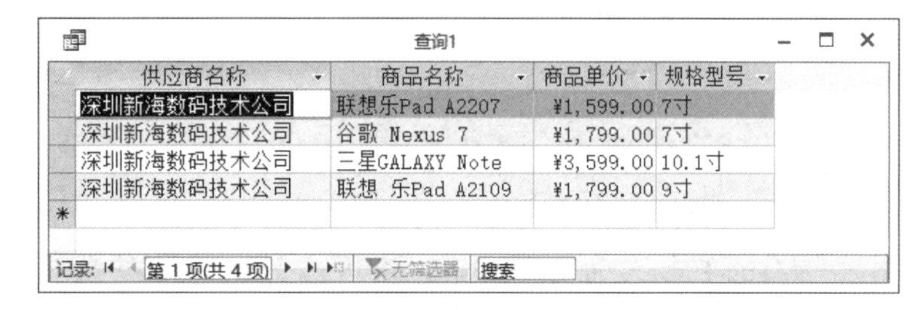

图 3-26　查询结果

步骤 7：保存查询，将其命名为“按供应商名称查询所供商品”。以后每次运行此查询时，都会打开“输入参数值”对话框，在“请输入供应商名称：”文本框中输入某一供应商的名称，即可查询该供应商所供商品的名称、单价、规格。

操作实例 2：创建多参数查询，查询某一供应商所供某类商品的规格、单价。

【操作步骤】

步骤 1：切换到查询的设计视图，将“供应商”表、“商品”表、“商品类别”表添加到字段列表区中。

步骤 2：将“供应商名称”“商品名称”“商品单价”“类别名称”4 个字段添加到设计网格区中。

步骤 3：在“供应商名称”字段的“条件”行中输入“[请输入供应商名称：]”，在“类别名称”字段的“条件”行中输入“[请输入商品类别：]”，如图 3-27 所示。

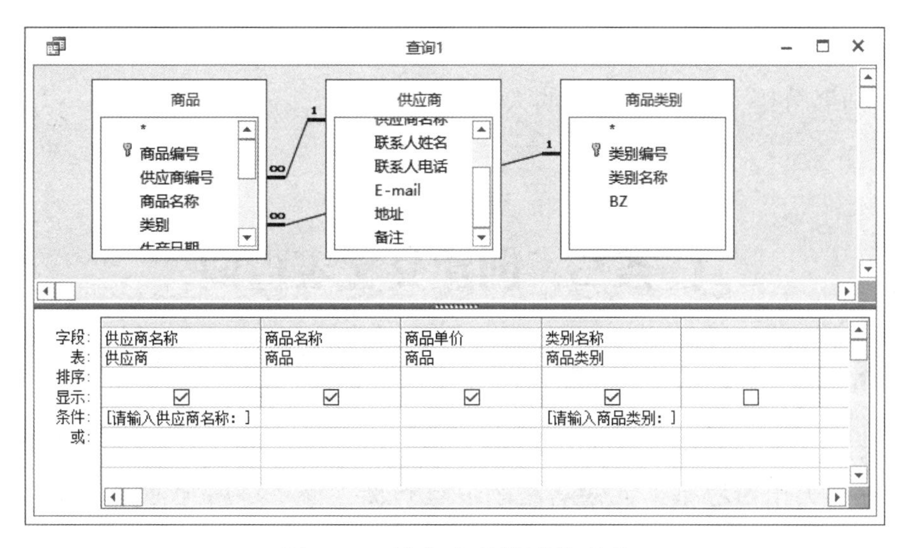

图 3-27　输入多参数查询条件

步骤 4：单击“查询工具 / 设计”→“结果”→“视图”按钮，或单击“查询工具 / 设计”→“结果”→“运行”按钮，打开“输入参数值”对话框，在“请输入供应商名称:”文本框中输入“深圳新海数码技术公司”，如图 3-28 所示。

步骤 5：单击“确定”按钮，会再次打开“输入参数值”对话框，在“请输入商品类别:”文本框中输入“平板电脑”，如图 3-29 所示。

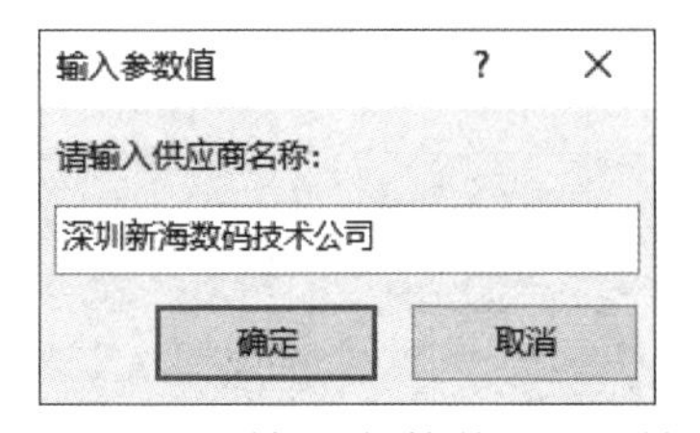

图 3-28　“输入参数值”对话框

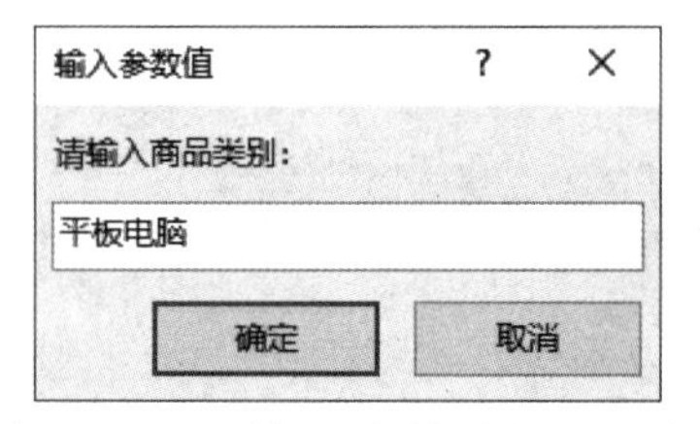

图 3-29　“输入参数值”对话框

步骤 6：单击“确定”按钮，即可看到所建多参数查询的查询结果，如图 3-30 所示。

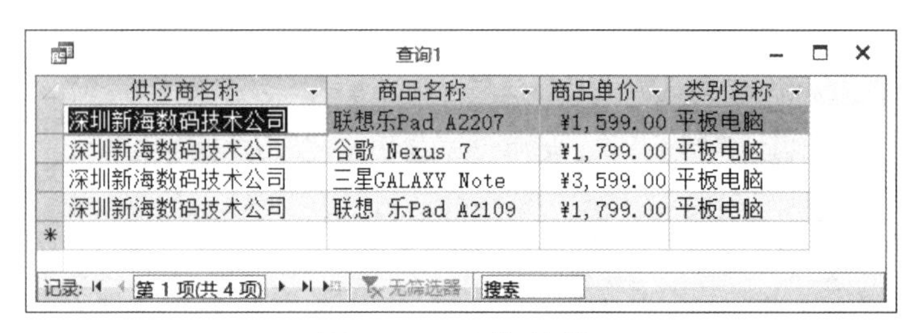

供应商名称	商品名称	商品单价	类别名称
深圳新海数码技术公司	联想乐Pad A2207	¥1,599.00	平板电脑
深圳新海数码技术公司	谷歌 Nexus 7	¥1,799.00	平板电脑
深圳新海数码技术公司	三星GALAXY Note	¥3,599.00	平板电脑
深圳新海数码技术公司	联想 乐Pad A2109	¥1,799.00	平板电脑

图 3-30　查询结果

 任务实训

实训：创建参数查询，通过输入参数查询员工基本情况。

【实训要求】

1. 对于“进销存管理”数据库，打开已创建好的“员工简单查询”，通过输入“员工编号”查询员工基本情况。

2. 在通过输入“员工编号”查询员工基本情况的基础上，增加通过“学历”查询员工基本情况。

3. 按“性别”分组查询男女员工的人数。

任务 5　创建交叉表查询

 任务分析

交叉表查询以行和列的字段作为标题和条件选择数据，并在行和列的交叉处对数据进行统计。交叉表查询为用户提供了非常清楚的汇总数据，便于分析和使用。本任务将通过实例讲解创建交叉表查询的方法和操作步骤。

知识准备

在创建交叉表查询时，需要指定 3 种字段：一是放在交叉表左侧的行标题，它将某一字段的相关数据放入指定的行；二是放在交叉表顶端的列标题，它将某一字段的相关数据放入指定的列；三是放在交叉表行与列交叉处的字段，需要为该字段指定一个总计项，如合计、平均值、计数等。

任务操作

操作实例：统计各供应商所供各类商品的平均单价。

【操作步骤】

步骤 1： 切换到查询的设计视图，将“供应商”表、“商品”表、“商品类别”表添加到字段列表区中。

步骤 2： 将“供应商名称”“类别名称”“商品单价”3 个字段添加到设计网格区中。

步骤 3： 单击“查询工具 / 设计”→“查询类型”→“交叉表”按钮，此时设计网格区中的“总计”行下面会出现“交叉表”行。

步骤 4： 在“供应商名称”字段下方的“交叉表”行中选择“行标题”选项，在“类别名称”字段下方的“交叉表”行中选择“列标题”选项，在“商品单价”字段下方的“交叉表”行中选择“值”选项。

步骤 5： 在“商品单价”字段下方的“总计”行中选择“平均值”选项，如图 3-31 所示。

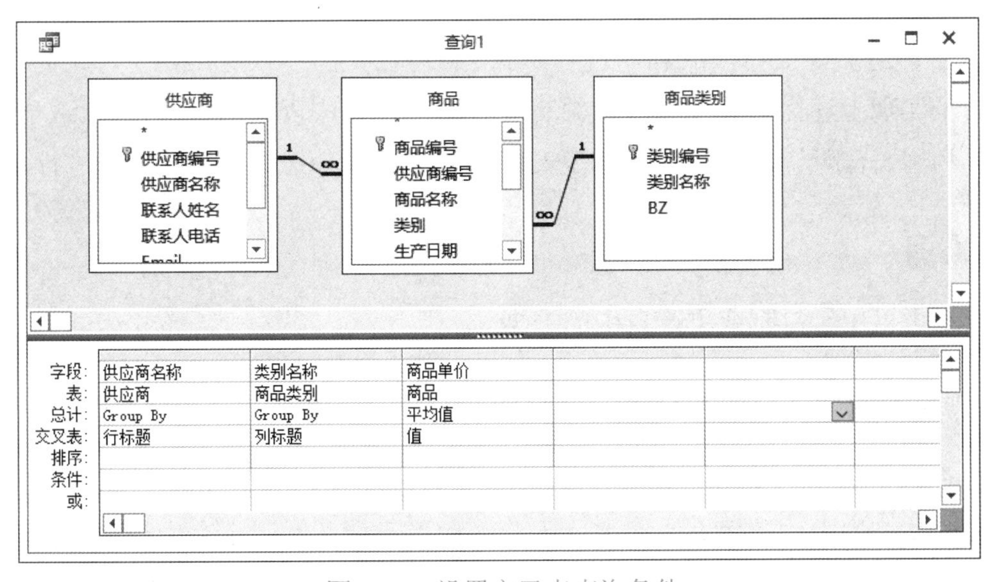

图 3-31 设置交叉表查询条件

步骤 6： 保存查询，单击“确定”按钮，运行该查询，即可看到查询结果，如图 3-32 所示。

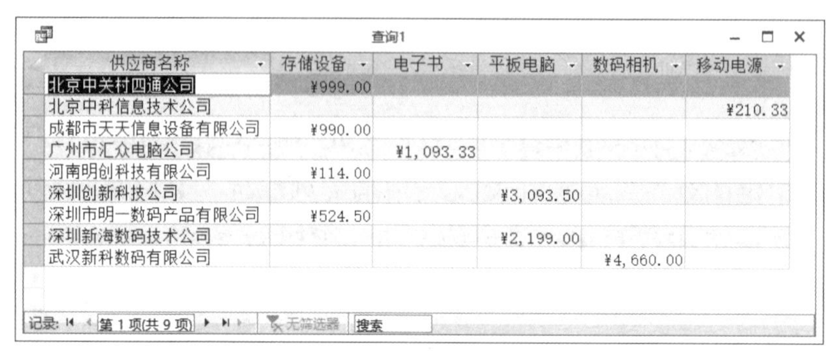

供应商名称	存储设备	电子书	平板电脑	数码相机	移动电源
北京中关村四通公司	¥999.00				
北京中科信息技术公司					¥210.33
成都市天天信息设备有限公司	¥990.00				
广州市汇众电脑公司		¥1,093.33			
河南明创科技有限公司	¥114.00				
深圳创新科技公司			¥3,093.50		
深圳市明一数码产品有限公司	¥524.50				
深圳新海数码技术公司			¥2,199.00		
武汉新科数码有限公司				¥4,660.00	

图 3-32　查询结果

任务实训

实训：创建交叉表查询，查询各供应商所供商品的数量情况。

【实训要求】

1．查询的数据源为“商品详细信息查询”。

2．建立多表查询“商品详细信息查询”，该查询包含“供应商”表、“商品”表和“商品类别”表的全部字段。

任务 6　创建操作查询

任务分析

前面介绍的查询是根据一定要求从数据表中检索数据，而在实际工作中还需要对数据进行删除、更新、追加等操作，或利用现有数据生成新的表，Access 2013 为此提供了操作查询功能，用于实现上述需求。操作查询共有 4 种类型：生成表查询、追加查询、删除查询与更新查询。利用操作查询不仅可以检索多表数据，还可以对某查询基于的表进行各种操作。

知识准备

操作查询可以用于复制或更改表中的数据。

一、生成表查询

生成表查询是利用一个或多个表中的全部或部分数据建立新表。在 Access 中，从表中访问数据要比从查询中访问数据快得多，因此，如果经常要从几个表中提取数据，则最好的方法是使用生成表查询，将从多个表中提取的数据组合起来生成一个新表。

二、追加查询

维护数据库时，如果要将某个表中符合一定条件的记录添加到另一个表中，则可以使用追加查询。追加查询能够将一个或多个表中的数据追加到另一个表的尾部。

三、删除查询

随着时间的推移，表中数据会越来越多，其中有些数据有用，有些数据已无任何用途。应将无用数据及时从表中删除。删除查询能够从一个或多个表中删除记录。如果删除的记录来自多个表，则必须满足以下几点。

（1）在“关系”窗口中定义相关表之间的关系。

（2）在“编辑关系”对话框中选中“实施参照完整性”复选框。

（3）在“编辑关系”对话框中选中“级联删除相关记录”复选框。

四、更新查询

如果需要对表中的一组记录进行更新和修改，当更新的记录较多，或需要符合一定条件时，就比较麻烦，而且容易造成疏漏。使用更新查询可以对一个或多个表中的一组记录进行更新。

操作查询除了从表中选择数据，还对表中的数据进行修改，而这种修改是不能撤销的。为了保证数据安全，在进行操作查询前应先对相关的数据库或表进行备份。

任务操作

操作实例 1：将入职满 5 年的员工的基本信息存储到一个新表中。

【操作步骤】

步骤 1：切换到查询的设计视图，将“员工”表添加到设计视图的字段列表区中。

步骤 2：将“员工”表中的所有字段添加到设计网格区中。

步骤 3：在“入职时间”字段的“条件”行中输入“<#2008/6/30#”，如图 3-33 所示。

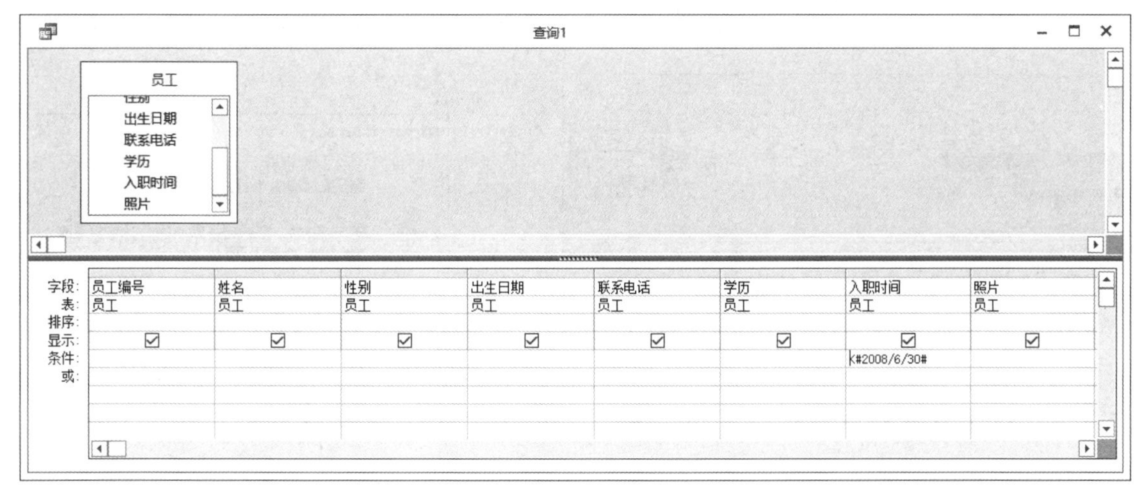

图 3-33　输入查询条件

步骤 4：单击“查询工具 / 设计”→“查询类型”→“生成表”按钮，打开“生成表”对话框，在“表名称”文本框中输入“入职满 5 年的员工”，选中“当前数据库”单选按钮，如图 3-34 所示。

步骤 5：单击“确定”按钮，单击“运行”按钮，会弹出一个提示对话框，如图 3-35 所示。单击“是”按钮，开始建立“入职满 5 年的员工”表，生成新表后不能撤销所做的更改。

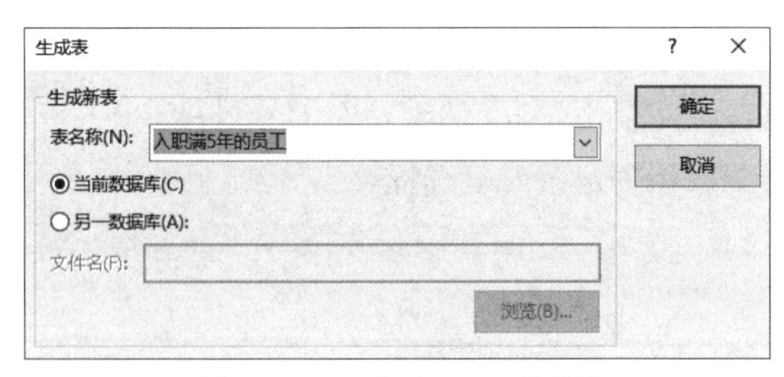

图 3-34 “生成表”对话框

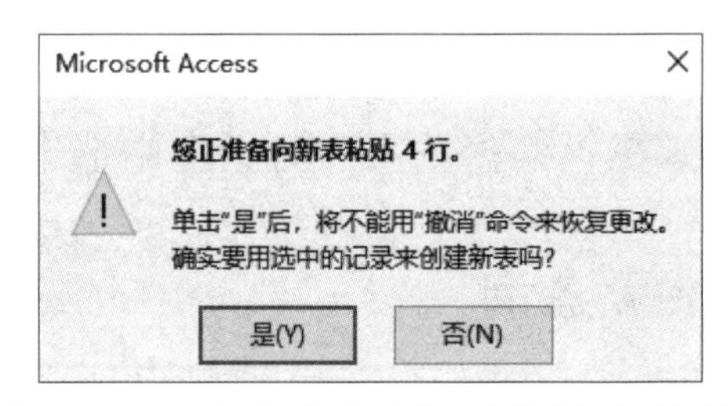

图 3-35 运行生成表查询后的提示对话框

步骤 6：在导航窗格中，选中“表”对象，双击“入职满 5 年的员工”表，即可看到新建的表。

操作实例 2：将“员工”表中“入职时间”在 2008 年 7 月 1 日至 2009 年 6 月 30 日的员工信息追加到刚创建的“入职满 5 年的员工”表中。

【操作步骤】

步骤 1：切换到查询的设计视图，将“员工”表添加到字段列表区中。

步骤 2：将“员工”表中的所有字段添加到设计网格区中。

步骤 3：在“入职时间”字段的“条件”行中输入“between #2008/7/1# and #2009/6/30#”。

步骤 4：单击“查询工具 / 设计”→“查询类型”→“追加”按钮，打开“追加”对话框，在“表名称”文本框中输入“入职满 5 年的员工”，选中“当前数据库”单选按钮，如图 3-36 所示。

步骤 5：单击“确定”按钮，运行该查询，会弹出一个提示对话框，如图 3-37 所示。单击“是”按钮，实现追加，该追加对“入职满 5 年的员工”表所做的更改将不能撤销。

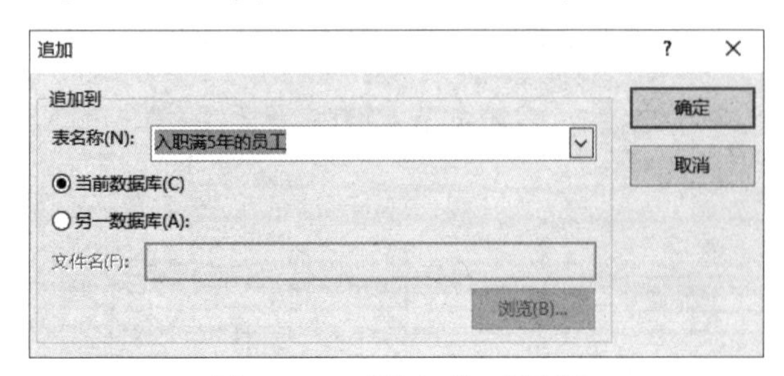

图 3-36 “追加”对话框

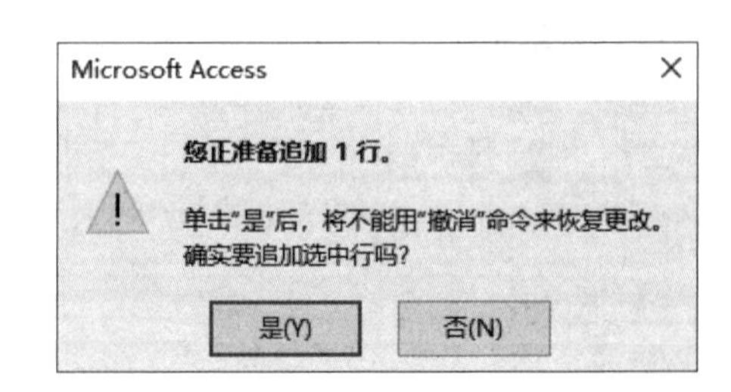

图 3-37 运行追加查询后的提示对话框

步骤 6：在导航窗格中，选中“表”对象，双击“入职满 5 年的员工”表，即可浏览到表中被追加的内容。

操作实例 3：将“销售记录”表中已退货的记录删除。

【操作步骤】

步骤 1：切换到查询的设计视图，将“销售记录”表添加到字段列表区中。

步骤 2：单击“设计”→“查询类型”→“删除”按钮，此时设计网格区中会显示“删除”行。

步骤 3：将“销售记录”表中的所有字段添加到设计网格区中。

步骤 4：双击字段列表区中的“销售状态”字段，此时“销售记录”表中的“销售状态”字段被放到了设计网格区的“字段”行的第 2 列。同时，在该字段的“删除”行中显示“Where”，表示要删除哪些记录。

步骤 5：在“销售状态”字段的“条件”行中输入“="退货"”，如图 3-38 所示。

步骤 6：切换到数据表视图，可预览删除查询检索到的一组记录，如图 3-39 所示。如果预览到的记录不是要删除的，则可以返回查询的设计视图，对查询进行所需的更改，直到符合要求为止。

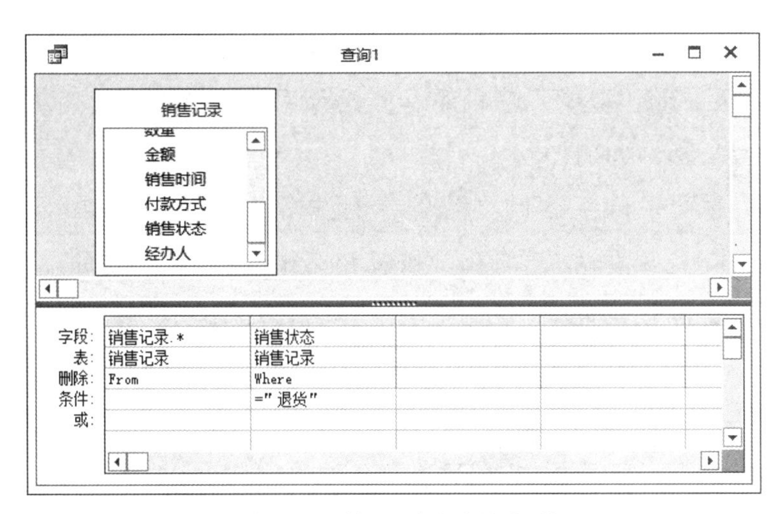

图 3-38　输入删除查询条件

查询1

销售编号	业务类别	客户编号	商品编号	销售单价	数量	金额	销售时间	付款方式	销售记录.销售状态	经办人	字段0
6	个人	K005	301003	¥3,980.00	1	¥3,980.00	2012/8/27	现金	退货	90004	退货
11	个人	K007	601001	¥205.00	1	¥205.00	2012/7/20	现金	退货	90010	退货
(新建)				¥0.00	0	¥0.00					

记录：第 3 项(共 3 项)　无筛选器　搜索

图 3-39　预览记录

步骤 7：在查询的设计视图中运行该查询，会弹出一个提示对话框，如图 3-40 所示。若单击“是”按钮，则 Access 将开始删除属于同一组的所有记录；若单击“否”按钮，则 Access 不删除记录。

工程师提示

使用删除查询功能删除记录后，不能使用“撤销”命令来恢复更改，所以使用删除查询功能时要慎重。

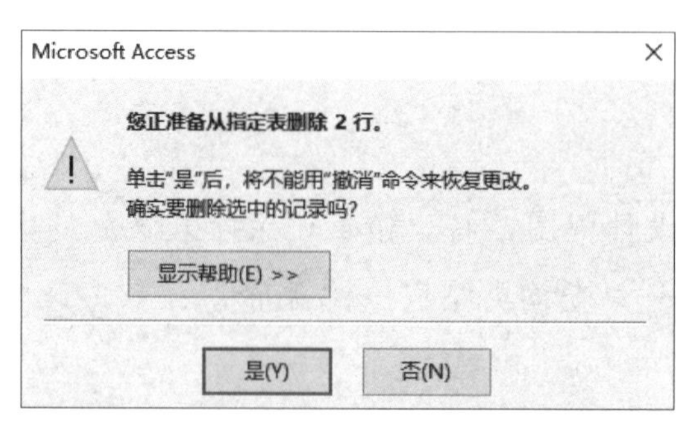

图 3-40　运行删除查询时的提示对话框

操作实例 4：找出“数量”小于或等于 5 的商品，将其供应商的“备注”字段的值改为“急需联系”。

【操作步骤】

步骤 1：切换到查询的设计视图，将“供应商”表和“商品”表添加到字段列表区中。

步骤 2：单击“查询工具 / 设计”→“查询类型”→“更新”按钮，此时设计网格区中会显示“更新到”行。

步骤 3：为了使查询在切换到数据表视图后更直观，除了要将“供应商”表中的“备注”字段和“商品”表中的“数量”字段添加到设计网格区中，还要将“供应商”表的“供应商名称”字段添加到设计网格区中。

步骤 4：在“数量”字段下方的“条件”行中输入“<=5”，在“备注”字段下方的“更新到”行中输入“"急需联系"”，在“供应商名称”字段下方的“更新到”行中输入“"供应商名称"”，如图 3-41 所示。

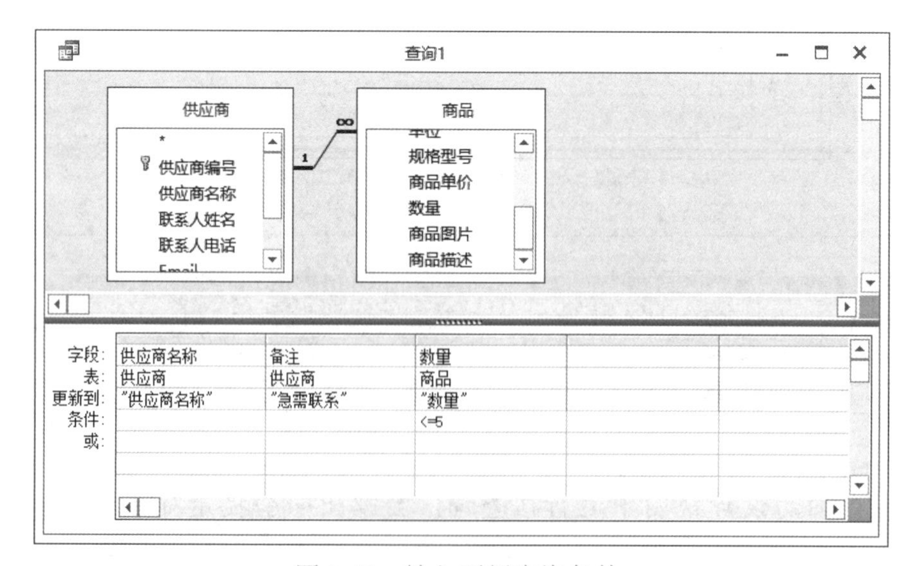

图 3-41　输入更新查询条件

步骤 5：切换到数据表视图，可预览要更新的一组记录，如图 3-42 所示。

步骤 6：切换到设计视图，运行该查询，会弹出一个提示对话框，如图 3-43 所示。若单击“是”按钮，则 Access 将开始更新属于同一组的所有记录；若单击“否”按钮，则不更新表中的记录。本例单击“是”按钮。

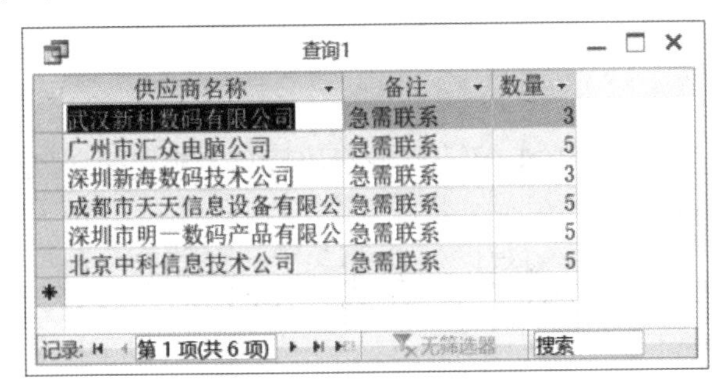

供应商名称	备注	数量
武汉新科数码有限公司	急需联系	3
广州市汇众电脑公司	急需联系	5
深圳新海数码技术公司	急需联系	3
成都市天天信息设备有限公	急需联系	5
深圳市明一数码产品有限公	急需联系	5
北京中科信息技术公司	急需联系	5

图 3-42　预览记录

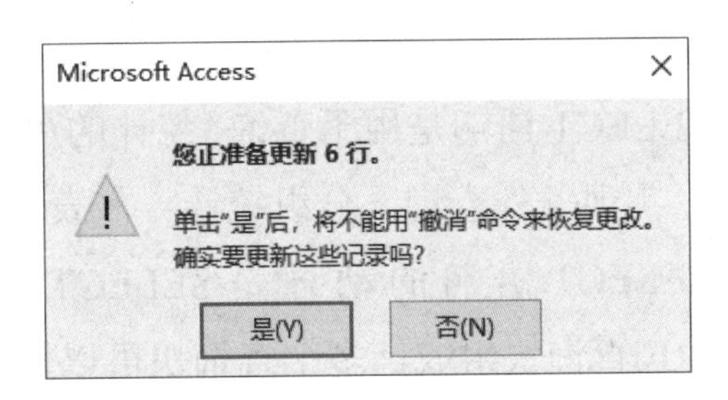

图 3-43　运行更新查询后的提示对话框

任务实训

实训 1：将“商品”表中数量小于或等于 5 的商品生成一个新的表。

【实训要求】

1. 将“商品”表中数量小于或等于 5 的商品生成一个新表，表中包含“供应商编号”“商品编号”“商品名称”“类别”“商品单价”等字段。

2. 新表的名称为“补货表”。

实训 2：依据“销售记录”表和“入库记录”表对“商品”表中的商品数量进行更新。

【实训要求】

1. 依据“入库记录”表中的数据，使用操作查询对“商品”表中的商品数量进行更新。

2. 依据“销售记录”表中的数据，使用操作查询对“商品”表中的商品数量进行更新。

任务 7　创建 SQL 查询

任务分析

SQL 查询是使用 SQL 语句创建的结构化查询。SQL 查询不能直接通过查询设计以图形化的方式创建，只能以命令的方式创建。SQL 查询包含联合查询、传递查询、数据定义查询和子查询。本任务主要通过实例介绍使用 SQL 语句进行 SQL 查询的基本方法。

知识准备

一、SQL 及 SELECT 语句基本格式

1. SQL

结构化查询语言（Structured Query Language，SQL）是数据库领域内通用的关系数据库的处理规范，它独立于平台，具有较好的开放性、可移植性和扩展性。

SQL 非常简洁，其语法简单但功能强大，使用为数不多的几条命令就可以实现比较强大的功能。

2. SELECT 语句基本格式

SELECT 语句是用于查询、统计的最为广泛的一种 SQL 语句，它不但可以建立简单查询，还可以实现条件查询、分组统计、多表查询等功能。

SELECT 语句的动词是 SELECT。SELECT 语句的基本格式由 SELECT—FROM—WHERE 查询块组成，多个查询块可以嵌套使用。

SELECT 语句基本的语法格式如下。

```
SELECT [表名.] 字段名称列表 [AS<列标题>]
[INTO 新表名]
FROM <表名或查询名>[,<表名或查询名>]…
[WHERE <条件表达式>]
[GROUP BY 分组字段列表 [HAVING 分组条件]]
[ORDER BY <列名>[ASC|DESC]]
```

其中，方括号中的内容是可选的，尖括号中的内容是必需的。

SELECT 语句中各子句的意义如下。

（1）SELECT 子句：用于指定要查询的字段，只有指定的字段才能在查询中出现。如果希望检索到表中的所有字段信息，那么可以使用星号“*”来代替列出的所有字段的名称，而列出的字段顺序与表定义的字段顺序相同。

（2）INTO 子句：用于指定使用查询结果来创建新表。

（3）FROM 子句：用于指定要查询的字段来自哪些表、查询或链接表。

（4）WHERE 子句：用于给出查询条件，只有与这些查询条件匹配的记录才能出现在查询结果中。在 WHERE 后可以加条件表达式，还可以使用 IN、BETWEEN、LIKE 表示字段的取值范围。其作用分别如下。

① IN 在 WHERE 子句中的作用是，确定 WHERE 后的条件表达式的值是否等于指定列表中的几个值中的任何一个。例如，“WHERE 学历 IN（"本科","专科"）”，表示“‘学历’字段的值如果是‘本科’或‘专科’，则满足查询条件”。

② BETWEEN 在 WHERE 子句中的作用是，可以用条件表达式“BETWEEN…AND…”表示在二者之间，“NOT BETWEEN…AND…”表示不在二者之间。例如，“WHERE 商品单价 BETWEEN 2000 AND 5000”，表示“‘商品单价’字段的值如果在 2000 和 5000 之间，则满足查询条件”。

③ LIKE 在 WHERE 子句中的作用是，利用“*”“？”等通配符实现模糊查询。其中，“*”匹配任意数量的字符，例如，“姓名 LIKE "张*"”，表示“所有以‘张’开头的姓名都满足查询条件”；“？”匹配任意单个字符，例如，“姓名 LIKE "张？"”，表示“以‘张’开头的、两个字的姓名满足查询条件”。

（5）GROUP BY 子句：用于指定在执行查询时，对记录的分组字段。

（6）HAVING 子句：用于指定查询结果的附加筛选条件。该子句从筛选结果中对记录进行筛选，通常与 GROUP BY 子句一起使用。

（7）ORDER BY 子句：用于按“列名”对查询结果进行排序。ASC 表示升序，DESC 表示降序，默认为升序排序。

工程师提示

（1）SELECT 语句不区分大小写，如：SELECT 可为 select，FROM 可为 from。

（2）SELECT 语句中所有的标点符号（包括空格）必须采用半角西文符号，如果采用了中文符号，则会打开要求重新输入或提示出错的对话框，必须将其改为半角西文符号，才能正确地执行 SELECT 语句。

二、创建数据定义查询

数据定义查询与其他查询不同，利用它可以创建、删除或更改表，也可以在数据库表中创建索引。在数据定义查询中要输入 SQL 语句，每个数据定义查询只能由一个数据定义语句组成。Access 支持的数据定义语句如表 3-7 所示。

表 3-7　Access 支持的数据定义语句

SQL 语 句	命令动词
CREATE　TABLE	创建一个数据表
ALTER　TABLE	对已有表进行修改
DROP	从数据库中删除表，或者从字段或字段组中删除索引
CTEATE　INDEX	为字段或字段组创建索引

使用 CREATE TABLE 语句创建数据表时需要注明各字段的数据类型，SQL 语句中的基本数据类型如表 3-8 所示。

表 3-8　SQL 语句中的基本数据类型

名　称	数据类型
DATETIME	日期 / 时间
REAL	单精度浮点值
INTEGER	长整型
IMAGE	图片，用于 OLE 对象
CHAR	字符型

三、创建子查询

子查询是指嵌套于其他 SQL 语句中的查询，一个查询语句最多可以嵌套 32 层子查询。子查询也称内部查询，而包含子查询的语句也称外部查询。通常，子查询可以作为外部查询 WHERE 子句的一部分，用于替代 WHERE 子句中的条件表达式。

任务操作

操作实例 1：创建简单的 SQL 查询，查询“员工”表中“王红红”的“出生日期”和“入职时间”。

【操作步骤】

步骤 1：打开“进销存管理”数据库，单击“创建”→“查询”→“查询设计”按钮，切换到查询的设计视图，并打开“显示表”对话框。

步骤 2：在“显示表”对话框中将“员工”表添加到字段列表区中，关闭“显示表”对话框。

步骤 3：在设计视图的标题栏上右击，在弹出的快捷菜单中选择“SQL 视图”命令，或单击“查询工具 / 设计”→“结果”→“视图”下拉按钮，选择“SQL 视图”，切换到 SQL 视图，如图 3-44 所示。

步骤 4：修改 SQL 视图中的 SELECT 语句如下。

```
SELECT  姓名，出生日期，入职时间
FROM  员工
WHERE  姓名 =" 王红红 ";
```

步骤 5：单击“查询工具 / 设计”→“结果”→“运行”按钮，运行查询，查询结果如图 3-45 所示。

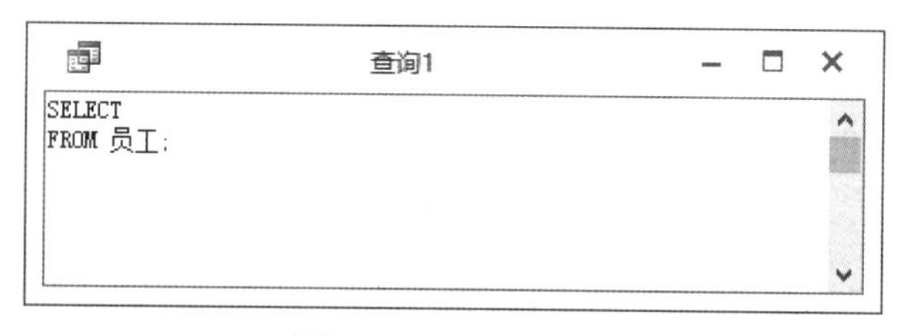

图 3-44　SQL 视图

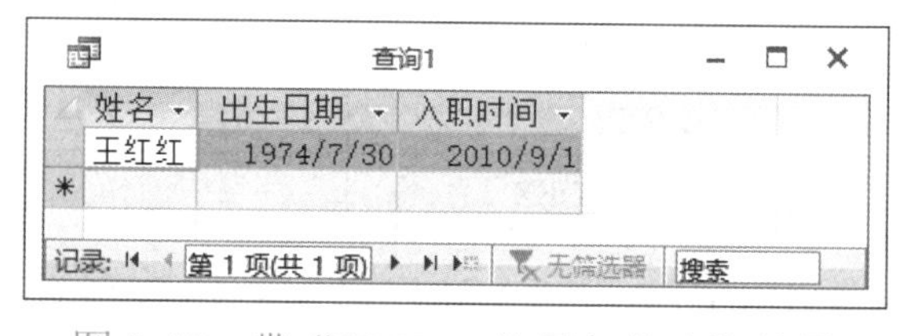

姓名	出生日期	入职时间
王红红	1974/7/30	2010/9/1
*		

记录: 第 1 项(共 1 项)　无筛选器　搜索

图 3-45　带“WHERE”子句的查询结果

步骤 6：单击快速访问工具栏中的“保存”按钮，将查询命名为“王红红的出生日期和入职时间”，单击“确定”按钮。

操作实例 2：查询“规格型号”为“单反”和“长焦”的商品的“商品编号”“商品名称”“规格型号”“商品单价”“数量”。

【操作步骤】

步骤 1：打开“进销存管理”数据库，新建一个查询，打开“显示表”对话框，直接将其关闭，在查询的设计视图中右击，在弹出的快捷菜单中选择“SQL 视图”命令，切换到 SQL 视图。

步骤 2：修改 SQL 视图中的 SQL 语句如下。

```
SELECT 商品编号，商品名称，规格型号，商品单价，数量
FROM 商品
WHERE 规格型号 in(" 单反 "," 长焦 ");
```

该语句的意思是查询“商品”表中“规格型号”是“单反”和“长焦”的商品的“商品编号”“商品名称”“规格型号”“商品单价”“数量”等的数据信息。

步骤 3： 运行查询，查询结果如图 3-46 所示。

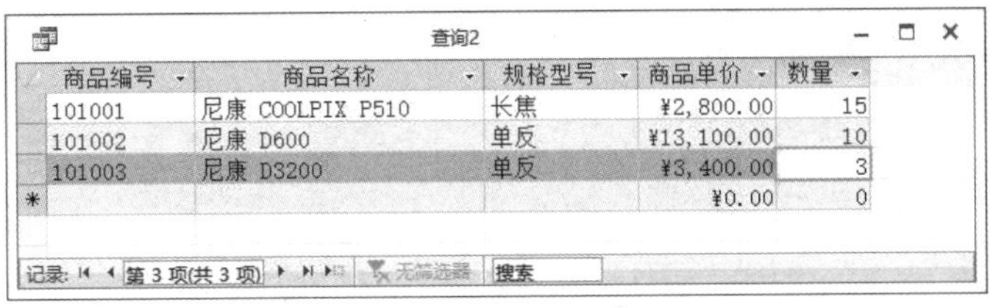

查询2

商品编号	商品名称	规格型号	商品单价	数量
101001	尼康 COOLPIX P510	长焦	¥2,800.00	15
101002	尼康 D600	单反	¥13,100.00	10
101003	尼康 D3200	单反	¥3,400.00	3
*			¥0.00	0

记录：第 3 项(共 3 项)　无筛选器　搜索

图 3-46　带“in”参数的查询结果

操作实例 3：创建多表查询，查询每个客户的销售单价，并显示“客户姓名”和“销售单价”。

【操作步骤】

步骤 1： 在设计视图中新建一个查询，打开“显示表”对话框，直接将其关闭，在设计视图中右击，在弹出的快捷菜单中选择“SQL 视图”命令，切换到 SQL 视图。

步骤 2： 修改 SQL 视图中的 SQL 语句。

```
SELECT  客户．客户姓名，销售记录．销售单价
FROM  客户，销售记录
WHERE  客户．客户编号＝销售记录．客户编号；
```

该语句的意思是从“客户”“销售记录”两个表中查询客户的销售单价的所有数据信息。

步骤 3： 运行查询，两个表中相关数据的查询结果如图 3-47 所示。

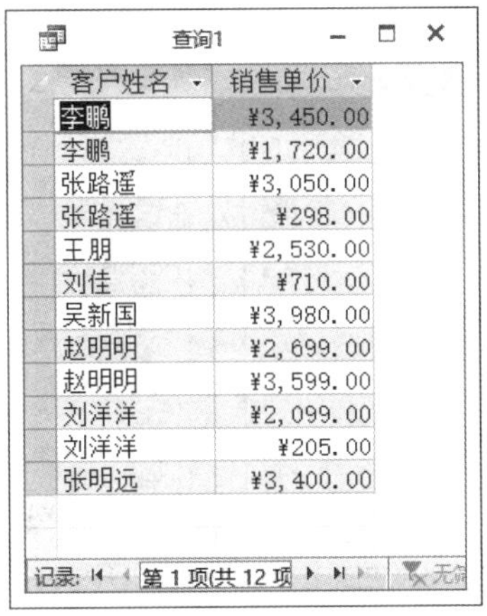

查询1

客户姓名	销售单价
李鹏	¥3,450.00
李鹏	¥1,720.00
张路遥	¥3,050.00
张路遥	¥298.00
王朋	¥2,530.00
刘佳	¥710.00
吴新国	¥3,980.00
赵明明	¥2,699.00
赵明明	¥3,599.00
刘洋洋	¥2,099.00
刘洋洋	¥205.00
张明远	¥3,400.00

记录：第 1 项(共 12 项)

图 3-47　两个表中相关数据的查询结果

操作实例 4：创建数据定义查询，使用 CREATE TABLE 语句创建“工资”表。

【操作步骤】

步骤 1： 在设计视图中新建一个查询，打开“显示表”对话框，直接将其关闭，在设计视图中右击，在弹出的快捷菜单中选择“SQL 视图”命令，切换到 SQL 视图。

步骤 2： 修改 SQL 视图中的 SQL 语句。

```
CREATE  TABLE  工资
(员工编号  CHAR(10),
学历   CHAR(10),
工龄   INTEGER,
基本工资   REAL,
奖金        REAL,
补助        REAL,
应发工资   REAL,
水电费      REAL,
公积金      REAL,
医疗保险   REAL,
实发工资   REAL);
```

修改 SQL 语句后的 SQL 视图如图 3-48 所示。

步骤 3：单击“查询工具 / 设计”→“结果”→“运行”按钮，“工资”表创建完成。

步骤 4：关闭 SQL 视图，可选择保存查询或不保存查询，其不影响新表的创建。

步骤 5：在导航窗格中，选择“表”对象，即可看到新创建的“工资”表，但此时该表只是被定义了表结构，表中数据需要另行输入。“工资”表结构如图 3-49 所示。

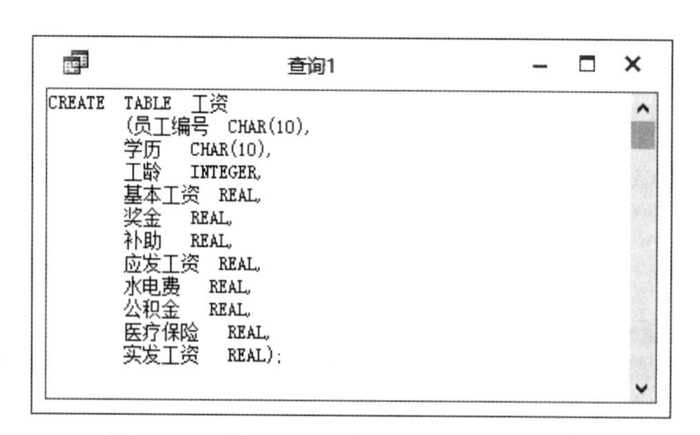

图 3-48 修改 SQL 语句后的 SQL 视图

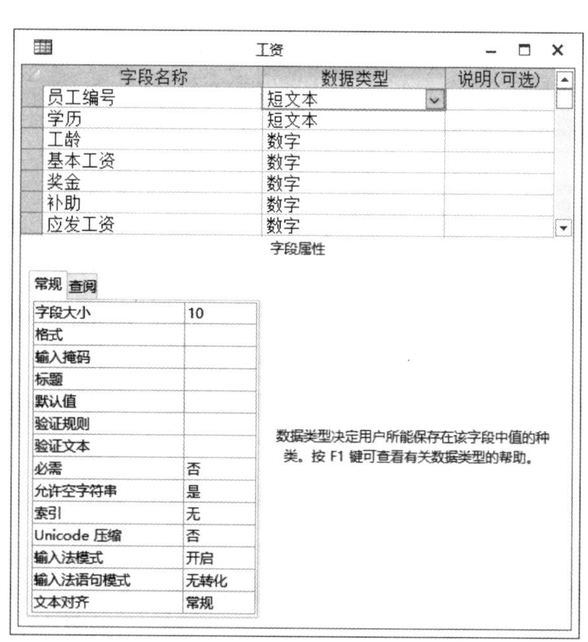

图 3-49 “工资”表结构

操作实例 5：创建子查询，查询出“销售单价”大于 3000 元并且“积分”小于 5000 的客户的“客户姓名”“性别”“联系电话”。

【分析】：先在“销售记录”表中找出“销售单价”大于 3000 元的客户的“客户编号”；再用查找出的“客户编号”在“客户”表中找出对应的“客户姓名”“性别”“联系电话”；最后用“积分”小于 5000 的条件筛选出所需的数据。

【操作步骤】

步骤 1：在设计视图中新建一个查询，打开“显示表”对话框，直接将其关闭，在设计视图中右击，在弹出的快捷菜单中选择“SQL 视图”命令，切换到 SQL 视图。

步骤 2：修改 SQL 视图中的语句如下。

```
SELECT 客户姓名 , 性别 , 联系电话
        FROM 客户
        WHERE 积分 <5000
        AND 客户编号  IN
         (SELECT  客户编号
                   FROM  销售记录
                   WHERE  销售单价 >3000);
```

修改 SQL 语句后的 SQL 视图如图 3-50 所示。

步骤 3：单击“查询工具 / 设计”→“结果”→“运行”按钮，或切换到数据表视图，显示查询结果，如图 3-51 所示。

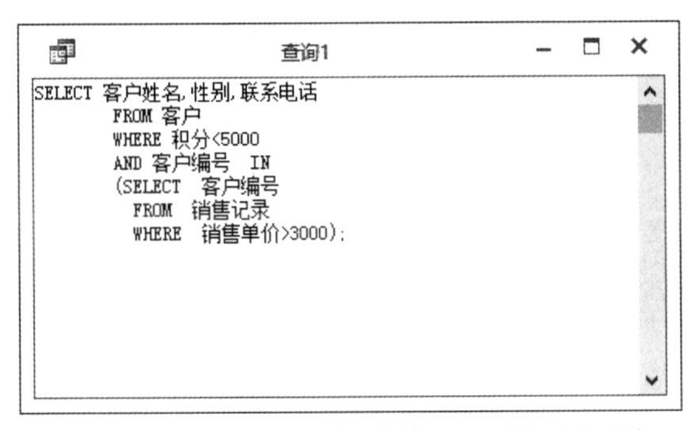

图 3-50　创建子查询时的 SQL 设计视图

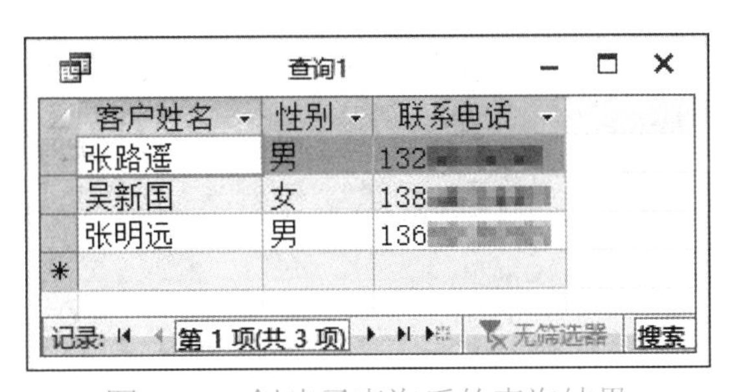

客户姓名	性别	联系电话
张路遥	男	132
吴新国	女	138
张明远	男	136

图 3-51　创建子查询后的查询结果

任务实训

实训：使用 SQL 创建相关查询，并写出 SQL 语句。

【实训要求】

1. 利用 SQL 语句查询并显示“客户”表中所有记录的全部情况。

2. 在“进销存管理”数据库中，利用 SQL 语句创建查询，查询内容为 2008 年 7 月 1 日以后入职的员工编号、员工姓名、入职时间等信息，查询名称自定。

3. 利用 SQL 语句查询所有员工经办的销售记录信息，包括员工编号、员工姓名、销售编号、商品编号、金额、销售状态等信息。

4. 利用 SQL 语句查询每一笔入库记录的经办人信息，包括员工姓名、供应商名称、商品编号、商品名称、入库时间、入库单价、入库数量等信息。

知识回顾

本项目主要介绍了在 Access 2013 中创建查询的基本方法，用户需要理解并掌握的知识点和操作技能如下。

1．利用查询向导创建查询

利用查询向导可以创建简单表查询、交叉表查询、查找重复项查询、查找不匹配项查询等。其中，简单表查询还可以创建单表查询、多表查询、总计查询等。

2．使用查询设计创建、修改查询

使用查询设计不仅可以创建新的查询，还可以对已存在的查询进行修改和编辑。在创建查询时，必须将查询所需的表添加到查询中，可以在查询的设计视图中定义查询的字段、表、条件、排序、总计等。查询的设计视图是主要用于设计查询的界面。

3．查询中条件表达式的应用

利用条件表达式可以在查询中有选择地筛选数据。条件表达式可以针对一个字段，也可以同时针对多个字段，甚至可以通过计算确定数据，所以条件表达式中需要综合运用算术运算符、关系运算符、逻辑运算符、函数等。

4．创建参数查询

参数查询是一种交互式的查询方式。执行参数查询时会打开一个对话框，以提示用户输入查询信息，并根据用户输入的查询条件来检索记录。

5．分组统计查询

在查询中，经常需要对查询数据进行分组统计计算，包括合计、平均值、计数、最大值、最小值等。简单的分组统计查询可以使用查询向导完成，但是使用查询设计可以更加灵活地设计分组统计查询。

6．交叉表查询

交叉表查询可以对数据源中的数据进行重新组织，并可以计算数据的合计、平均值、最大值、最小值等统计信息，能更加方便地分析数据。使用查询向导和查询设计均可以很方便地创建交叉表查询。

7．操作查询

操作查询可以对数据源中的数据进行增加、删除、更新等操作。操作查询包括生成表查询、追加查询、删除查询、更新查询 4 种类型。

8．SQL 查询

SELECT 语句是 SQL 查询中应用最为广泛的数据查询语句，利用 SELECT 语句不仅可以实现简单查询，还可以实现条件查询、分组统计、多表查询等。

9．子查询

子查询是指嵌套于其他 SQL 语句中的查询。通过子查询可以实现主查询的筛选，用于替换主查询的 WHERE 子句。

自我测评

一、选择题

1．Access 2013 支持的查询类型有（　　）。

A．选择查询、交叉表查询、参数查询、SQL 查询和操作查询

B．选择查询、基本查询、参数查询、SQL 查询和操作查询

C．多表查询、单表查询、参数查询、SQL 查询和操作查询

D．选择查询、汇总查询、参数查询、SQL 查询和操作查询

2．根据指定的查询条件，从一个或多个表中获取数据并显示结果的查询称为（　　）。

A．交叉表查询　　B．参数查询

C．选择查询　　D．操作查询

3．下列关于条件的说法中错误的是（　　）。

A．同行之间为逻辑“与”关系，不同行之间为逻辑“或”关系

B．日期 / 时间类型的数据须在两端加上 # 号

C．数字类型的数据须在两端加上双引号

D．文本类型的数据须在两端加上双引号

4．在“商品”表中，查询商品单价为 1000 ～ 2000 元（不包括 2000 元）的商品信息。正确的条件表达式为（　　）。

A．>1000 or <2000　　B．Between 1000 and 2000

C．>=1000 and <2000　　D．in（1000,2000）

5．若要在文本型字段中执行全文搜索，查询“Access”开头的字符串，则正确的条件表达式为（　　）。

A．like "Access*"　　B．like "Access"

C．like "*Access*"　　D．like "*Access"

6．执行参数查询时，要在一般查询条件中写上（　　），并在其中输入提示信息。

A．（）　　B．<>　　C．{}　　D．[]

7．在“进销存管理”数据库中，若要查询“张”姓女员工的信息，则正确的条件表达

式为（　　）。

A．在“条件”行中输入：姓名 =" 张 " AND 性别 =" 女 "

B．在“性别”字段对应的“条件”行中输入：" 女 "

C．在“性别”字段的“条件”行中输入：" 女 "；在“姓名”字段的“条件”行中输入：LIKE " 张 *"

D．在“条件”行中输入：性别 =" 女 "AND 姓名 =" 张 *"

8．SELECT 命令中用于排序的关键词是（　　）。

A．GROUP BY　　B．ORDER BY　　C．HAVING　　D．SELECT

9．SELECT 命令中条件短语的关键词是（　　）。

A．WHILE　　B．FOR　　C．WHERE　　D．CONDITION

10．SELECT 命令中用于分组的关键词是（　　）。

A．FROM　　B．GROUP BY　　C．ORDER BY　　D．COUNT

二、填空题

1．在 Access 2013 中，________查询的运行一定会导致数据表中的数据发生变化。

2．在“商品”表中，查出数量大于或等于 50 且小于 100 的商品，可输入的条件表达式是________。

3．在交叉表查询中，只能有一个________和值，但可以有一个或多个________。

4．在创建查询时，有些实际需要的内容在数据源的字段中并不存在，但可以通过在查询中增加________来完成。

5．如果要在某数据表中查找某文本型字段的内容以“S”开头、以“L”结尾的所有记录，则应该使用的查询条件是________。

6．将商品单价在 3000 元以上的商品的单价降 200 元，适合使用________查询。

7．利用对话框提示用户输入参数的查询过程称为________。

8．SELECT 语句中的 SELECT * 的意义是________________。

9．SELECT 语句中的 FROM 子句的意义是________________。

10．SELECT 语句中的 WHERE 子句的意义是________________。

11．SELECT 语句中的 GROUP BY 子句用于进行________。

12．SELECT 语句中的 ORDER BY 子句用于对查询的结果进行________。

13．SELECT 语句中用于计数的函数是________，用于求和的函数是________，用于求平均值的函数是________。

三、判断题

1．一个查询的数据只能来自一个表。（　　）

2．所有的查询都可以在 SQL 视图中创建、修改。（　　）

3．查询中的字段显示名称可通过字段属性修改。（　　）

4．SELECT 语句必须指定查询的字段列表。　（　　）

5．SELECT 语句的 HAVING 子句指定的是筛选条件。　（　　）

6．选择查询不能修改表，若要修改表中的数据，则只能使用操作查询。　（　　）

7．不论表关系是否实施了参照完整性，父表的记录都可以删除。　（　　）

8．使用 Access 查询时不允许对表中的字段进行计算。　（　　）

9．在查询的设计视图中可以控制字段的排序和显示。　（　　）

10．查询只能使用原来的表，不能生成新表。　（　　）

项目4

窗体的创建与应用

窗体是 Access 2013 中一种重要的数据库对象，是用户和数据库之间进行交流的接口。用户可以通过窗体方便地输入、编辑、查询、排序、筛选和显示数据库中的数据。窗体可以把整个数据库中的其他对象组织起来，并为用户提供友好、直观的界面来管理和使用数据库。本项目主要学习设计和创建窗体的方法，并介绍窗体中各种控件的使用步骤及如何使用窗体进行数据处理。

能力目标

- 掌握快速创建窗体的方法
- 熟练掌握使用窗体设计创建窗体的操作方法
- 掌握窗体设计中各种控件的使用
- 掌握利用窗体管理数据的方法

知识目标

- 了解窗体的基本概念
- 掌握窗体的基本组成、分类和窗体的视图模式
- 了解窗体设计中的各种控件及其使用方法

任务1 创建窗体的基本方法

任务分析

窗体作为一种数据库对象，为用户提供了一种简单、直观的方式来对数据库中的数据进行管理。用户可以根据不同的需要创建不同样式的窗体，从而使数据的查看、添加、修改和删除更加直观和便捷。通过窗体向导创建窗体，是初学者常用的创建窗体的方法，所建窗体经过简单修改就能直接应用。同时，Access 2013 提供了一些快捷按钮，用户可以根据需要快速创建所需窗体。本任务主要通过使用快捷按钮快速创建“进销存管理”数据库中窗体的

实例，来使用户掌握创建窗体的基本方法和步骤。

知识准备

一、“窗体”选项组的构成和功能

Access 2013“创建”选项卡的“窗体”选项组中提供了多个创建窗体的快捷按钮，如图 4-1 所示，包括“窗体”“窗体设计”“空白窗体”3 个主要按钮，以及“窗体向导”“导航”“其他窗体”3 个辅助按钮。

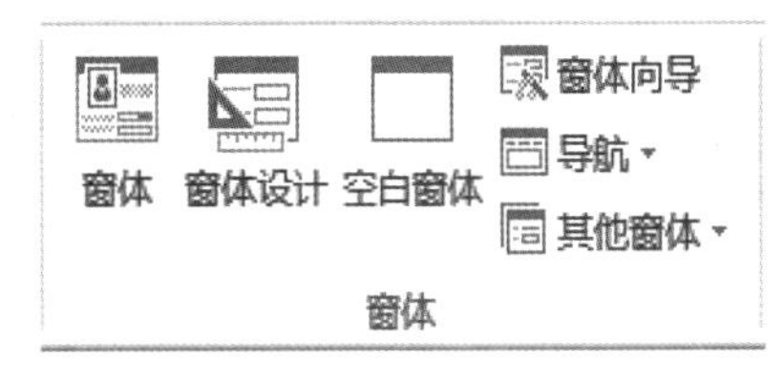

图 4-1　“窗体”选项组

1. 窗体

“窗体”按钮是创建窗体的最快工具，单击它即可创建窗体。使用该按钮创建窗体后，来自数据源的所有字段都放在窗体中。

2. 窗体设计

单击“窗体设计”按钮可切换到空白窗体的设计视图中，并对窗体进行设计。

3. 空白窗体

“空白窗体”按钮是一种快捷的窗体创建方法，该操作以布局视图的方式设计和修改窗体。当计划只在窗体中放置很少的几个字段时，使用这种方法最合适。

4. 窗体向导

使用“窗体向导”按钮可以创建基于单个表或查询的窗体，也可以创建基于多个表或查询的窗体。

5. 导航

“导航”下拉按钮的下拉列表中的选项如图 4-2 所示。

6. 其他窗体

“其他窗体”下拉按钮用于创建具有导航的窗体，即网页形式的窗体。其下拉列表中的选项如图 4-3 所示。它可以分为 4 种布局格式，虽然布局格式不同，但是创建的方法是相同的。

图 4-2　“导航”下拉列表中的选项

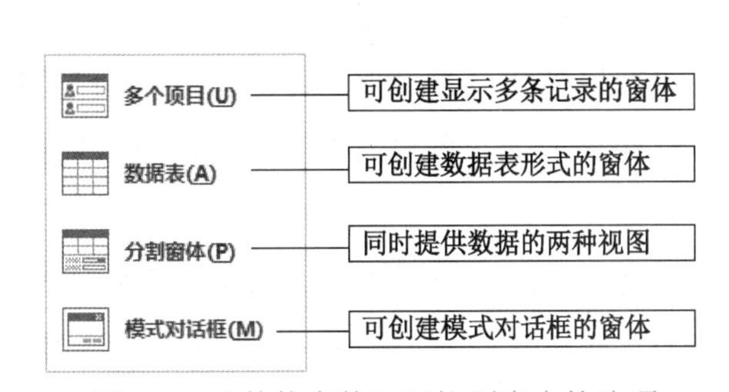

图 4-3　“其他窗体”下拉列表中的选项

二、“窗体布局工具”选项卡

“窗体布局工具”是一个动态选项卡。当打开或者创建一个窗体对象时，选项卡组中会自动增加“窗体布局工具”选项卡，包括“设计”“排列”“格式”3 个子选项卡，如图 4-4 所示。

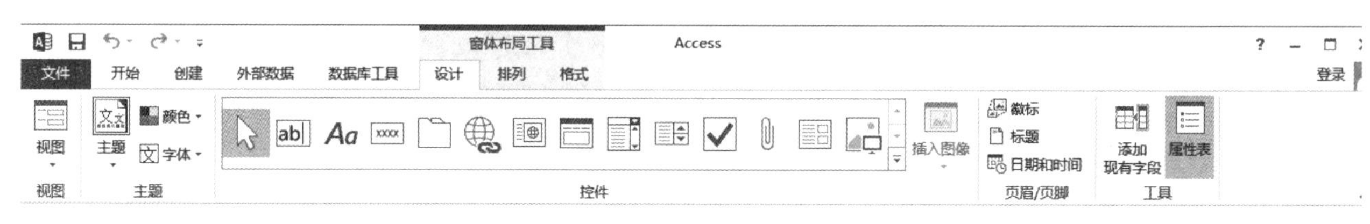

图 4-4 “窗体布局工具”选项卡

三、窗体的视图

Access 2013 中的窗体共有 4 种视图：窗体视图、数据表视图、布局视图、设计视图。用户可以使用“窗体设计工具 / 设计”选项卡“视图”选项组中的“视图”按钮进行视图间的切换，如图 4-5 所示。这 4 种视图具有不同的特点和应用。

（1）窗体视图：窗体视图用于查看窗体的设计效果。在窗体视图中，显示了来自数据源中的数据，也可以添加和修改数据源中的数据。

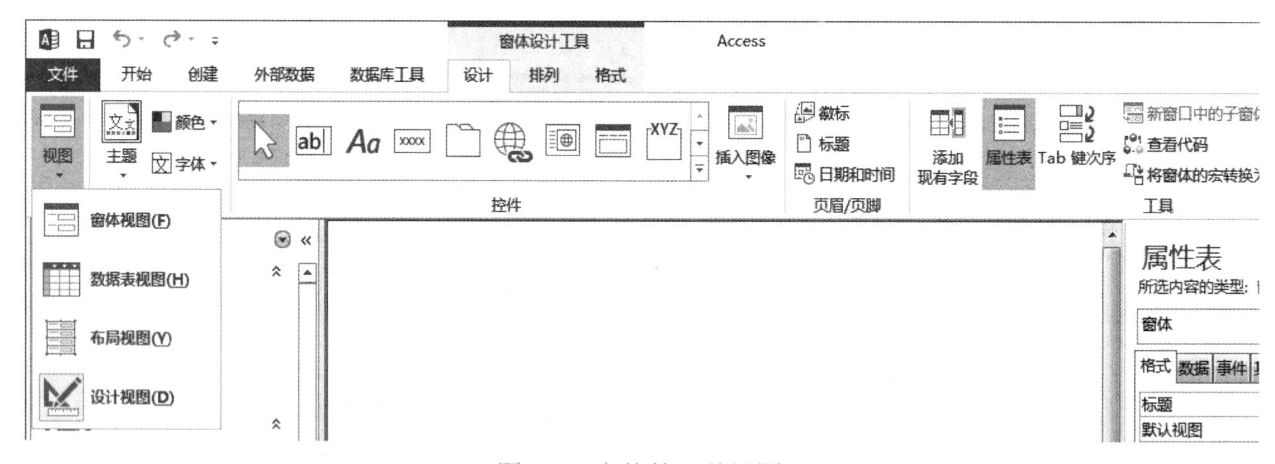

图 4-5 窗体的 4 种视图

（2）数据表视图：数据表视图以表格形式显示数据源中的数据。在该视图中可以编辑字段，也可以添加、修改和删除记录。

（3）布局视图：布局视图是比设计视图更加直观的视图。在布局视图中查看窗体时，每个控件都会显示实际数据。也就是说，在布局视图中，窗体在实际运行，因此在布局视图中看到的数据和窗体运行时的数据相同，但是在布局视图中不仅能显示数据，还能更改窗体设计。布局视图是用于设置控件的大小，或对字段属性进行设置的视图。

（4）设计视图：设计视图主要用于显示窗体的设计方案。在该视图中可以创建新的窗体，也可以对现有窗体的设计进行修改。窗体在设计视图中显示时不会实际运行，因此，在对窗体进行设计更改时无法看到基础数据。

根据创建窗体的方法的不同，以上 4 种视图在“窗体设计工具 / 设计”选项卡“视图”选项组中显示的内容稍有不同。在设计视图中打开窗体时，“窗体设计工具”选项卡将自动出现，“属性表”窗格也会自动显示在工作区右侧。

任务操作

操作实例 1：使用“窗体向导”按钮创建“客户基本信息”窗体。

【操作步骤】

步骤 1：打开“进销存管理”数据库，单击“创建”→“窗体”→“窗体向导”按钮，打开“窗体向导”对话框，在“表 / 查询”下拉列表中选择“表：客户”选项，“客户”表的字段会自动显示在“可用字段”列表框中，如图 4-6 所示。

步骤 2：将“可用字段”列表框中的字段全部添加到“选定字段”列表框中，如图 4-7 所示。单击“下一步”按钮。

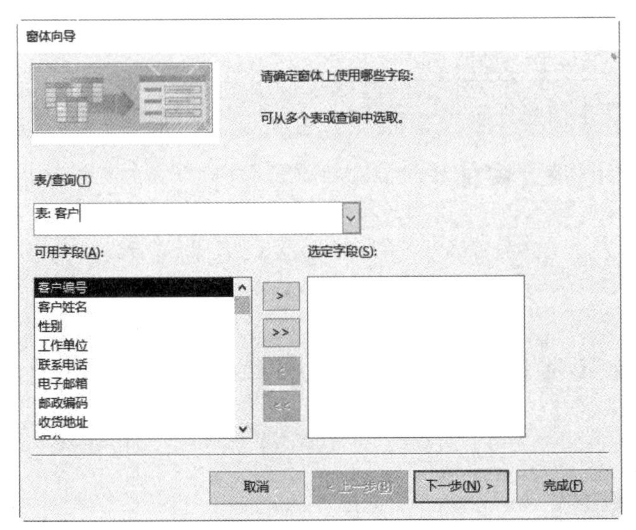

图 4-6　“窗体向导”对话框

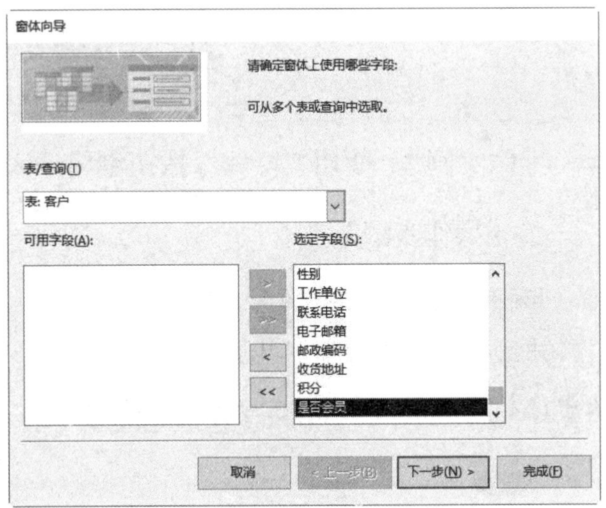

图 4-7　选定字段

步骤 3：确定窗体使用的布局为“纵栏表”，如图 4-8 所示。单击“下一步”按钮。

步骤 4：设置窗体的标题为“客户基本信息”，如图 4-9 所示。其中，“打开窗体查看或输入信息”表示直接打开新建的窗体，“修改窗体设计”表示打开窗体的设计视图，继续对窗体进行修改。此处选中“打开窗体查看或输入信息”单选按钮，单击“完成”按钮。

步骤 5：按快捷键“Ctrl+S”保存窗体。“客户基本信息”窗体创建完成，如图 4-10 所示。

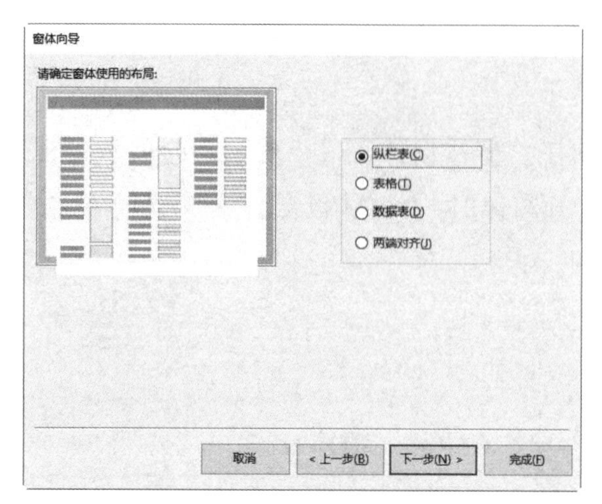

图 4-8　确定窗体使用的布局

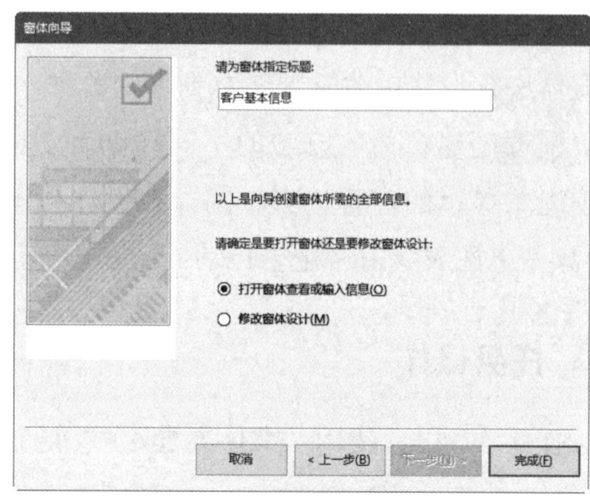

图 4-9　设置窗体的标题

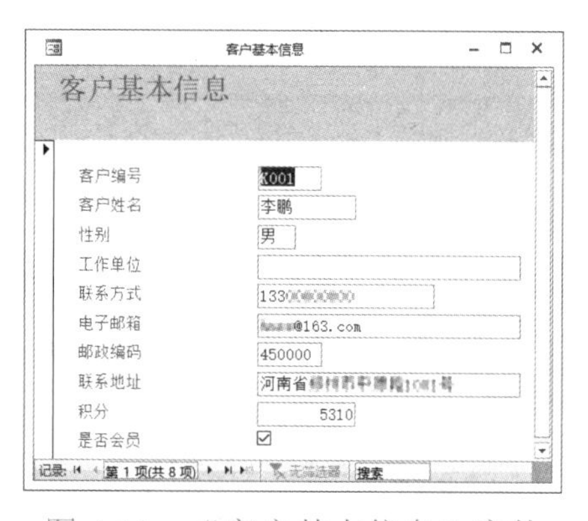

图 4-10　“客户基本信息”窗体

操作实例 2：使用“窗体”按钮创建“入库记录”窗体。

【操作步骤】

步骤 1： 打开“进销存管理”数据库。

步骤 2： 在导航窗格中选中“表”对象，如图 4-11 所示。所有的表显示在导航窗格中，从中选择“入库记录”表，如图 4-12 所示。

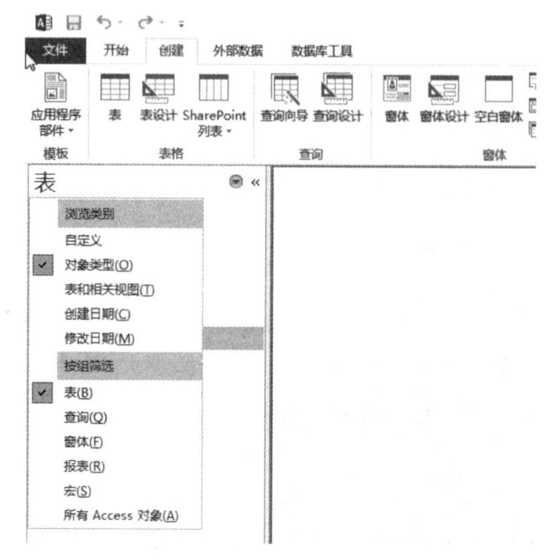

图 4-11　导航窗格中的“表”对象

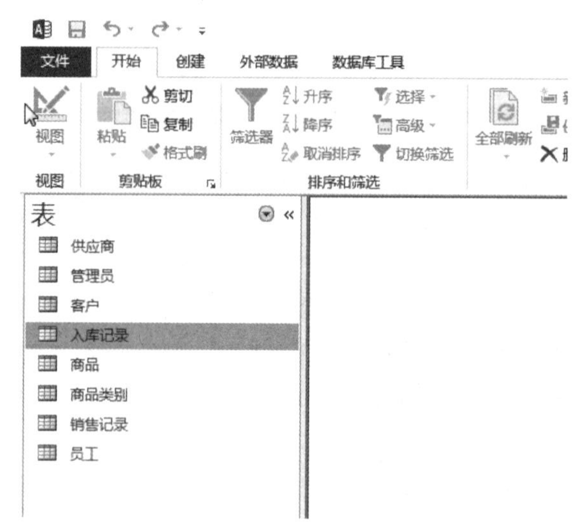

图 4-12　选择“入库记录”表

步骤3：单击“创建”→“窗体”→“窗体”按钮，自动创建窗体，如图4-13所示。

图4-13 “入库记录”窗体

步骤4：按快捷键“Ctrl+S”对窗体进行保存，设置窗体名称为“入库记录”，窗体创建完成。

操作实例3：使用“空白窗体”按钮创建“商品类别-纵栏式”窗体。

【操作步骤】

步骤1：打开“进销存管理”数据库。

步骤2：单击“创建”→“窗体”→“空白窗体”按钮，切换到窗体的布局视图，同时打开了“字段列表”窗格，以显示数据库中所有的表。单击“显示所有表”链接，展开“商品类别”节点，如图4-14所示。

图4-14 打开空白窗体

步骤3：将“类别编号”和“类别名称”字段拖到空白窗体中，将显示“商品类别”表中的第一条记录，如图4-15所示。

步骤4：按快捷键“Ctrl+S”对窗体进行保存，设置窗体名称为“商品类别-纵栏式”，窗体创建完成。

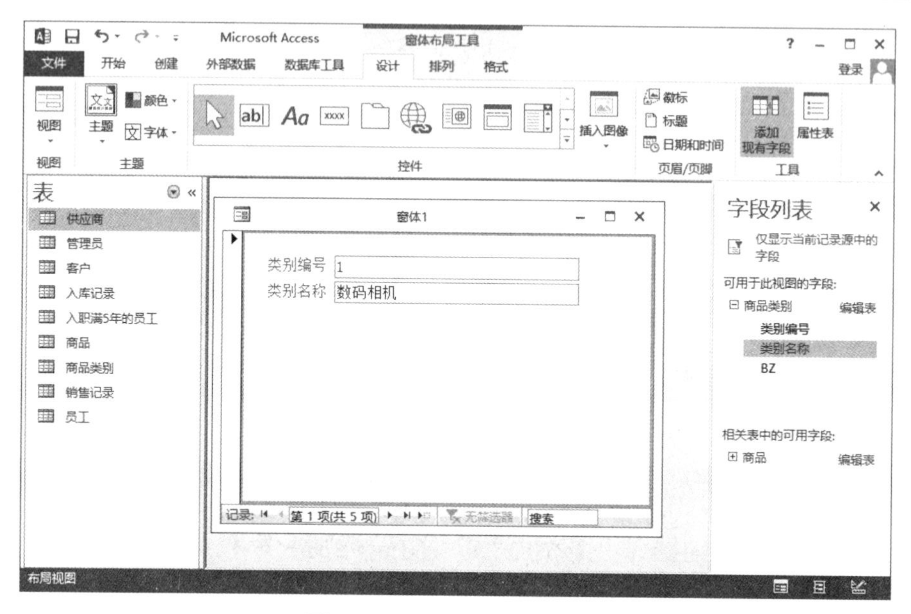

图 4-15　显示第一条记录

操作实例 4：使用“其他窗体”下拉按钮创建“商品类别－数据表”窗体。

【操作步骤】

步骤 1： 打开“进销存管理”数据库。

步骤 2： 在导航窗格中，选中“表”对象，再选择“商品类别”表。

步骤 3： 单击“创建”→“窗体”→“其他窗体”下拉按钮，在弹出的下拉列表中选择“数据表”选项，如图 4-16 所示，创建数据表样式的“商品类别”窗体。

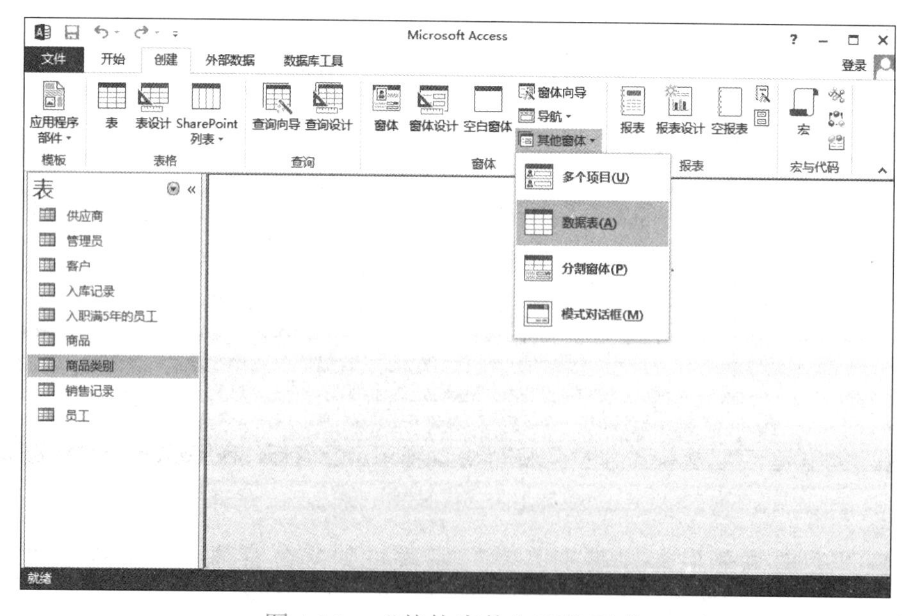

图 4-16　“其他窗体”下拉列表

步骤 4： 按快捷键“Ctrl+S”对窗体进行保存，设置窗体名称为“商品类别－数据表”，窗体创建完成，如图 4-17 所示。

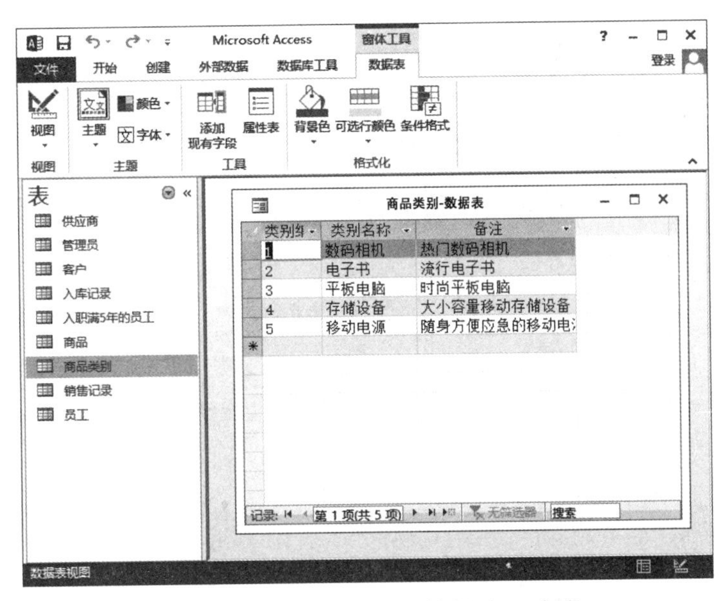

图 4-17 “商品类别 - 数据表”窗体

操作实例 5：使用“其他窗体”下拉按钮创建“商品类别 – 表格式”窗体。

【操作步骤】

步骤 1：打开“进销存管理”数据库。

步骤 2：在导航窗格中选择“商品类别”表。

步骤 3：单击“创建”→“窗体”→“其他窗体”下拉按钮，在弹出的下拉列表中选择“多个项目”选项，如图 4-18 所示，创建表格式的“商品类别”窗体。

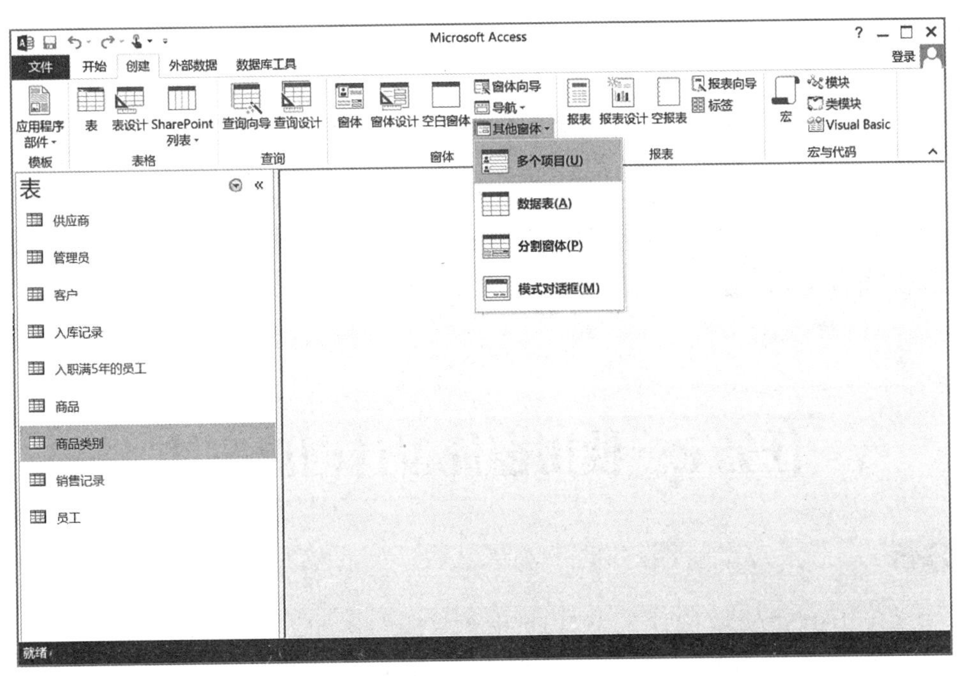

图 4-18 创建表格式的“商品类别”窗体

步骤 4：按快捷键“Ctrl+S”，对窗体进行保存，设置窗体名称为“商品类别 - 表格式”，窗体创建完成，如图 4-19 所示。

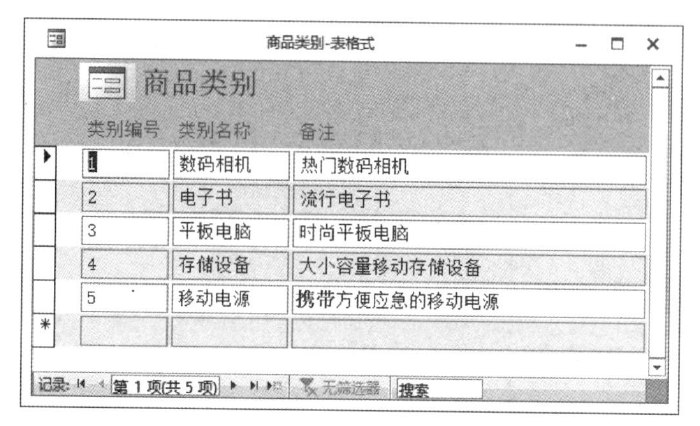

图 4-19 “商品类别 - 表格式”窗体

工程师提示

按照数据显示方式和显示关系划分，可以将窗体分为纵栏式窗体、表格式窗体、数据表窗体、主子窗体、图表窗体等。

纵栏式窗体：显示记录时按列分割，左侧显示字段名称，右侧显示字段内容。一次显示一条记录。

表格式窗体：以表格的形式显示窗体记录。可以一次显示多条记录。

数据表窗体：以数据表的形式显示窗体记录。

任务实训

实训：使用“窗体向导”按钮创建“进销存管理”数据库中关于“销售记录”表的相关窗体。

【实训要求】

1．使用“窗体向导”按钮，以“销售记录”表为数据源，创建窗体。

2．以“销售记录”表为数据源，分别使用“空白窗体”按钮、“窗体”按钮、“数据表”选项和“多个项目”选项创建窗体并加以比较，总结出各个方法的优点，注意观察这些窗体在记录的显示方面有何区别。

任务 2 使用窗体设计创建窗体

任务分析

项目 4 任务 1 中创建的窗体基本上是通过“窗体”按钮、“空白窗体”按钮、“窗体向导”按钮创建的，创建速度快，但创建出来的窗体使用的是固定的模板和样式，在外观、布局等方面不够灵活。使用窗体设计创建窗体，就是通过向窗体中添加需要的文本框、选项组、组合框和命令按钮等各种控件，并对控件的属性进行灵活设置来完成个性化窗体的创建的。

本任务将介绍使用窗体设计创建“商品信息窗体”的过程，引导用户掌握创建窗体的操作方法和步骤。

知识准备

一、窗体的构成

在窗体的设计视图中，窗体由 5 部分组成，分别是窗体页眉、页面页眉、主体、页面页脚和窗体页脚，每一部分称为一个节，如图 4-20 所示。

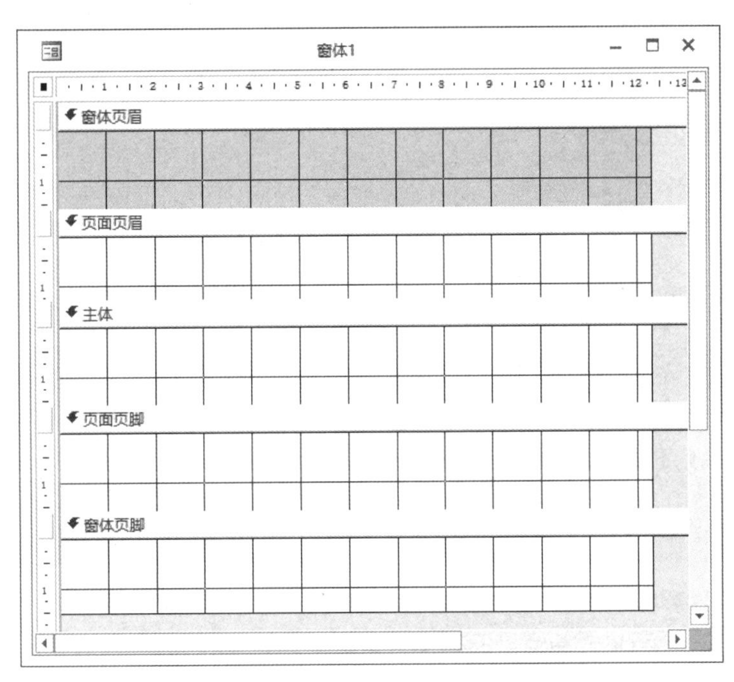

图 4-20　窗体的构成

（1）页面页眉：在每一页的顶部显示标题、字段名称或其他需要显示的信息。页面页眉只在打印窗体时出现，并且打印在窗体页眉之后。

（2）页面页脚：在每一页的底部显示日期、页码或其他需要显示的信息。页面页脚只在打印窗体时出现。

（3）窗体页眉：用于显示窗体标题、窗体使用说明等信息。在窗体视图中，窗体页眉显示在窗体的顶部。窗体页眉不会在数据表视图中出现。

（4）窗体页脚：用于显示窗体命令按钮等。在窗体视图中，窗体页脚显示在窗体的底部。窗体页脚不会在数据表视图中出现。

（5）主体：数据的显示区域。该节通常包含绑定到记录源中的字段控件，但也可能包含未绑定控件，如标识字段内容的标签。

通常，新建的窗体只包含“主体”节。如果需要其他节，则可以在窗体的设计视图中右击，在弹出的快捷菜单中选择“页面页眉 / 页脚”或“窗体页眉 / 页脚”命令来添加或删除相应的节，如图 4-21 所示。

窗体中各节的尺寸可以调整。将光标移动到需要改变大小的节的边界，当光标为‡形状时，拖动鼠标到合适位置即可调整节的大小，如图 4-22 所示。

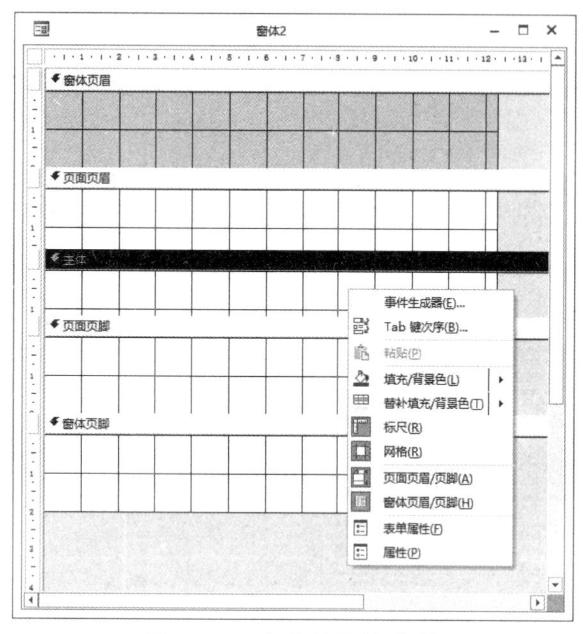

图 4-21　窗体的快捷菜单

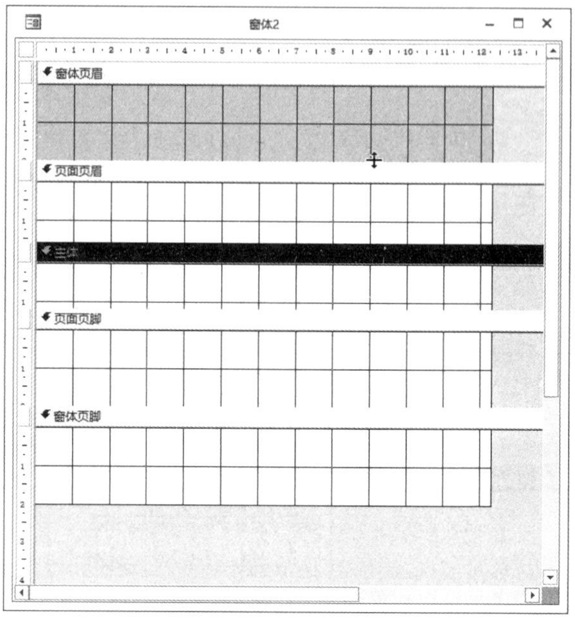

图 4-22　对节的大小进行调整

窗体的设计视图中有便于用户在窗体中定位控件的网格和标尺。若要将这些网格和标尺去掉，则可以将光标移动到设计视图中“主体”节的标签上并右击，在弹出的快捷菜单中选择“标尺”或“网格”命令。

工程师提示

如果节中包含控件，则删除节的同时会删除节中包含的所有控件。

二、窗体控件

控件是窗体或报表中的一个对象，用于输入或显示数据，或用于装饰窗体页面。直线、矩形、图片、图形、按钮、复选框等都是控件。利用控件可以设计出满足不同需求的、个性化的窗体。Access 2013 中的控件分布在设计视图的“窗体设计工具 / 设计”选项卡的“控件”选项组中。当使用窗体设计创建窗体时，该选项组会自动出现在功能区，如图 4-23 所示。在使用时，可通过具体的控件按钮向窗体或报表中添加控件对象。

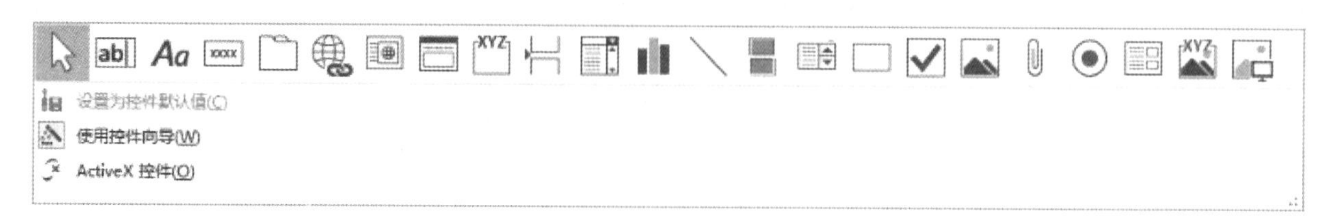

图 4-23　“控件”选项组

Access 2013 中各控件的功能如表 4-1 所示。

表 4-1　Access 2013 中各控件的功能

控　件	名　称	功　能
	选择	“控件”选项组中的默认工具控件，用于选择窗体中的控件
	文本框	用于输入、显示和编辑数据记录源中的数据
	标签	用于显示说明性文本，可以是独立的，也可以附加到其他控件中
	按钮	用于执行某个动作
	选项卡控件	用于创建具有多个选项卡的窗体或对话框，在选项卡中可以添加其控件
	超链接	可以在窗体中直接打开超链接地址
	Web 浏览器控件	可以在窗体中显示网页
	导航控件	可以轻松地在各种报表和窗体之间切换数据库
	选项组	与切换按钮、选项按钮或者复选框配合使用，可以显示一组可选值
	插入分页符	用于在窗体中开始一个新的屏幕，或在打印窗体或报表时，开始一个新页
	组合框	文本框和列表框的组合，既可以像文本框那样输入文本，也可以像列表框那样选择输入项中的值
	图表	在窗体中使表的数据以图表的形式显示
	直线	用于在窗体中绘制一条直线
	切换按钮	有两种状态，在选项组之外可以使用多个复选框，以便每次都可以做出多个选择
	列表框	用于显示多个值的列表
	矩形	用于在窗体中创建一个矩形
	未绑定对象框	用于显示不与表字段链接的 OLE 对象，包括图形、图像等，该对象不会随记录的改变而改变
	附件	需要将附件应用于窗体和报表时，可以使用附件控件，当在数据库记录中移动时，该控件自动呈现图像文件
	选项按钮	一次只能选中组中的一个选项按钮
	子窗体 / 子报表	在窗体或报表中添加子窗体或子报表。在使用该控件之前，要添加的子窗体或子报表必须已经存在
	绑定对象框	用于显示与表字段链接的 OLE 对象，该对象会随着记录的变化而变化
	图像	用于向窗体中添加静态图片，这不是 OLE 对象，添加图片后不能进行编辑
	复选框	用于表示是或者不是

三、窗体中控件的操作

窗体中控件的操作包括添加控件、设置控件的属性。

1. 添加控件

在窗体的设计视图中添加控件的操作方法如下。

在窗体的设计视图中，单击“窗体设计工具 / 设计”→“控件”选项组中需要添加的控件按钮，在窗体的合适位置单击即可创建控件。

2. 设置控件的属性

控件的属性包含控件的名称、标题、位置、边框颜色、背景样式、背景颜色等，其设置方法如下。

（1）在添加控件时，如果需要打开控件向导，则单击“窗体设计工具 / 设计”→“控件”选项组右侧的下拉按钮，在弹出的下拉列表中选择“使用控件向导”选项，会自动打开对应的向导对话框。“文本框向导”对话框如图 4-24 所示。在控件向导的提示下即可完成控件的属性设置。

（2）如果无控件向导或未启动控件向导，则先选中控件，再使用以下两种方法打开控件的“属性表”窗格，在其中对控件的属性进行设置，如图 4-25 所示。

打开“属性表”窗格的方法如下。

① 单击“窗体设计工具 / 设计”→“工具”→“属性表”按钮。

② 选中控件并右击，在弹出的快捷菜单中选择“属性”命令。

这里需要注意的是，不同类型的控件的属性也是不同的，需要先选中控件，再对控件的属性进行设置。

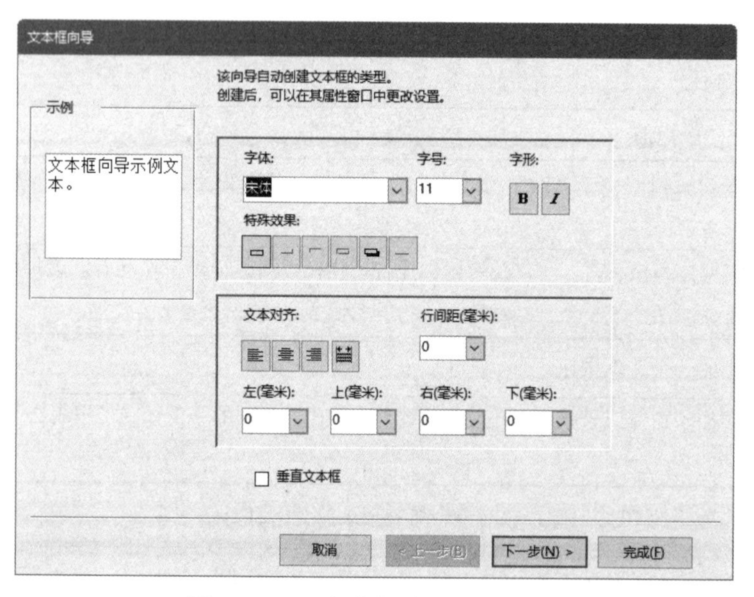

图 4-24 “文本框向导”对话框

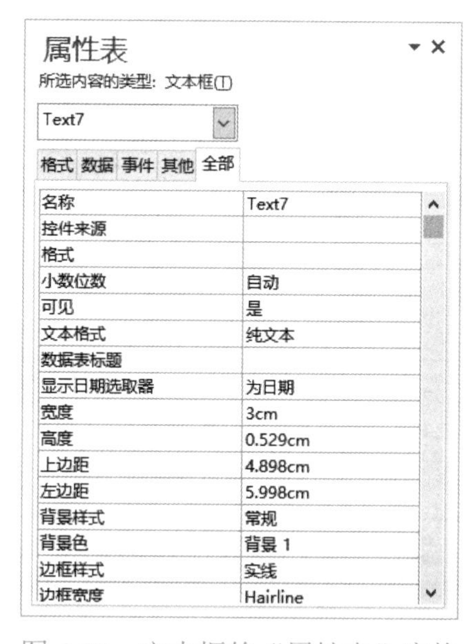

图 4-25 文本框的“属性表”窗格

工程师提示

根据作用划分，控件可以分为以下 3 种类型。

（1）绑定控件：与表或查询中的字段相连，可用于显示、输入及修改数据库中的字段。

（2）未绑定控件：没有数据源，一般用于提示信息和修饰作用。

（3）计算控件：以表达式作为数据源。

四、控件的基本操作

1. 选中控件

对控件的位置、大小等属性进行调整前，要先选中控件，选中控件有以下几种方法。

（1）选择一个控件，单击该控件即可。

（2）如果要选中多个相邻的控件，则可以按住鼠标左键拖动，圈在虚线框中以及与虚线框相交的控件都被选中。

（3）如果要选中多个不相邻的控件，则可以按住“Shift”键，再单击要选择的控件。

（4）如果要选中窗体中的全部控件，则可以按快捷键“Ctrl+A”。

控件在被选中后，会根据控件大小出现 4 ～ 8 个方块，这些方块称为句柄。左上角稍大的句柄称为移动句柄，拖动它可以移动控件；其他较小的句柄称为调整句柄，拖动它们可以调整控件的大小。

2. 移动控件

移动控件有以下几种方法。

（1）选中控件后，拖动移动句柄即可移动控件。

（2）如果控件有标签，则拖动句柄只能单独移动控件或标签；如果要同时移动控件和标签，则应将光标移动到控件上并单击拖动（不是在移动句柄上单击）。

（3）使用键盘移动控件。选中控件，按方向键即可调整控件的位置。

3. 调整控件的大小

调整控件的大小有以下几种方法。

（1）选中控件，控件周围出现调整句柄，将光标移动到调整句柄上，待光标形状变成双向箭头时，拖动鼠标改变控件大小。若选中多个控件，则可同时调整多个控件的大小。

（2）选中控件，按“Shift+ 方向键”组合键调整控件的大小。

4. 对齐控件

当窗体中有多个控件时，为了保持窗体美观，应将控件对齐。对齐控件有以下几种方法。

（1）选中一组要对齐的控件，单击“窗体设计工具 / 排列”→“调整大小和排序”→“对齐”下拉按钮，在弹出的下拉列表中选择要使用的对齐方式，如图 4-26 所示。

（2）选中一组要对齐的控件并右击，在弹出的快捷菜单中选择“对齐”命令，在其子菜单中选择要使用的对齐方式。

对齐方式共有“靠左”“靠右”“靠上”“靠下”“对齐网格”5 种。

5. 调整控件的间距

控件的间距可以通过按钮来快速调整。其操作方法如下。

选中一组要调整间距的控件，单击“窗体设计工具 / 排列”→“调整大小和排序”→“大

小 / 空格”下拉按钮，在弹出的下拉列表中选择要调整的间距类型。控件的间距有“水平相等”“水平增加”“水平减少”“垂直相等”“垂直增加”“垂直减少”6 种类型，如图 4-27 所示。

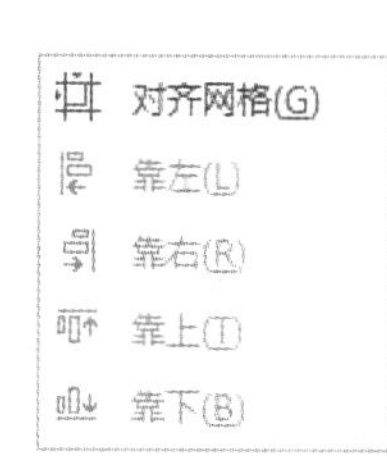

图 4-26　控件的对齐方式

图 4-27　控件的间距类型

6. 删除控件

删除控件有以下几种方法。

（1）选中要删除的控件，按“Delete”键。

（2）选中要删除的控件并右击，在弹出的快捷菜单中选择“删除”命令。

工程师提示

（1）若所选的控件附有标签，则标签会随控件一起被删除。

（2）若只要删除附加标签，则应只选中标签并执行删除操作。

任务操作

操作实例 1：使用窗体设计创建“商品信息管理”窗体，在窗体中添加“商品”表的部分字段，并为窗体添加“商品信息管理”标题。

【操作步骤】

步骤 1：打开“进销存管理”数据库，单击“创建”→“窗体”→“窗体设计”按钮，切换到窗体的设计视图。在工作界面的右侧会自动打开“属性表”窗格，如图 4-28 所示。如果没有打开“属性表”窗格，则可以单击“窗体设计工具 / 设计”→“工具”→“属性表”按钮。

步骤 2：在“属性表”窗格中选择“数据”选项卡，在“记录源”下拉列表中选择“商品”选项，如图 4-29 所示。单击“窗体设计工具 / 设计”→“工具”→“添加现有字段”按钮，在工作界面的右侧会打开“字段列表”窗格，如图 4-30 所示。

步骤 3：在“商品”表的“字段列表”窗格中选择“商品编号”字段，将其拖到窗体中，则在窗体中添加了带有标签的文本框。对“商品编号”标签及文本框进行大小和位置调整，如图 4-31 所示。

步骤 4：用同样的方法将“商品”表中的“商品名称”“生产日期”“单位”“规格型号”“商品单价”“数量”等字段添加到窗体中，并进行大小和位置调整，如图 4-32 所示。

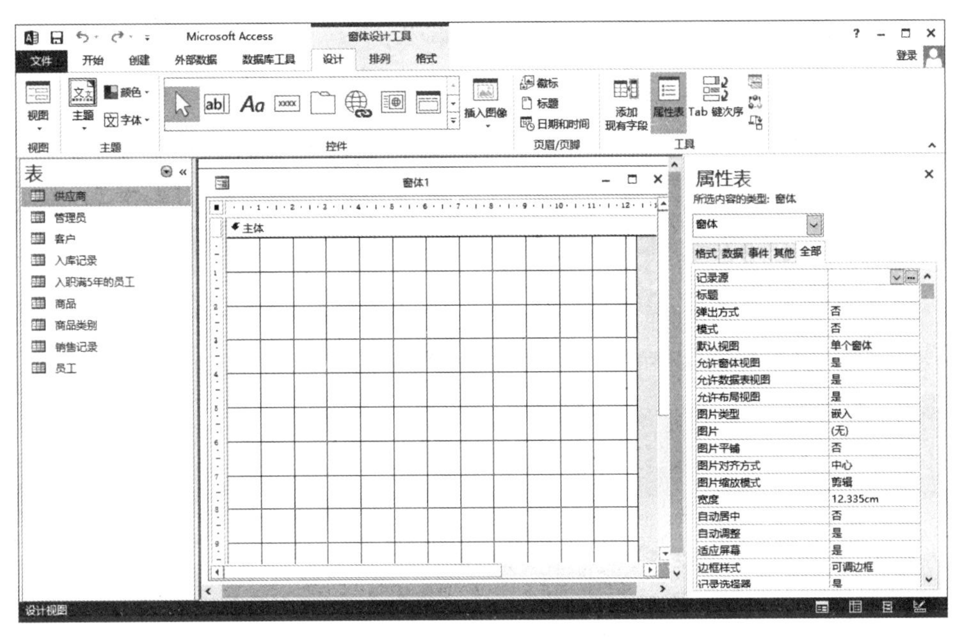

图 4-28　创建窗体并打开“属性表”窗格

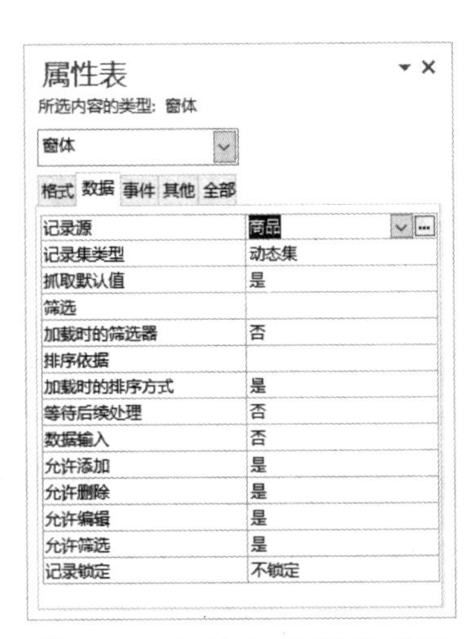

图 4-29　为窗体选择记录源

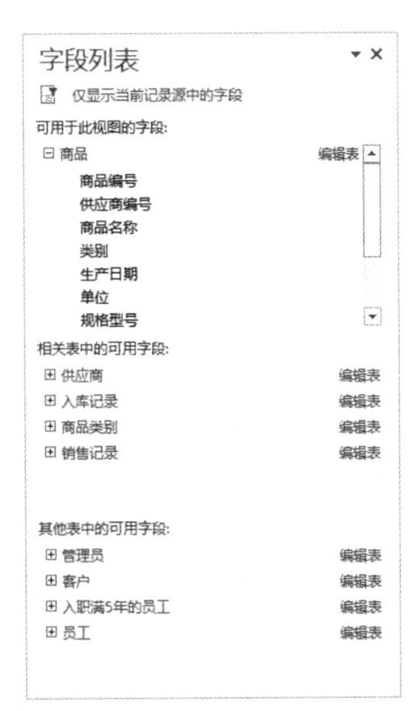

图 4-30　“字段列表”窗格

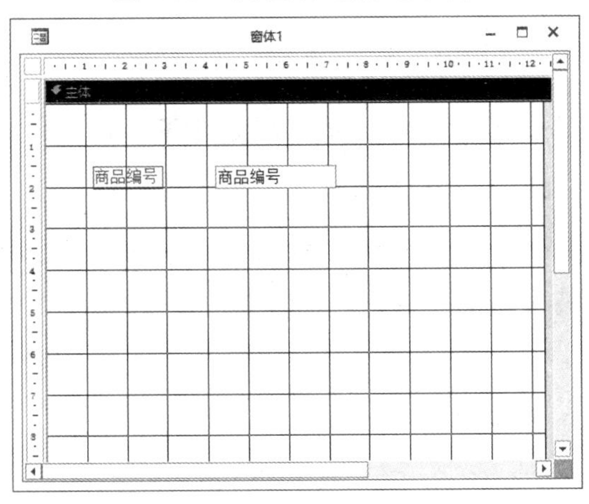

图 4-31　在窗体中添加字段

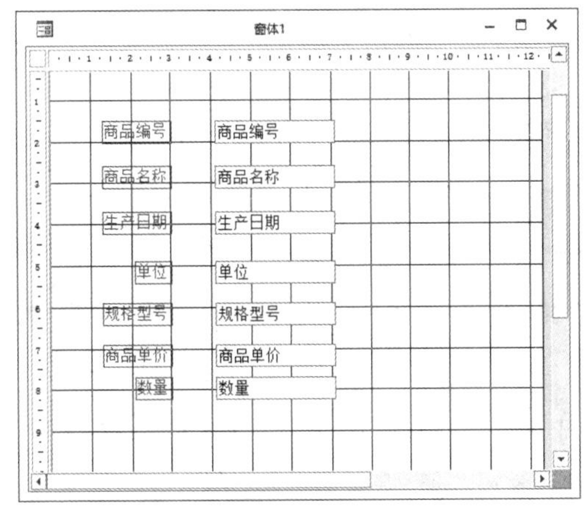

图 4-32　添加其他字段

步骤 5：在设计视图中右击，在弹出的快捷菜单中选择“窗体页眉 / 页脚”命令，此时在设计视图中添加了“窗体页眉”节和“窗体页脚”节。

步骤 6：单击“窗体设计工具 / 设计”→“控件”→“标签”按钮，在“窗体页眉”节的中间位置拖动出一个方框，在其中输入“商品信息管理”；打开“属性表”窗格，选择“格式”选项卡，设置该标签的字体格式为“黑体”、字号为“20”。也可以通过单击“窗体设计工具 / 格式”→“字体”选项组中相应的按钮进行设置，效果如图 4-33 所示。

步骤 7：调整设计视图中“窗体页眉”、“窗体页脚”和“主体”节的位置，关闭标签的“属性表”窗格。按快捷键“Ctrl+S”将该窗体保存为“商品信息管理”，其在窗体视图中的显示效果如图 4-34 所示。

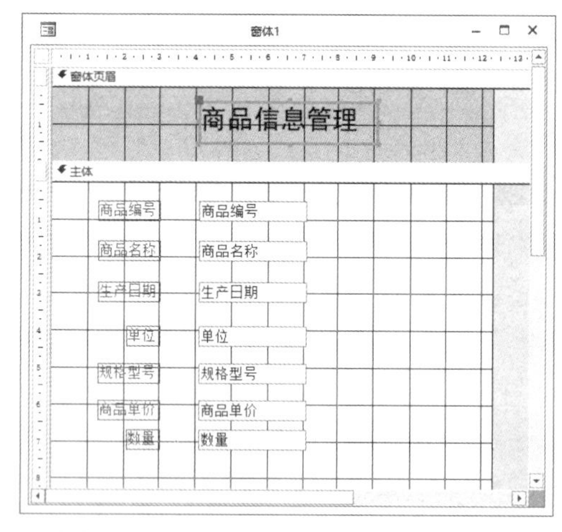

图 4-33　为窗体添加标题后的效果

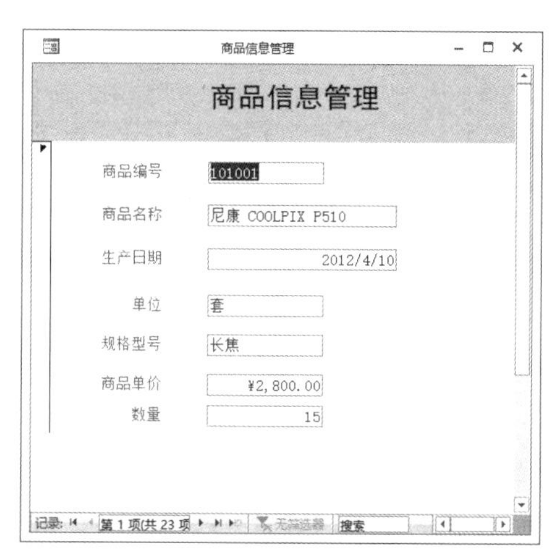

图 4-34　“商品信息管理”窗体的显示效果

工程师提示

在 Access 2013 中，窗体的视图可以直接通过状态栏中的视图切换按钮进行切换，如图 4-35 所示。

窗体视图　　数字

图 4-35　状态栏中的视图切换按钮

操作实例 2：在窗体中添加“商品类别”选项组控件。

【操作步骤】

步骤 1：在“进销存管理”数据库中，打开“商品信息管理”窗体，切换到窗体的设计视图，如图 4-36 所示。单击“窗体设计工具 / 设计”→“控件”→“选项组”按钮，在窗体“主体”节中合适的位置上单击，打开“选项组向导”对话框，为每个选项设置标签名称，分别输入“数码设备”“电子书”“平板电脑”“存储设备”“移动电源”，如图 4-37 所示。单击“下一步”按钮。

步骤 2：设置默认选项为“平板电脑”，如图 4-38 所示。单击“下一步”按钮。

步骤 3：在打开的对话框中使用默认设置，如图 4-39 所示。单击“下一步”按钮。

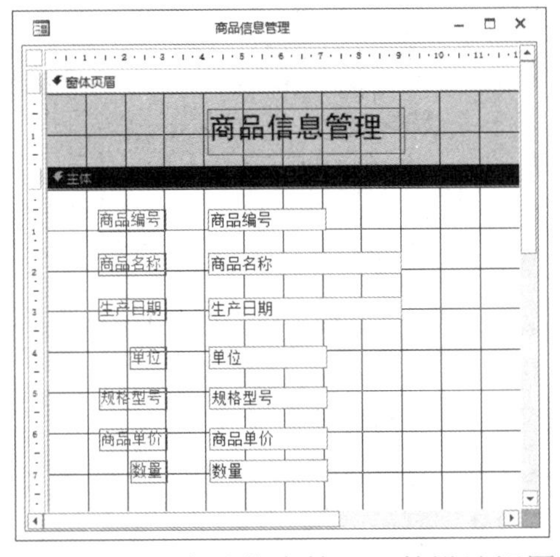

图 4-36　“商品信息管理”的设计视图

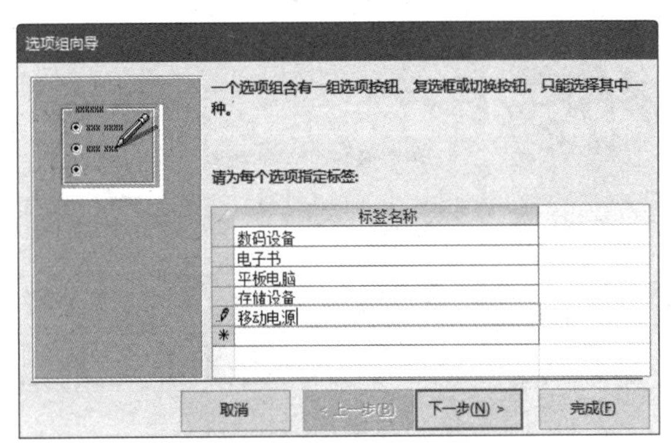

图 4-37　设置标签名称

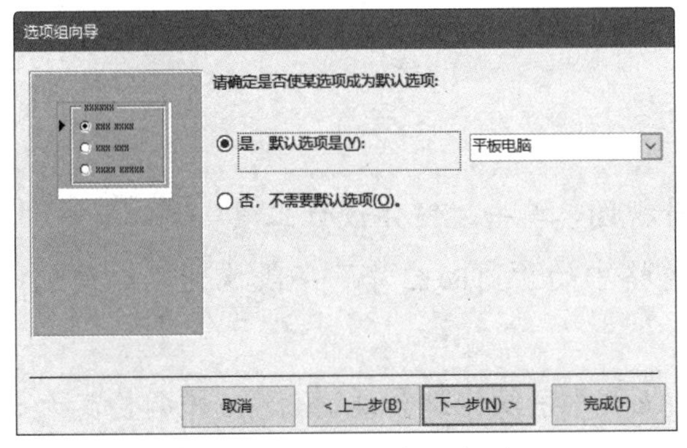

图 4-38　设置默认选项

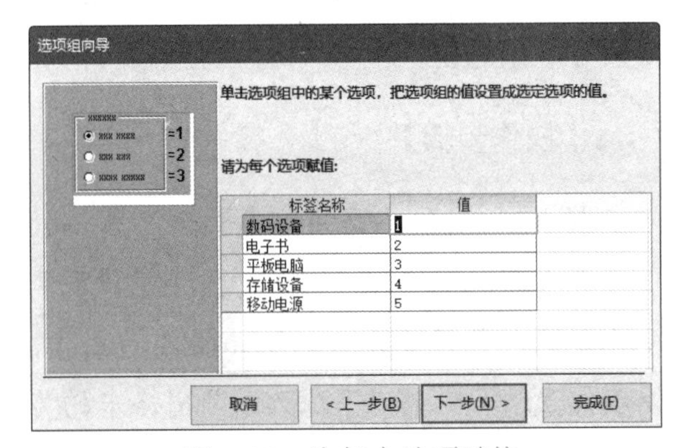

图 4-39　为每个选项赋值

步骤 4： 选中“为稍后使用保存这个值”单选按钮，如图 4-40 所示。单击“下一步”按钮。

步骤 5： 设置控件类型为“选项按钮”，设置控件样式为“阴影”，如图 4-41 所示。单击“下一步”按钮。

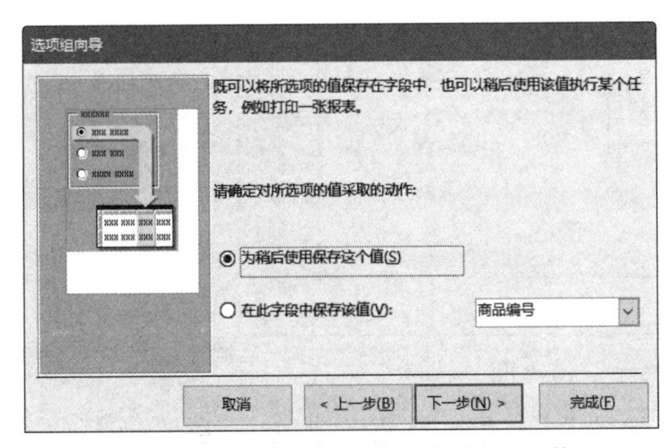

图 4-40　对所选项的值采取的动作

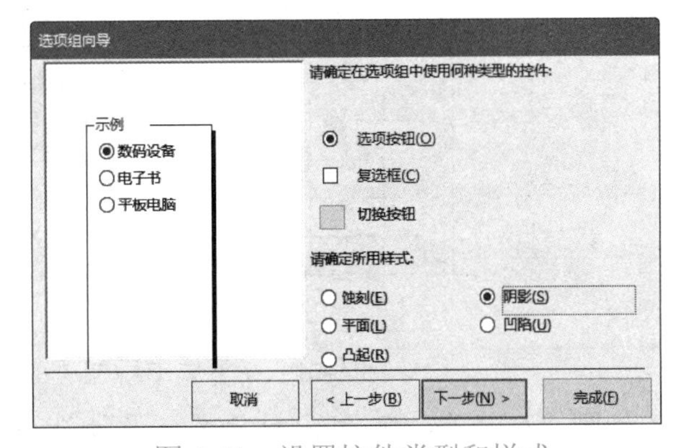

图 4-41　设置控件类型和样式

步骤 6： 为选项组指定标题为“类别选择”，如图 4-42 所示。单击“完成”按钮，完成添加选项组的操作。

步骤 7： 按快捷键“Ctrl+S”对该窗体进行保存，窗体效果如图 4-43 所示。

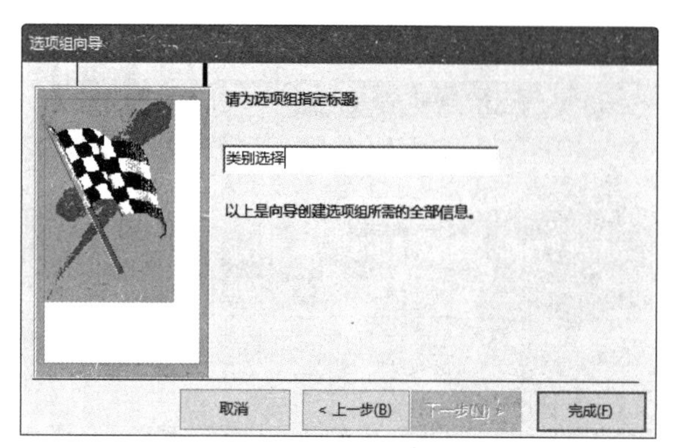

图 4-42　为选项组指定标题

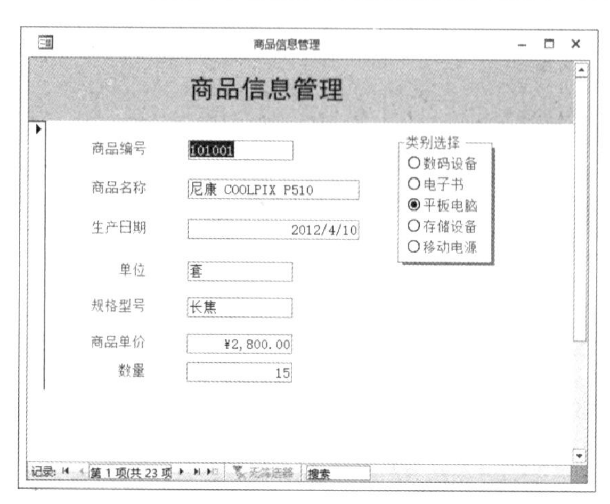

图 4-43　添加了选项组控件的窗体效果

操作实例 3：向窗体中添加“商品”表中的“商品图片”和“商品描述”字段，并添加“供应商编号”组合框。

【操作步骤】

步骤 1：切换到“商品信息管理”窗体的设计视图，单击“窗体设计工具 / 设计”→“工具”→“添加现有字段”按钮，将“字段列表”窗格中的“商品图片”字段拖到“类别选择”控件的右侧，并将标签放到商品图片的上方。

步骤 2：同样，将“字段列表”窗格中的“商品描述”字段拖到合适的位置，并调整其大小，如图 4-44 所示。

图 4-44　在窗体中添加“商品图片”和“商品描述”字段

步骤 3：单击“窗体设计工具 / 设计”→“控件”→“组合框”按钮，在“商品描述”控件的空白处单击，添加组合框控件的同时会打开“组合框向导”对话框。

步骤 4：选中“在基于组合框中选定的值而创建的窗体上查找记录”单选按钮，如图 4-45 所示。单击“下一步”按钮。

步骤 5：在“可用字段”列表框中选择“供应商编号”并将其添加到“选定字段”列表框中，如图 4-46 所示。单击“下一步”按钮。

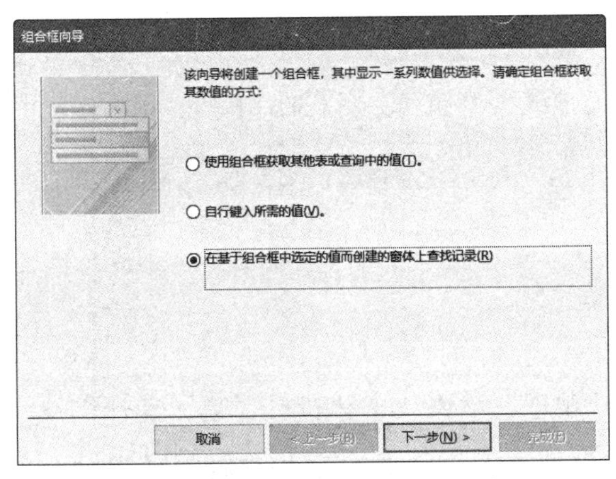

图 4-45　“组合框向导”对话框

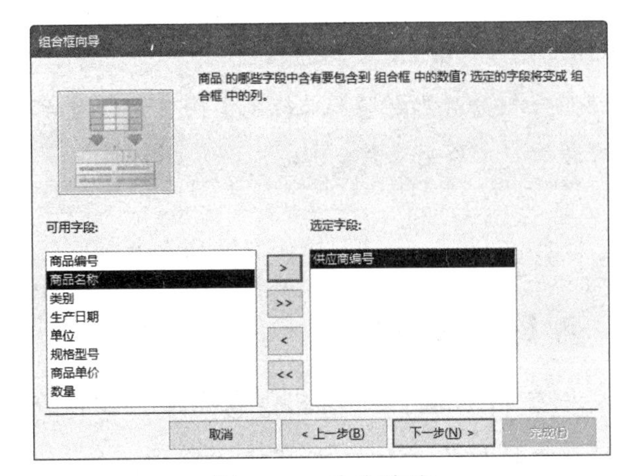

图 4-46　选定字段

步骤 6：组合框向导会自动列出所有的“供应商编号”，为组合框中的列设置宽度，如图 4-47 所示。单击“下一步”按钮。

步骤 7：为组合框指定标签，输入“供应商编号”，如图 4-48 所示。单击“完成”按钮，组合框添加完成。

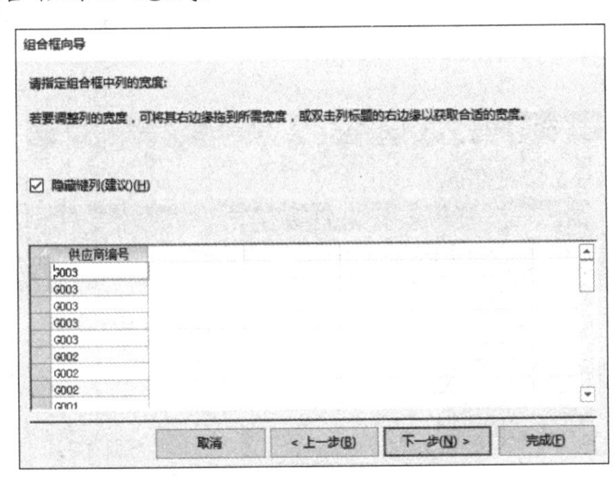

图 4-47　为组合框中的列设置宽度

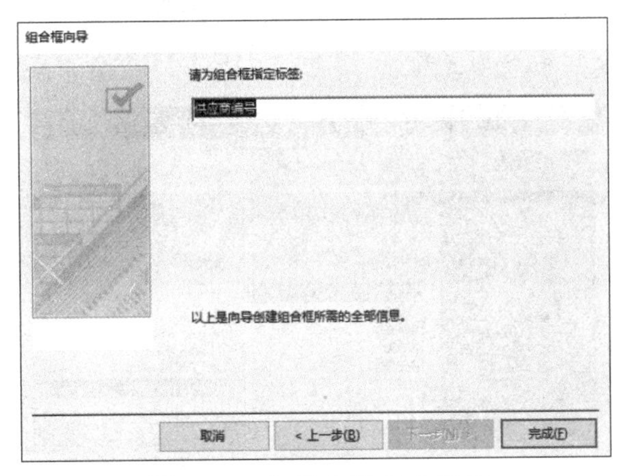

图 4-48　为组合框指定标签

步骤 8：按快捷键“Ctrl+S”对该窗体进行保存。窗体视图中的添加了组合框控件的窗体效果如图 4-49 所示，在该窗体中，用户可以通过选择“供应商编号”组合框中的值来查询供应商供应的商品的信息。

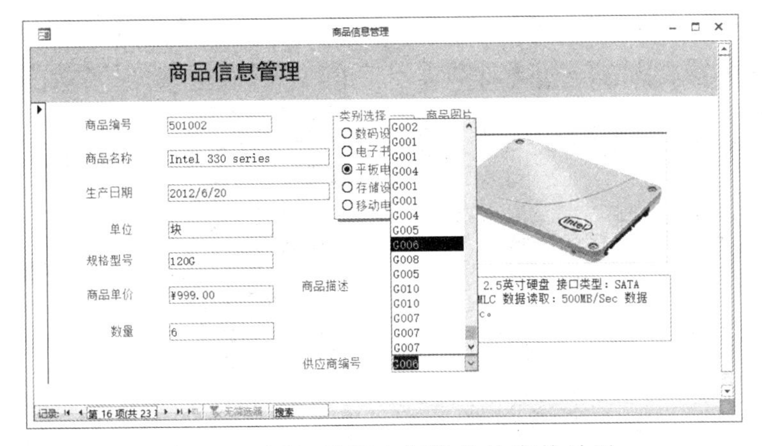

图 4-49　添加了组合框控件的窗体效果

工程师提示

组合框分为绑定型和非绑定型两种，如果要把组合框选择的值保存到表的字段中，则要和表中某个字段绑定，否则不需要绑定。

操作实例 4：向窗体中添加命令按钮。

【操作步骤】

步骤 1：切换到“商品信息管理”窗体的设计视图，单击“窗体设计工具 / 设计”→“控件”→“按钮”按钮，在窗体“窗体页脚”节空白处单击，添加命令按钮控件的同时会打开“命令按钮向导”对话框。

步骤 2：在“类别”列表框中选择“记录导航”选项，在“操作”列表框中选择“转至第一项记录”选项，如图 4-50 所示。单击“下一步”按钮。

步骤 3：选中“文本”单选按钮并输入“首记录”，如图 4-51 所示。单击“下一步”按钮，在文本框中输入“first”，如图 4-52 所示。单击“完成”按钮，即可完成添加“首记录”命令按钮的操作。

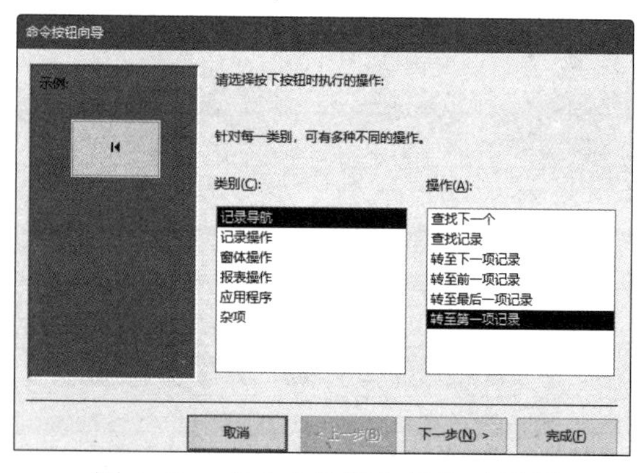

图 4-50　“命令按钮向导”对话框

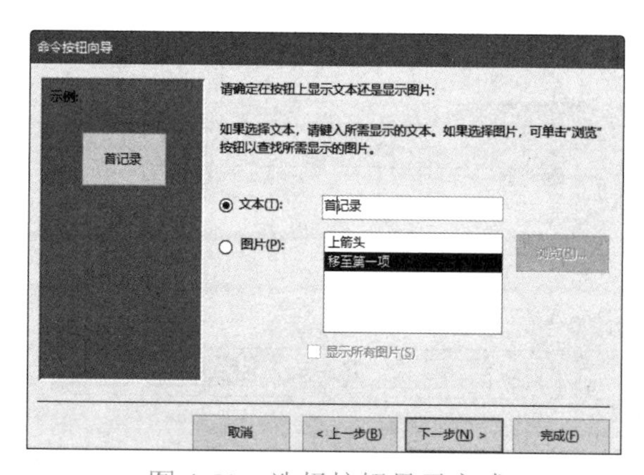

图 4-51　选择按钮显示方式

步骤 4：用同样的方法，分别添加“上一记录”“下一记录”“尾记录”“关闭窗体”等命令按钮。注意：添加“关闭窗体”命令按钮时要在图 4-53 所示对话框中的“类别”列表框中选择“窗体操作”选项，在“操作”列表框中选择“关闭窗体”选项。

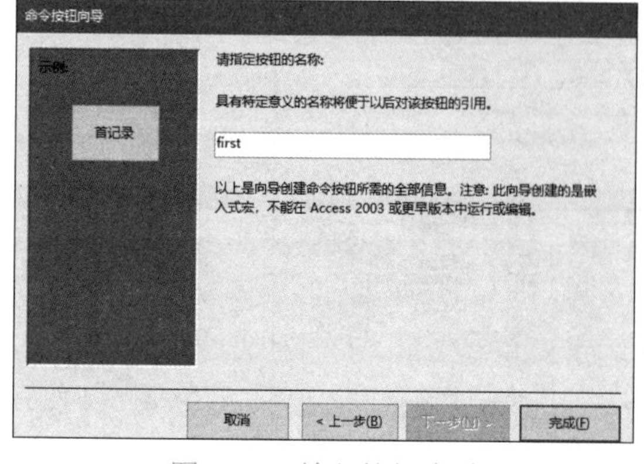

图 4-52　输入按钮名称

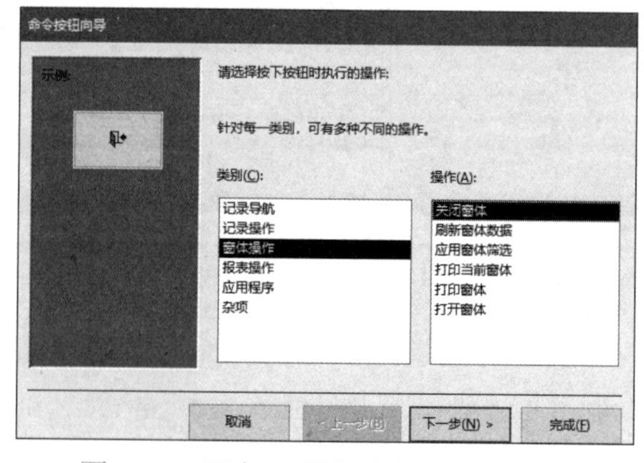

图 4-53　添加“关闭窗体”命令按钮

步骤 5： 在该窗体中，用户可以通过命令按钮浏览记录，并能通过单击"关闭窗体"按钮关闭当前窗口。添加了命令按钮的窗体效果如图 4-54 所示。

图 4-54　添加了命令按钮的窗体效果

工程师提示

在添加命令按钮时，命令按钮上可以是提示文字。为了美化，命令按钮上也可以是箭头等图形，还可以是图片。

任务实训

实训：创建"员工信息管理 2"窗体并进行修改

【实训要求】

1. 使用窗体向导创建"员工信息管理 2"纵栏式窗体，自主选择窗体样式，如图 4-55 所示。

图 4-55　"员工信息管理 2"窗体

2．在窗体的设计视图中对“员工信息管理 2”窗体进行修改。

（1）设置窗体标题为“员工信息管理”，文字格式为宋体、22 号、加粗。

（2）调整各控件的大小及位置。

（3）将“性别”控件删除，并添加“组合框”控件，能将选择的结果存入表的字段。

（4）在“窗体页眉”节中添加图片样式的“关闭”命令按钮。

任务 3　对窗体进行编辑

任务分析

“商品信息管理”窗体创建完成后，窗体中各控件的颜色、字体、字号、边框及窗体的背景等都是默认效果。为了使窗体在使用时更方便、样式更具有个性，用户还可以对控件及窗体的相关属性进行编辑。

本任务将对“商品信息管理”窗体中的控件及窗体的相关属性进行编辑，使窗体更加直观，以便于用户操作和应用。

知识准备

一、窗体的属性

窗体的属性可以通过窗体“属性表”窗格进行设置。“属性表”窗格一般用于设置窗体的格式、窗体的样式、窗体中的数据源等属性。当窗体处于设计视图状态时，工作界面的右侧会自动打开“属性表”窗格；如果没有自动打开，也可以单击“窗体设计工具 / 设计”→“工具”→“属性表”按钮，将其打开，如图 4-56 所示。

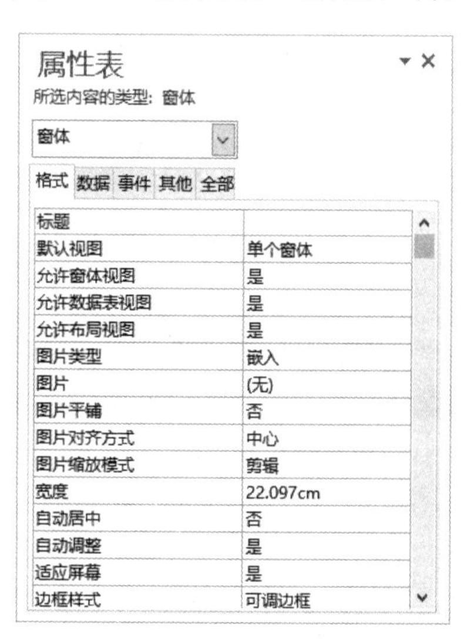

图 4-56　窗体的“属性表”窗格

常用的窗体属性及功能如下。

（1）滚动条：设置窗体的右侧和下侧是否显示滚动条。

（2）记录选择器：设置窗体中是否显示记录选择器。

（3）导航按钮：设置窗体下方是否显示默认的导航按钮。

（4）最大化最小化按钮：设置窗体右上角是否显示最大化和最小化按钮。

（5）图片：设置窗体背景图片及图片路径。

（6）图片缩放模式：设置的背景图片有“剪辑”“拉伸”“缩放”“水平拉伸”“垂直拉伸”5 种可选模式。在“剪辑”模式下，根据窗体大小自动剪辑图片使之适合窗体；在“拉伸”模式下，将在水平或者垂直方向上拉伸图片以匹配窗体的大小；在“缩放”模式下，将会放大或缩小图片使之适合窗体的大小。

（7）图片对齐方式：指定在窗体中摆放背景图片的位置，有“左上”“右上”“中心”“左下”“右下”和“窗体中心”6 种位置可选。

二、控件的属性

在窗体的设计视图中，右击控件，在弹出的快捷菜单中选择“属性”命令，即可打开控件的“属性表”窗格。图 4-57 所示为标签的“属性表”窗格。控件的属性一般用于设置控件的大小、位置、颜色、边框样式、控件来源等，不同控件的属性也不太一样。控件的“属性表”窗格中有 5 个选项卡：格式、数据、事件、其他和全部。

常用的控件属性及功能如下。

（1）宽度和高度：精确设定控件的大小。

（2）背景样式：设置控件的背景样式，有“常规”和“透明”两种。选择“常规”选项时，可以设置背景色。

（3）特殊效果：设置控件的效果，有“平面”“凸起”“凹陷”等 6 种效果可选。

（4）前景色：设置控件的前景颜色。

属性表

所选内容的类型：标签

Label7

格式 数据 事件 其他 全部

名称	Label7
标题	商品信息管理
可见	是
宽度	5.002cm
高度	1.101cm
上边距	0.399cm
左边距	4.099cm
背景样式	透明
背景色	背景 1
边框样式	透明
边框宽度	Hairline
边框颜色	文字 1, 淡色 50%
特殊效果	平面
字体名称	黑体
字号	20

图 4-57　标签的“属性表”窗格

（5）“字体名称”“字号”“字体粗细”等选项可以对控件中的文字的属性进行设置。

如果只是设置简单常用的格式，则可以直接单击“窗体设计工具 / 格式”选项卡中的对应按钮，如图 4-58 所示。

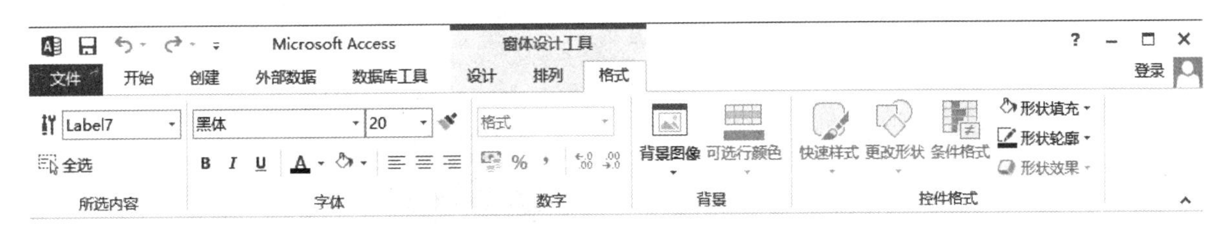

图 4-58　“窗体设计工具 / 格式”选项卡

任务操作

操作实例 1：对“商品信息管理”窗体的相关属性进行设置，将“商品信息管理”窗体的“窗体页眉”和“窗体页脚”的背景色设置为蓝色，将“主体”节的背景色设置为灰色。

【操作步骤】

步骤 1： 在导航窗格中选中“商品信息管理”窗体，在窗体的设计视图中将其打开，并打开窗体的“属性表”窗格。

步骤 2： 选中窗体的“窗体页眉”节，打开窗体页眉的“属性表”窗格，如图 4-59 所示。

步骤 3： 在“属性表”窗格中，选择“格式”选项卡，单击“背景色”右侧的 按钮，打开彩色调色板，如图 4-60 所示。

图 4-59　窗体页眉的“属性表”窗格

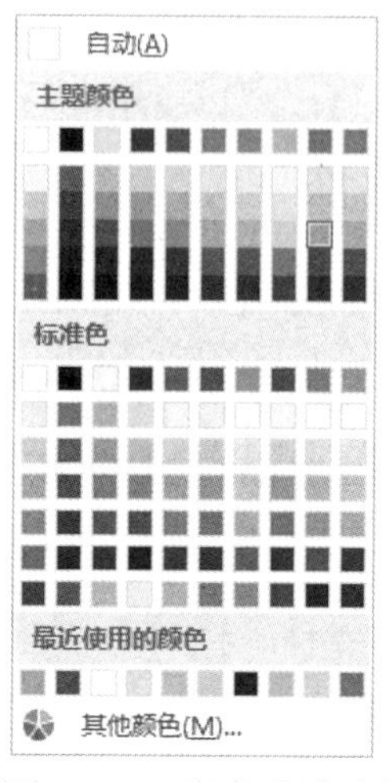

图 4-60　彩色调色板

步骤 4： 选择“蓝色，着色 5，淡色 40%”选项，并设置窗体页脚背景色为相同颜色。

步骤 5： 选中“主体”节，在其“属性表”窗格中将其背景色设置为“灰色 -25%，背景 2 10%”。窗体的最终效果如图 4-61 所示。

工程师提示

窗体的各个部分的背景色是相互独立的，所以如果想改变窗体中其他部分的颜色，则必须重复这个过程。当窗体的某个部分被选中时，彩色调色板中的透明按钮将被禁用，因为透明的背景色是不能应用到窗体中的。

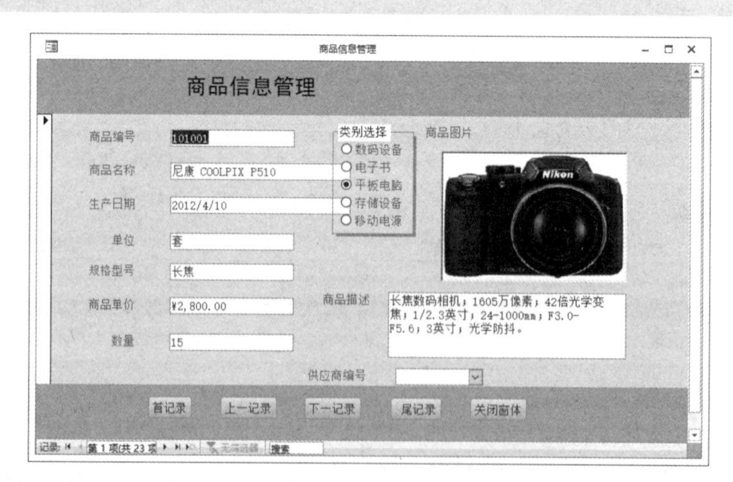

图 4-61　设置了背景色的窗体效果

操作实例 2： 将“商品信息管理”窗体中的所有标签文字修改为蓝色、12 磅，将“商品信息管理”标题设为蓝色、添加阴影，将“商品图片”属性的缩放模式改为“缩放”。

【操作步骤】

步骤 1： 切换到“商品信息管理”窗体的设计视图，选中“商品信息管理”标题并右击，在弹出的快捷菜单中选择“特殊效果”命令，为标题添加阴影效果。

步骤 2：选中除标题外的所有标签文字，单击“窗体设计工具 / 格式”→“字体”→“字号”下拉按钮，在弹出的下拉列表中选择“12”，如图 4-62 所示。随着文字字号的变化，需要调整控件的位置和大小，以适应窗体布局。

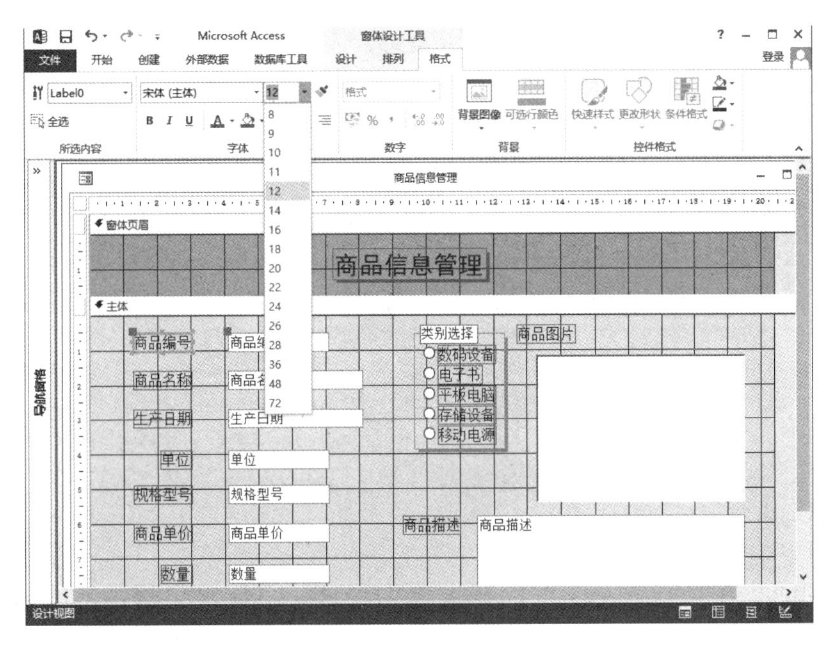

图 4-62　修改标签文字的字号

步骤 3：使用同样的方法将各标签文字选中，单击“窗体设计工具 / 格式”→“字体”→“字体颜色”下拉按钮，在弹出的下拉列表中选择“蓝色 , 着色 1, 深色 50%”选项，为选中的文字更改颜色。

步骤 4：选中“商品图片”控件并右击，在弹出的快捷菜单中选择“属性”命令，打开其“属性表”窗格，选择“格式”选项卡，将缩放模式改为“缩放”。这样图片不论大小都能完整显示，修改了文字及图片属性后的窗体效果如图 4-63 所示。

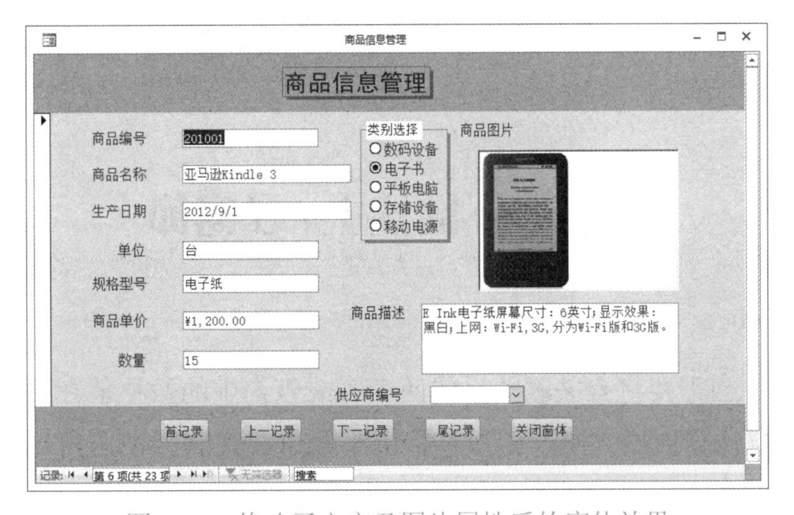

图 4-63　修改了文字及图片属性后的窗体效果

任务实训

实训：对“员工信息管理”窗体进行编辑和修改，目标效果如图 4-64 所示。

图 4-64 “员工信息管理”窗体编辑和修改后的效果

【实训要求】

1. 将窗体中的“员工信息管理”标题设置为黑体、斜体、深蓝色，背景样式设置为“常规”，特殊效果设置为“凸起”。

2. 将窗体的“主体”节中的所有标签设置为宋体、12 磅、浅蓝色、加粗，为“照片”控件添加阴影效果。

3. 在窗体的“窗体页脚”节中添加“新增”“删除”“还原”“保存”“打印”“退出”等命令按钮，命令按钮上显示图片。

4. 在窗体中取消“关闭按钮”功能，设置任意位图为背景，图片缩放模式为“剪辑”。

工程师提示

要取消窗体的导航按钮，可以在窗体的“属性表”窗格中设置导航按钮为“否”。

任务 4 创建主 / 子窗体

任务分析

在窗体应用中，当需要将有关联关系的两个表或查询中的数据放在同一个窗体中进行显示时，使用主 / 子窗体会更加方便，即通过特定字段进行关联，在子窗体中显示主窗体当前记录的相关数据。在创建主 / 子窗体时，两个表之间必须建立一对多的关系。

任务操作

操作实例 1：创建“商品类别和商品表的主 / 子窗体”。

【分析】：主窗体显示“商品类别”表的信息，子窗体显示“商品”表的信息。在数据库关系中，已经创建了“商品类别”表和“商品”表的一对多关系。

【操作步骤】

步骤 1：在导航窗格中选中主窗体的数据源“商品类别”表，如图 4-65 所示。

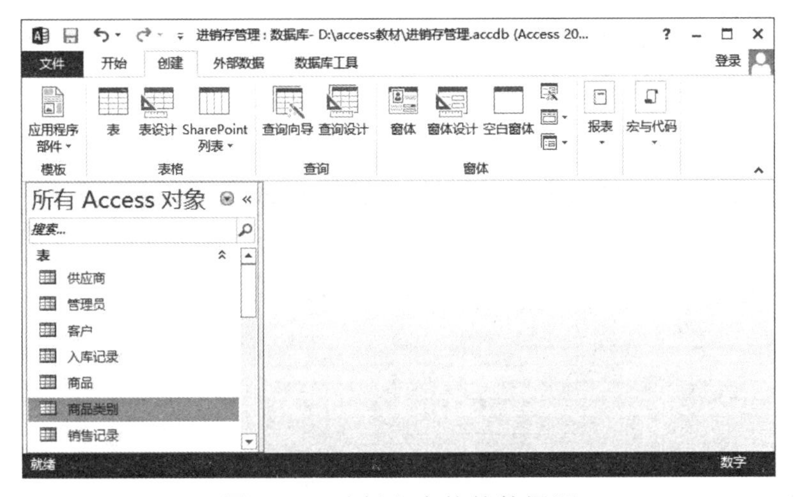

图 4-65　选择主窗体的数据源

步骤 2：单击“创建”→“窗体”→“窗体”按钮，会自动创建带有子窗体的窗体。

步骤 3：如果需要做进一步编辑，则可以切换到设计视图，在设计视图中进行设计。

步骤 4：按快捷键“Ctrl+S”对窗体进行保存，设置该窗体的名称为“商品类别和商品表的主 / 子窗体”，其窗体效果如图 4-66 所示。

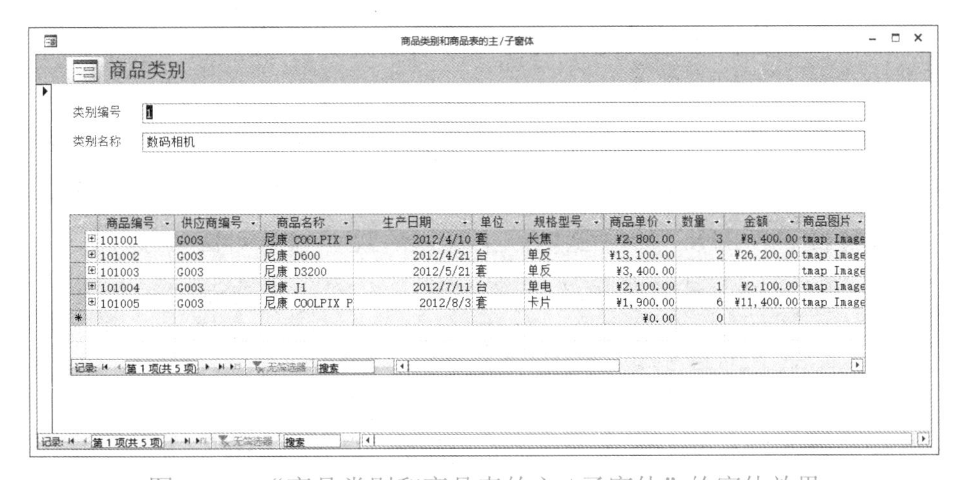

图 4-66　“商品类别和商品表的主 / 子窗体”的窗体效果

工程师提示

创建的主 / 子窗体必须在数据库关系中已经建立了一对多关系，否则是不能实现的。

操作实例 2：创建“客户购买商品情况”查询主 / 子窗体，查询客户购买产品情况。

【分析】：主窗体中主要显示客户编号、客户姓名等客户基本情况，子窗体中显示客户编号、商品名称及类别名称等信息。因此，需要先建立一个查询，再创建主窗体，最后创建主窗体中包含的子窗体。

【操作步骤】

步骤 1：打开“进销存管理”数据库，单击“创建”→“查询”→“查询设计”按钮，创建基于“销售记录”表、“商品”表、“商品类别”表和“客户”表的“商品销售情况查询”的查询，该查询包含“客户编号”“商品名称”“类别名称”“单位”“规格型号”“销售单价”“数量”“金额”等字段，保存查询为“商品销售情况查询”，该查询的查询设计窗体如图 4-67 所示。

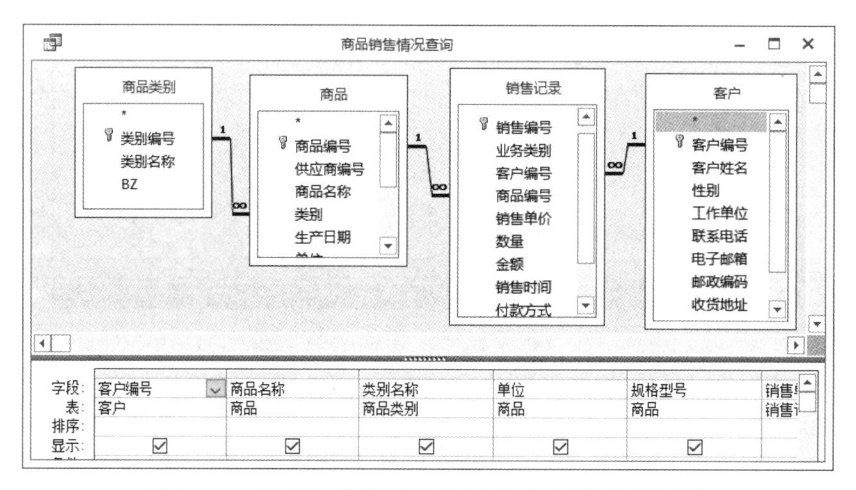

图 4-67 “商品销售情况查询”的查询设计窗体

步骤 2：单击“创建”→“窗体”→“窗体向导”按钮，打开“窗体向导”对话框，确定“表 / 查询”为“表：客户”,“选定字段”为“客户”表中的“客户编号”“客户姓名”“性别”“联系电话”等字段，如图 4-68 所示。

步骤 3：单击“下一步”按钮，确定窗体使用的布局为“纵栏表”；再单击“下一步”按钮，指定窗体的标题为“客户购买商品情况”，单击“完成”按钮，完成主窗体的创建。

步骤 4：按快捷键“Ctrl+S”保存窗体，主窗体的设计效果如图 4-69 所示。

步骤 5：在设计视图中打开“客户购买商品情况”窗体，拖动“窗体页眉”节、“窗体页脚”节、“主体”节的边框，调整“主体”节的大小。

步骤 6：在“客户购买商品情况”窗体的“主体”节中插入子窗体控件。单击“窗体设计工具 / 设计”→“控件”→“子窗体 / 子报表”按钮，打开“子窗体向导”对话框，选中“使用现有的表和查询”单选按钮，如图 4-70 所示。单击“下一步”按钮。

步骤 7：在“表 / 查询”下拉列表中选择“查询：商品销售情况查询”选项，将“可用字段”列表框中的全部字段添加到“选定字段”列表框中，如图 4-71 所示。单击“下一步”按钮，设置链接字段，如图 4-72 所示。

步骤 8：选中“从列表中选择”单选按钮，单击“下一步”按钮，指定子窗体的名称，如图 4-73 所示。

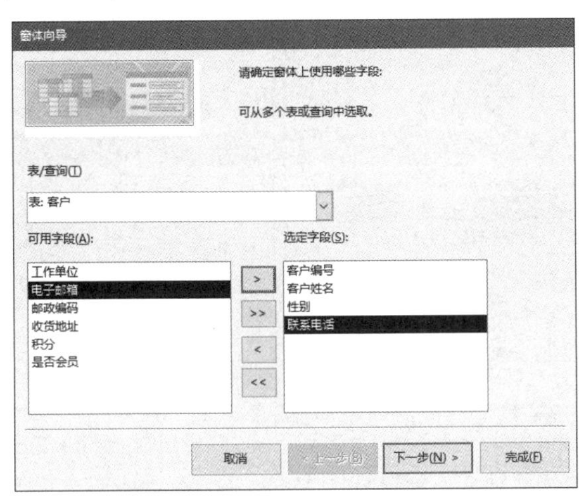

图 4-68　选择主窗体的字段

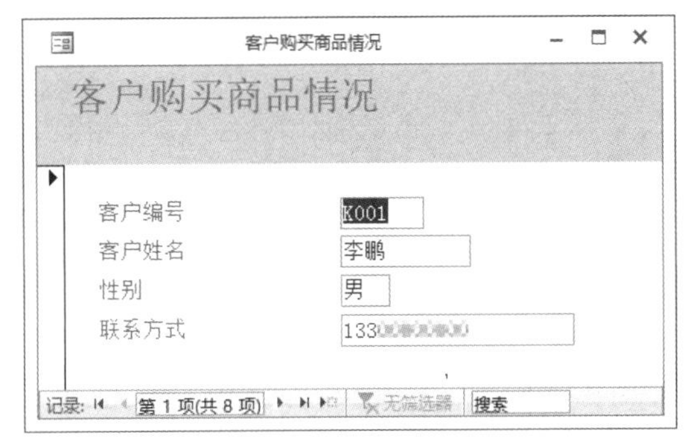

图 4-69　主窗体的设计效果

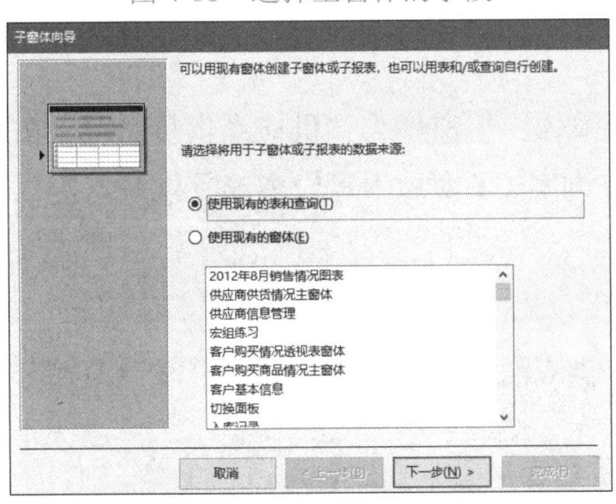

图 4-70　“子窗体向导”对话框

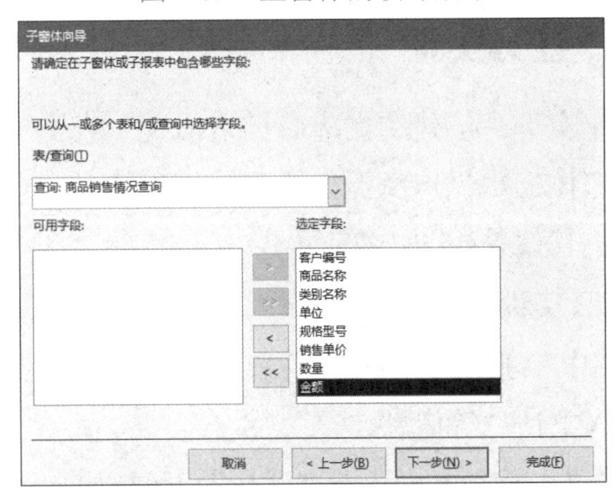

图 4-71　选择子窗体的字段

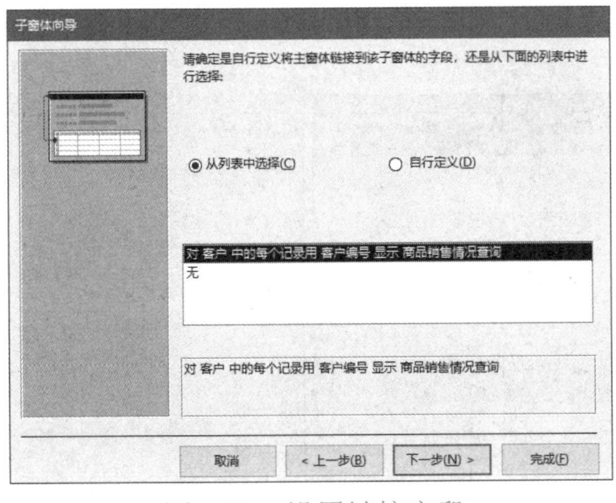

图 4-72　设置链接字段

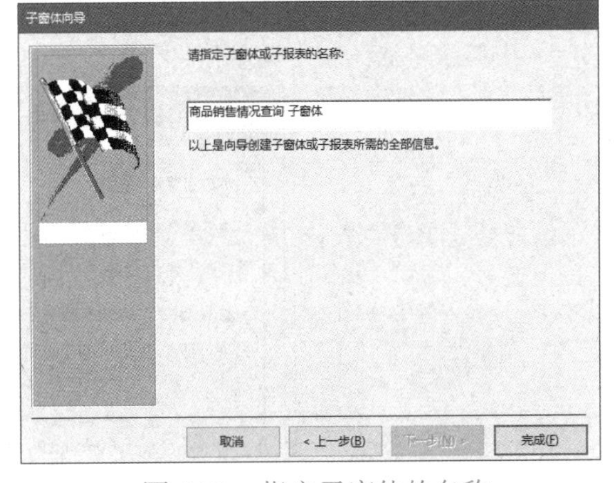

图 4-73　指定子窗体的名称

步骤 9：使用默认子窗体名称，单击“完成”按钮，单击“保存”按钮进行保存，“客户购买商品情况”查询主 / 子窗体便创建完成了。该查询主 / 子窗体的效果如图 4-74 所示。

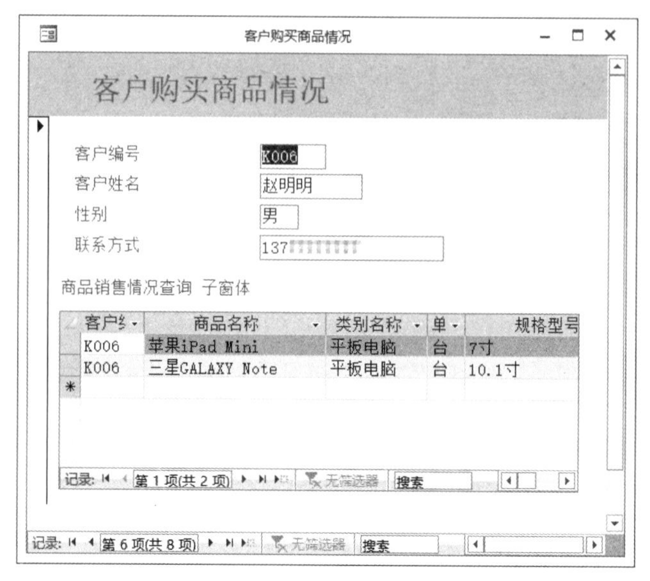

图 4-74 “客户购买商品情况”查询主/子窗体的效果

任务实训

实训：创建“供应商供货情况”查询主/子窗体，主窗体为“供应商供货情况”窗体，子窗体为由供应商提供的商品相关信息。在该查询主/子窗体中可以查询某供应商提供的商品，其效果如图 4–75 所示。

【实训要求】

1. 创建的“供应商供货情况”主窗体中包含“供应商编号”“供应商名称”“联系人姓名”“联系人电话”等信息。

2. 子窗体是基于“商品”表创建的，包含“商品”表中的所有字段。

3. 在窗体页眉位置添加标题“供应商供货情况”，自主设置字体、字号及其颜色。

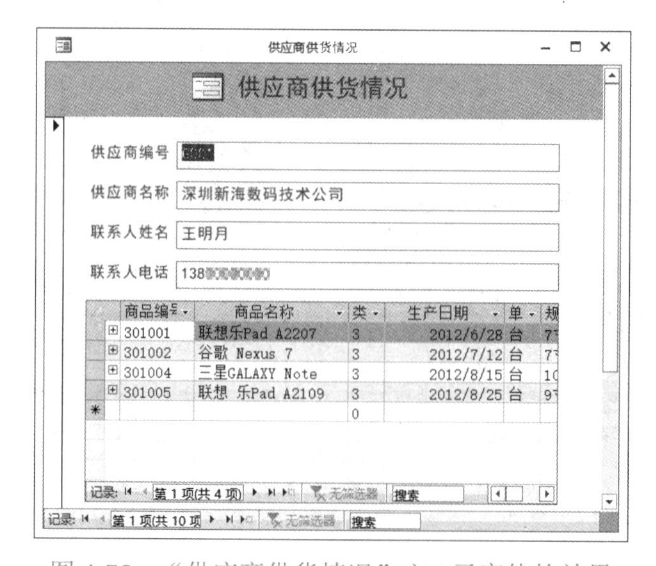

图 4-75 “供应商供货情况”主/子窗体的效果

任务 5　窗体的基本操作

任务分析

窗体创建完成后，使用者就可以根据需要在窗体中进行记录的浏览、添加和修改等操作，还可以在窗体中对记录进行排序和筛选等操作。本任务主要通过在窗体中对数据记录进行添加、删除、修改等操作，以及在窗体中进行排序和筛选等操作，引导用户掌握使用窗体进行数据管理的方法。

知识准备

一、浏览记录

打开窗体就可以进行浏览记录操作了，并可以通过窗体底部的导航条来改变当前记录。导航条如图 4-76 所示。

记录: 第 1 项(共 8 项) 无筛选器 搜索

图 4-76　导航条

导航条文本框中的数字为当前记录号，在其中输入记录号后，按“Enter”键，即可跳转到记录号对应的记录。

导航条中其他按钮的功能及快捷键如下。

按钮：第一条记录，快捷键为“Ctrl+Home”。

按钮：上一条记录，快捷键为“PageUp”。

按钮：下一条记录，快捷键为“PageDown”。

按钮：尾记录，快捷键为“Ctrl+End”。

按钮：新（空白）记录，快捷键为“Ctrl++”。

二、修改记录

使用者可以在窗体中直接修改记录，修改前要将光标定位到对应字段中。按“Tab”键，可将光标移动到下一个字段中，按快捷键“Shift+Tab”，可将光标移动到上一个字段中，但是不能在窗体中修改自动编号类型的数据。对于 OLE 对象类型的数据，使用者可以双击打开 OLE 对象类型的数据，在打开的编辑器中对其进行修改记录操作。

三、添加记录

添加记录有以下两种方法。

（1）单击记录导航条中的 按钮。

（2）单击“开始”→“记录”→“新建”按钮。

使用以上两种方法中的一种后，窗体会自动清除各个控件中显示的记录，输入新的记录即可。

四、删除记录

删除记录的方法如下。

（1）删除当前记录：在窗体视图中可以删除当前记录。单击“开始”→“记录”→“删除”下拉按钮，在弹出的下拉列表中选择“删除记录”选项，在删除记录时会打开删除确认对话框，单击“是”按钮即可。窗体中删除的记录在表中也会被删除，删除后的记录是不能恢复的。

（2）删除当前字段：在布局视图中可以删除字段。删除当前字段只删除光标所在的字段值，该字段值不会在窗体中显示，但不会影响表中的字段。

五、排序记录

默认情况下，在窗体中显示的记录是按照窗体来源的表或查询中的顺序排列的，但用户也可以根据实际需要在窗体中对记录进行排序，其排序的方法与表中对记录进行排序的方法相同。

将光标定位到窗体需要进行排序的字段文本框中，单击“开始”→“排序和筛选”→“升序”按钮 升序 或“降序”按钮 降序。

六、筛选记录

在窗体中对记录进行筛选，与表中对记录进行筛选的方法相同，也包括选择筛选和高级筛选两种。其中，高级筛选包含按窗体筛选、应用筛选 / 排序、高级筛选 / 排序等。单击“开始”→“排序和筛选”选项组中的相关按钮即可进行筛选操作。

设置了筛选规则后，单击“切换筛选”按钮 切换筛选，可以执行筛选操作。筛选规则在窗体打开时一直有效，若要取消筛选，再次单击“切换筛选”按钮即可。

任务操作

操作实例 1：在“员工信息管理”窗体中添加、修改、删除记录，在窗体中添加一条新记录，新记录的内容如表 4–2 所示。

表 4-2　新记录的内容

员工编号	姓名	性别	出生日期	联系电话	学历	入职时间	照片
90013	李佳一	女	1987-7-1	135********	本科	2009-8-30	照片 2\13.bmp

【操作步骤】

步骤 1：打开“进销存管理”数据库，在导航窗格中选中“窗体”对象，打开“员工信息管理”窗体。

步骤 2： 切换到窗体视图，单击“开始”→“记录”→“新建”按钮，或者单击导航条中的“新建”按钮，此时窗体中新增了一个空记录，控件中的数据为空，如图 4-77 所示。按照表 4-2 在各控件中添加各字段的值。

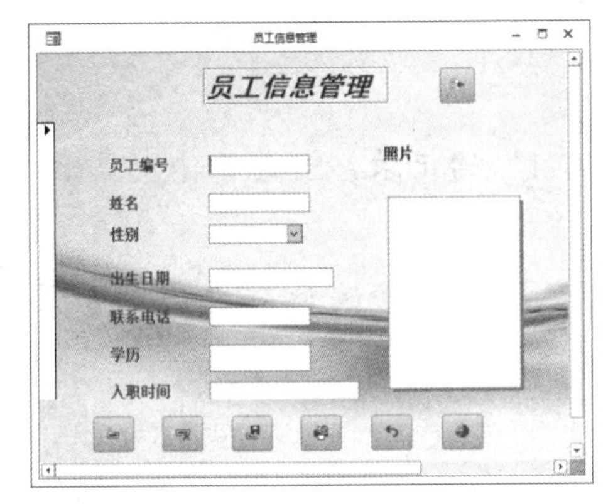

图 4-77　新增的空记录

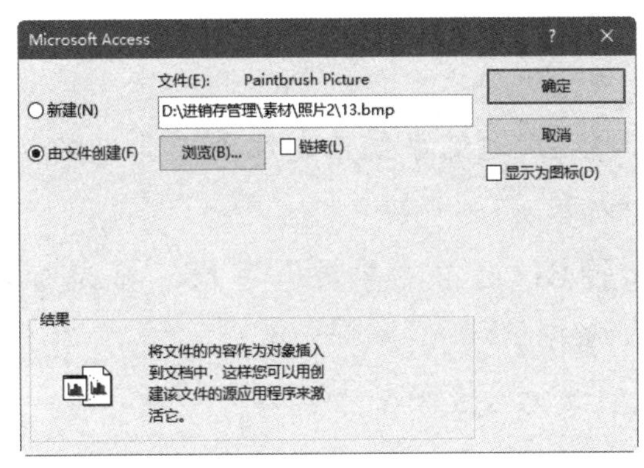

图 4-78　“Microsoft Access”对话框

步骤 3： 选中照片控件并右击，在弹出的快捷菜单中选择“插入对象”命令，打开“Microsoft Access”对话框，选中“由文件创建”单选按钮，选择“素材\照片 2\13.bmp”，如图 4-78 所示。单击“确定”按钮，记录添加完成后的效果如图 4-79 所示。

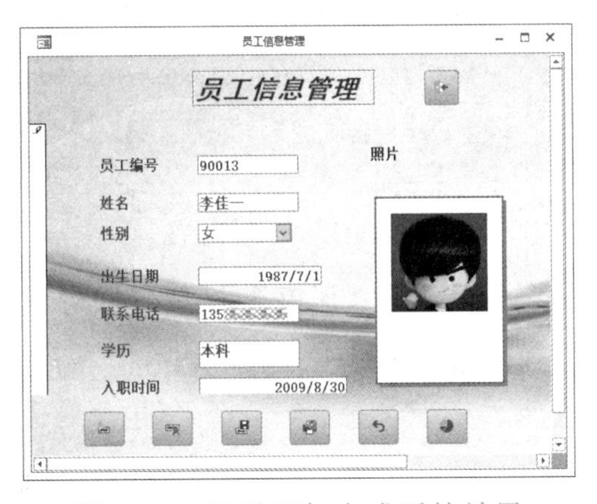

图 4-79　记录添加完成后的效果

步骤 4： 在导航窗格中选中“表”对象，打开“员工”表，可以浏览到通过窗口添加的记录，如图 4-80 所示。

员工

员工编号	姓名	性别	出生日期	联系电话	学历	入职时间	照片
90001	张新新	男	1981/5 /14	158[illegible]	本科	2009/7/1	itmap Image
90002	李天天	女	1984/5 /12	159[illegible]	本科	2009/7/1	itmap Image
90003	王红兵	男	1980/7 /16	607[illegible]	研究生	2009/7/30	itmap Image
90004	徐洪伟	男	1985/5 /12	138[illegible]	专科	2009/7/12	itmap Image
90005	李芳	女	1983/4 /25	136[illegible]	中专	2009/9/1	itmap Image
90006	王红红	女	1974/7 /30	130[illegible]	本科	2010/9/1	itmap Image
90007	严明明	男	1986/2 /21	136[illegible]	中专	2008/6/11	itmap Image
90008	魏唯	女	1970/1 /4	131[illegible]	专科	2009/7/10	itmap Image
90009	党建军	男	1984/6 /7	139[illegible]	本科	2007/3/10	itmap Image
90010	金伟	男	1993/6 /7	138[illegible]	中专	2008/12/1	itmap Image
90011	李青	女	1990/8 /24	136[illegible]	本科	2008/5/1	itmap Image
90012	赵方方	女	1979/1 /29	132[illegible]	本科	2009/10/1	itmap Image
90013	李佳一	女	1987/7 /1	135[illegible]	本科	2009/8/30	itmap Image

记录: 第 13 项(共 13 项)　无筛选器　搜索

图 4-80　通过窗口添加了记录的“员工”表

操作实例 2：在“员工信息管理”窗体中将“员工编号”为“90011”的员工的“学历”记录修改为“专科”，并将“员工编号”为“90005”的记录删除。

【操作步骤】

步骤 1：打开“进销存管理”数据库，在导航窗格中选中“窗体”对象，打开“员工信息管理”窗体。

步骤 2：通过导航条定位到“员工编号”为“90011”的记录，当前窗体中显示的是该记录的内容。

步骤 3：选中“学历”字段，将光标定位到该字段中，修改原数据为“专科”，如图 4-81 所示。

图 4-81　修改记录

步骤 4：单击“开始”→“记录”→“保存”按钮，即可完成记录的修改。

步骤 5：通过导航条定位到“员工编号”为“90005”的记录，当前窗体中显示的是该记录的内容。

步骤 6：单击“开始”→“记录”→“删除”下拉按钮，在弹出的下拉列表中选择“删除记录”选项，打开删除确认对话框，单击“是”按钮即可完成该记录的删除。注意，删除的记录将无法恢复。

工程师提示

除了可以使用导航条中的“搜索”功能来查找记录，还可以使用“查找”功能进行查找。在窗体视图中，单击“开始”→“查找”→“替换”按钮，或按快捷键“Ctrl+F”，打开“查找和替换”对话框，在其中输入查找内容，即可查找并定位到相应的记录，进而进行相关的操作。

操作实例 3：使“数据表式销售记录”窗体中的记录按“销售时间”先后进行排序。

【操作步骤】

步骤 1：打开“进销存管理”数据库，在导航窗格中选中“表”对象中的“销售记录”数据表，单击“创建”选项卡“窗体”选项组中的“其他窗体”下拉按钮，从弹出的下拉列表中选择“数据表”选项，创建“数据表式销售记录”窗体。

步骤2：选中“销售时间”字段，将该字段选为排序字段。

步骤3：单击“开始”→“排序和筛选”→“升序”按钮，窗体中的记录将按“销售时间”升序进行排列，如图4-82所示。

数据表式销售记录

销售编号	业务类别	客户编号	商品编号	销售单价	数量	金额	销售时间	付款方式	销售状态	经办人
4	个人	K004	201003	¥710.00	2	¥1,420.00	2012/4/15	现金	已售	90001
1	个人	K002	101001	¥3,050.00	1	¥3,050.00	2012/5/20	刷卡	已售	90001
2	公司	K001	101003	¥3,450.00	2	¥6,900.00	2012/7/28	转帐	已售	90003
8	个人	K008	101003	¥3,400.00	1	¥3,400.00	2012/8/1	刷卡	已售	90001
12	个人	K002	601002	¥298.00	3	¥1,496.00	2012/8/10	刷卡	已售	90008
10	公司	K006	301004	¥3,599.00	2	¥7,198.00	2012/8/30	转账	已售	90007
5	公司	K001	301001	¥1,720.00	5	¥8,600.00	2012/8/30	转账	已售	90003
3	个人	K003	101004	¥2,530.00	1	¥2,530.00	2012/8/30	刷卡	已售	90002
9	公司	K006	301006	¥2,699.00	3	¥8,097.00	2012/9/19	转帐	已售	90003
7	个人	K007	301005	¥2,099.00	1	¥2,099.00	2012/9/28	刷卡	已售	90006
13	个人	K005	601002	¥5,000.00	4	¥2,500.00	2021/7/14	刷卡	已售	90001
(新建)				¥0.00	0	¥0.00				

记录: 第1项(共11项) 未筛选 搜索

图4-82 对记录进行排序

步骤4：若要取消排序，恢复原来的记录顺序，则单击“开始”→“排序和筛选”→“取消排序”按钮即可；若要对排序结果进行保存，则单击“开始”→“记录”→“保存”按钮即可。

操作实例4：使用“按窗体筛选”方法在“数据表式销售记录”窗体中筛选出“业务类别”为“个人”，“付款方式”为“刷卡”的记录。

【操作步骤】

步骤1：打开“进销存管理”数据库，在导航窗格中选中“窗体”对象，打开“数据表式销售记录”窗体。

步骤2：单击“开始”→“排序和筛选”→“高级”下拉按钮，在弹出的下拉列表中选择“按窗体筛选”选项，打开“数据表式销售记录：按窗体筛选”窗口，在“业务类别”下拉列表中选择“个人”选项，在“付款方式”下拉列表中选择“刷卡”选项，如图4-83所示。

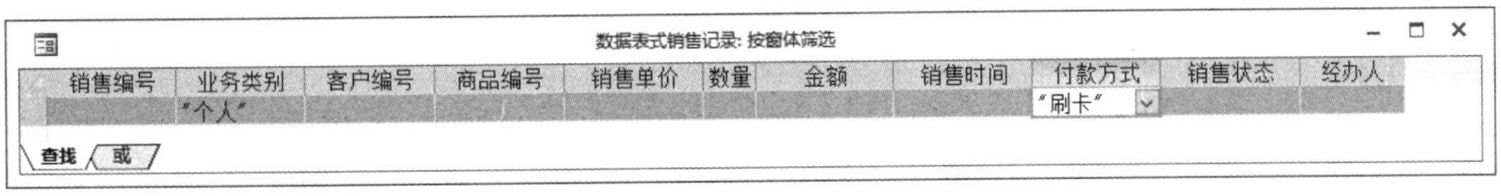

数据表式销售记录: 按窗体筛选

销售编号	业务类别	客户编号	商品编号	销售单价	数量	金额	销售时间	付款方式	销售状态	经办人
	"个人"							"刷卡"		

查找 或

图4-83 设置“按窗体筛选”的条件

步骤3：单击“切换筛选”按钮即可显示“按窗体筛选”的结果，如图4-84所示。

数据表式销售记录

销售编号	业务类别	客户编号	商品编号	销售单价	数量	金额	销售时间	付款方式	销售状态	经办人
13	个人	K005	601002	¥5,000.00	4	¥2,500.00	2021/7/14	刷卡	已售	90001
12	个人	K002	601002	¥298.00	3	¥1,496.00	2012/8/10	刷卡	已售	90008
8	个人	K008	101003	¥3,400.00	1	¥3,400.00	2012/8/1	刷卡	已售	90001
7	个人	K007	301005	¥2,099.00	1	¥2,099.00	2012/9/28	刷卡	已售	90006
3	个人	K003	101004	¥2,530.00	1	¥2,530.00	2012/8/30	刷卡	已售	90002
1	个人	K002	101001	¥3,050.00	1	¥3,050.00	2012/5/20	刷卡	已售	90001
(新建)				¥0.00	0	¥0.00				

记录: 第1项(共6项) 已筛选 搜索

图4-84 “按窗体筛选”的结果

步骤 4：若要取消筛选，恢复到筛选前的状态，则再次单击“切换筛选”按钮即可。

操作实例 5：在“数据表式销售记录”窗体中筛选出销售状态为“已售”，并且金额大于 3000 元的记录，筛选出的记录按销售时间升序排列。

【操作步骤】

步骤 1：打开“进销存管理”数据库，在导航窗格中选中“窗体”对象，打开“数据表式销售记录”窗体。

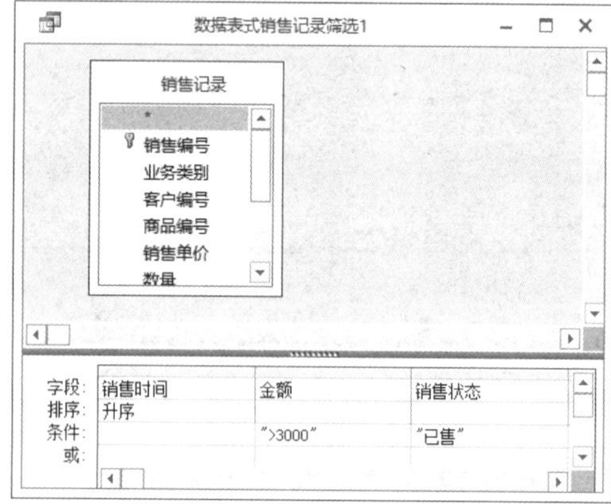

图 4-85　设置“高级筛选 / 排序”的条件

步骤 2：单击“开始”→“排序和筛选”→“高级”下拉按钮，在弹出的下拉列表中选择“高级筛选 / 排序”选项，打开“数据表式销售记录筛选 1”窗口，在字段行的第一列中选择“销售时间”，排序方式为“升序”，在字段行的第二列中选择“金额”，在“条件”行的第二列中输入“">3000"”，在字段行的第三列中选择“销售状态”，在“条件”行的第三列中输入“" 已售 "”，如图 4-85 所示。

步骤 3：单击“切换筛选”按钮，即可显示“高级筛选 / 排序”的结果，如图 4-86 所示。

数据表式销售记录

销售编号	业务类别	客户编号	商品编号	销售单价	数量	金额	销售时间	付款方式	销售状态	经办人
1	个人	K002	101001	¥3,050.00	1	¥3,050.00	2012/5/20	刷卡	已售	90001
2	公司	K001	101003	¥3,450.00	2	¥6,900.00	2012/7/28	转帐	已售	90003
8	个人	K008	101003	¥3,400.00	1	¥3,400.00	2012/8/1	刷卡	已售	90001
10	公司	K006	301004	¥3,599.00	2	¥7,198.00	2012/8/30	转账	已售	90007
5	公司	K001	301001	¥1,720.00	5	¥8,600.00	2012/8/30	转账	已售	90003
9	公司	K006	301006	¥2,699.00	3	¥8,097.00	2012/9/19	转帐	已售	90003
(新建)				¥0.00	0	¥0.00				

记录: 第 1 项(共 6 项)　已筛选　搜索

图 4-86　“高级筛选 / 排序”的结果

步骤 4：若要取消筛选，恢复到筛选前的状态，则再次单击“切换筛选”按钮即可。

任务实训

实训：在“员工信息管理”窗体中添加、修改、删除记录，并按要求对记录进行排序和筛选。

【实训要求】

1. 在“员工信息管理”窗体中添加如表 4-3 所示的记录。

表 4-3　要添加的记录

员工编号	姓名	性别	出生日期	联系电话	学历	入职时间	照片
90005	李芳	女	1983-4-25	136*********	中专	2009-9-1	照片 2\5.bmp

2. 将“员工编号”为“90005”员工的学历修改为“专科”，并删除“员工编号”为

“90013”的员工的记录，完成后按“员工编号”进行排序。

3．筛选出学历为“本科”的女性员工。

4．筛选出 1985 年以前出生的男性员工。

知识回顾

本项目主要介绍了在 Access 2013 中创建、设计窗体的方法及相关技能。需要使用者理解及掌握的知识点和技能如下。

1．创建窗体的方法

Access 2013 提供了多种创建窗体的方法：窗体、空白窗体、窗体向导、窗体设计、导航、其他窗体等。

2．窗体的操作视图

Access 2013 中的窗体共有 4 种视图：设计视图、窗体视图、数据表视图、布局视图。这 4 种视图可以通过单击“窗体设计工具 / 设计”→“视图”→“视图”下拉按钮进行切换，也可以通过单击状态栏右侧的 4 个视图切换按钮进行切换。对象不同，能切换的视图数量也不同。

3．窗体的结构

在窗体的设计视图中，窗体由上而下被分成 5 个节：窗体页眉、页面页眉、主体、页面页脚和窗体页脚。其中，“页面页眉”和“页面页脚”节中的内容在打印窗体时才会显示。

一般情况下，新建的窗体只包含“主体”节，如果需要其他节，则可以在窗体“主体”节的标签上右击，在弹出的快捷菜单中选择“页面页眉 / 页脚”或“窗体页眉 / 页脚”命令。

4．窗体及控件的属性

控件是窗体、报表或数据访问页中用于显示数据、执行操作、装饰窗体或报表的对象。控件可以是绑定、未绑定或计算型的。要对控件进行调整，首先要选中需要调整的控件，控件被选中后，会在四周出现 6 个方块，这些方块称为句柄。可以使用句柄来改变控件的大小和位置。窗体和窗体中的控件都具有属性，这些属性用于设置窗体和控件的大小、位置等。不同控件的属性也不太一样，可以使用“属性表”窗格来修改控件的属性。

5．创建主 / 子窗体

在创建主 / 子窗体之前，必须正确设置表间的“一对多”关系。“一”方是主表，“多”方是子表。直接将查询或表拖到主窗体中是创建子窗体的一种快捷方法。

自我测评

一、选择题

1. 下列各选项中不属于 Access 2013 的控件的是（　　）。

A. 列表框　　B. 插入分页符　　C. 换行符　　D. 矩形

2. 下列各选项中不能用作表或查询中“是 / 否”值的控件的是（　　）。

A. 复选框　　B. 切换按钮　　C. 选项按钮　　D. 命令按钮

3. 下列关于控件的叙述中，正确的是（　　）。

A. 在选项组中每次只能选择一个选项

B. 列表框比组合框具有更强的功能

C. 使用标签可以创建附加到其他控件中的标签

D. 选项组不能设置为表达式

4. 主窗体和子窗体通常用于显示多个表或查询中的数据，这些表或查询中的数据一般应该具有（　　）关系。

A. 一对一　　B. 一对多　　C. 多对多　　D. 关联

5. 下列各选项中不属于 Access 窗体的视图的是（　　）。

A. 设计视图　　B. 窗体视图　　C. 版面视图　　D. 数据表视图

二、填空题

1. 窗体的数据源可以是________、________和________。

2. 使用窗体向导创建窗体时，可以使用的布局方式有________、________、________和两端对齐。

3. 在窗体的设计视图中，窗体由上而下被分为 5 个节：________、页面页眉、________、页面页脚和________。

4. 窗体的“属性表”窗格中的 5 个选项卡为________、________、________、________和全部。

5. 如果要选中窗体中的全部控件，则应按________键。

三、判断题

1. 窗体中没有删除记录的功能。（　　）

2. 在使用窗体向导创建窗体时，窗体向导中的“可用字段”与“选定字段”是一个意思。（　　）

3. 窗体的组成部分中，除了主体节是必需的，其余部分都是可选的。（　　）

4. 为窗体背景设置图片缩放模式时，可用的选项只有“拉伸”“缩放”。（　　）

5．在窗体视图中不能进行字体、字号等格式设置。　　（　　）

6．直接将查询或表拖到主窗体中是创建子窗体的一种快捷方法。　　（　　）

7．在创建主 / 子窗体之前，必须正确设置表间的“一对多”关系。　　（　　）

8．窗体各节的背景色是相互独立的。　　（　　）

9．窗体中的“标签”控件可以用于输入数据。　　（　　）

10．窗体中不可以用文本框创建计算控件。　　（　　）

项目5

报表的创建与应用

报表是 Access 数据库的主要对象之一，报表可以按不同的形式显示和打印数据库中的数据。报表中的数据来源于表或查询，报表中的记录可按照一定的规则进行排序和分组，还可运用公式和函数进行汇总、计算等操作。本项目将通过创建不同形式的报表实例来讲解使用报表向导和报表设计创建、修改报表的基本操作以及在报表中进行计算、汇总等操作的基本方法。

能力目标

- 掌握使用报表向导创建报表的操作
- 熟练掌握使用报表设计创建和修改报表的操作
- 掌握在报表中添加分组和排序的操作
- 掌握在报表中进行计算和汇总的操作
- 掌握报表页面设置及打印的操作

知识目标

- 了解报表的组成、分类等相关概念
- 理解创建基本报表和使用报表向导创建报表的方法
- 理解使用报表设计创建和修改报表的方法
- 理解报表中控件的功能及使用

任务1　创建报表的基本方法

任务分析

Access 2013 中有 5 种创建报表的方法，分别为“报表”“报表设计”“空报表”“标签”“报表向导”。在创建报表的过程中，用户可以根据需要灵活选择创建方法。本任务将在理解报表的相关概念的基础上，通过创建报表的实例，讲解创建报表的基本方法。

知识准备

一、创建报表的方法

Access 提供了多种方法来创建报表，其方法和创建窗体的方法基本相同。“报表”选项组如图 5-1 所示。

图 5-1　“报表”选项组

1. 报表

启动 Access 2013，打开数据库后，在导航窗格中选择需要创建报表的表或者查询作为数据源，单击“创建”→“报表”→“报表”按钮创建报表。

2. 报表设计

使用“报表”按钮创建报表比较简单、方便，但创建出来的报表形式和功能都比较单一，不能满足用户的要求。使用报表设计可以创建复杂的报表，并可以通过添加控件的方式提升报表的功能。报表设计是创建和设计报表最完善的方法。

3. 报表向导

报表向导能够比较灵活和方便地创建报表，用户只需要选择报表的样式、布局和显示字段即可。在报表向导中，还可以指定数据的分组和排序方式，指定报表包含的字段和内容等。若指定了表和查询之间的关系，则可以使用来自多个表或查询的字段创建报表。

4. 标签

标签是一种特殊类型的报表，使用范围比较广泛，通常用于制作名片、邮件标签、工资标签等。

5. 空报表

与使用空白窗体创建窗体的方法类似，使用空报表创建报表的方法比较简单。用户可以通过向报表中添加字段的方式来生成报表。空报表默认使用的视图是布局视图。

二、报表及其分类

Access 2013 中的常用报表有 3 种，分别是纵栏式报表、表格式报表、标签式报表。

1. 纵栏式报表

纵栏式报表与纵栏式窗体相似，以列的方式显示数据记录，每条记录的各个字段从上到下排列，左侧显示字段名称，右侧显示字段的值，如图 5-2 所示。

2. 表格式报表

表格式报表以行和列的格式显示和打印数据，一条记录的所有字段内容都显示在同一行中，多条记录从上到下依次显示，如图 5-3 所示。

图 5-2　纵栏式报表

图 5-3　表格式报表

3. 标签式报表

标签式报表可以通过每行两列或三列的形式显示多条记录，通常用于打印名片、信封、产品标签等，如图 5-4 所示。

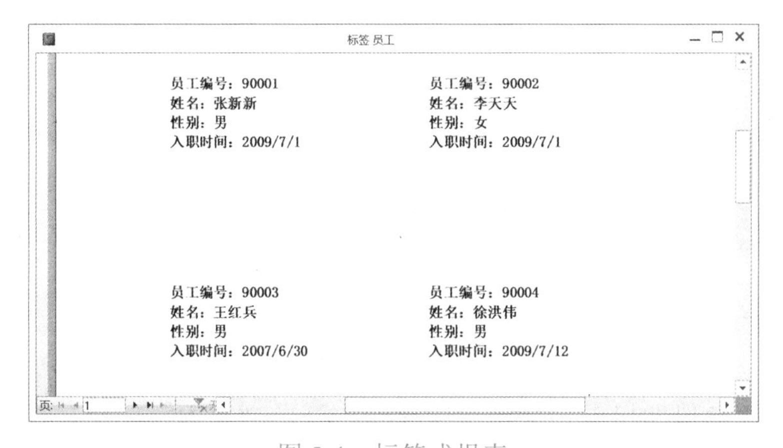

图 5-4　标签式报表

三、报表的视图

Access 2013 中的报表具有 4 种视图，分别是报表视图、设计视图、打印预览和布局视图。在设计视图中，单击“报表设计工具 / 设计”→“视图”→“视图”下拉按钮，可以在弹出的下拉列表中进行 4 种视图间的切换。

（1）报表视图：此视图是报表设计完成后最终被打印的视图。在报表视图中可以对报表展开高级筛选，以筛选所需要的信息，如图 5-5 所示。

（2）设计视图：在设计视图中，用户可以创建新的报表或修改已有报表。与窗体的设计视图类似，在报表的设计视图中可以打开“控件”选项组，利用它可以向报表中添加各种控件，如图 5-6 所示。

（3）打印预览：显示在设计视图中设计的报表的打印预览效果，打印预览效果中包含实际数据。

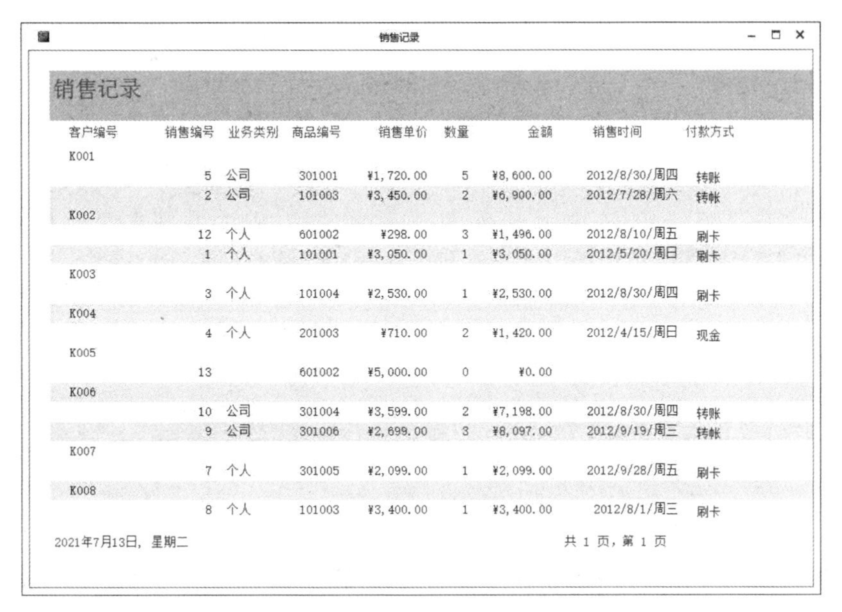

图 5-5　报表视图

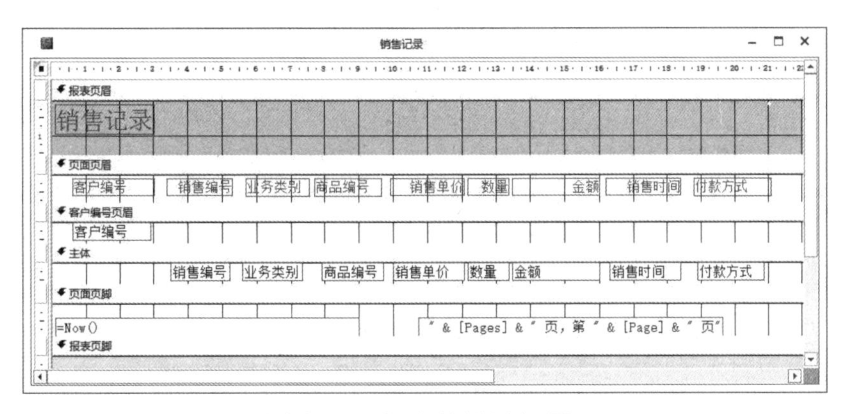

图 5-6　报表的设计视图

（4）布局视图：在布局视图中，用户可以快速浏览报表的页面布局，可以在显示数据的情况下调整报表版式，也可以根据实际报表数据调整列宽，对列进行重新排列，并添加分组和汇总功能。

任务操作

操作实例 1：使用“报表”按钮创建“供应商”报表。

【操作步骤】

步骤 1：打开“进销存管理”数据库，在导航窗格中选择“供应商”表作为数据源，如图 5-7 所示。

步骤 2：单击“创建”→“报表”→“报表”按钮，创建报表，如图 5-8 所示。

步骤 3：将新创建的报表命名为“供应商”，如图 5-9 所示。

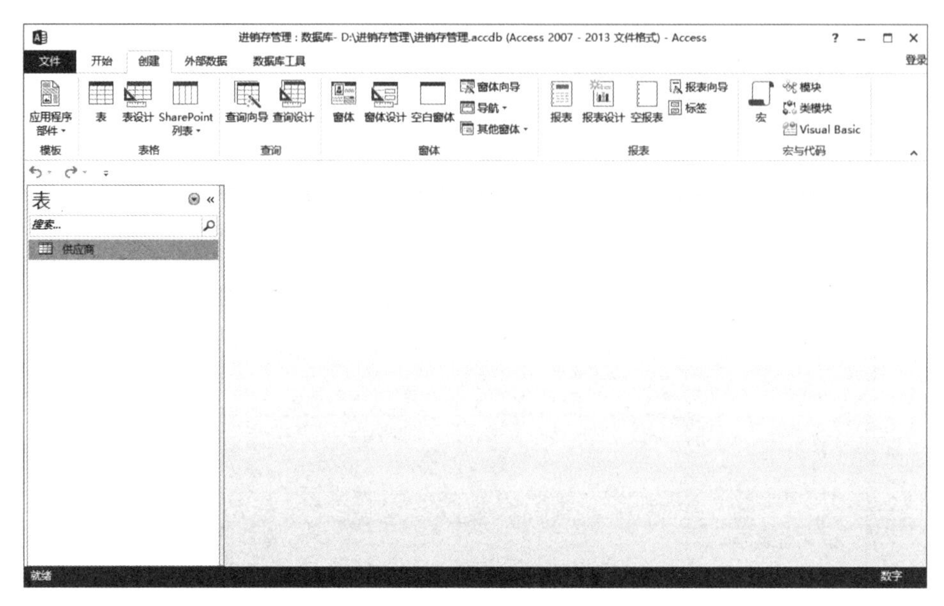

图 5-7　选择“供应商”表作为数据源

图 5-8　创建报表

图 5-9　“供应商”报表

操作实例 2：使用报表向导创建“销售记录”报表。

【操作步骤】

步骤 1： 打开“进销存管理”数据库，在导航窗格中选择“销售记录”表作为数据源，如图 5-10 所示。

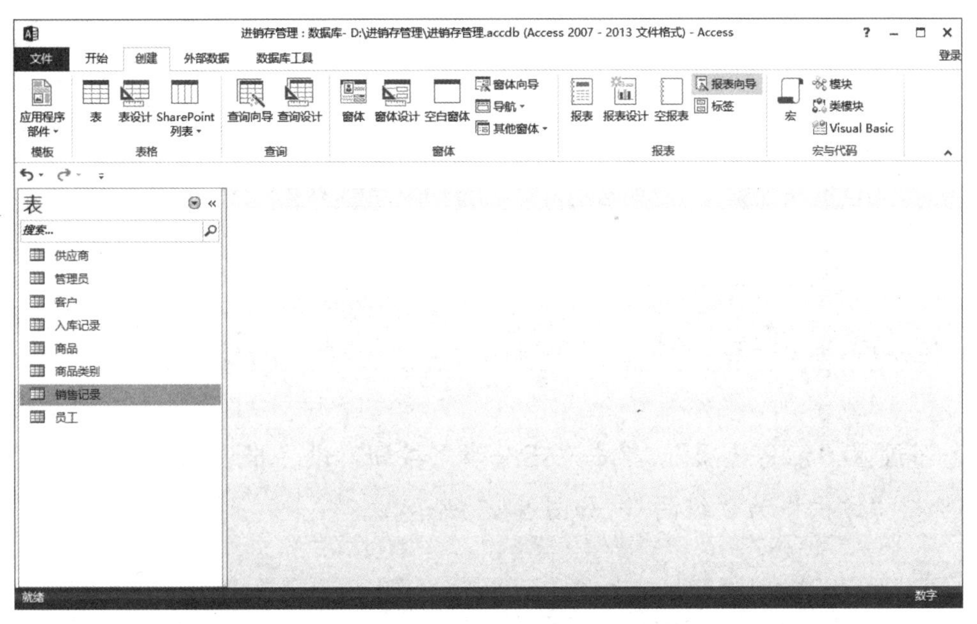

图 5-10 选择“销售记录”表作为数据源

步骤 2： 单击“创建”→“报表”→“报表向导”按钮，打开“报表向导”对话框，“可用字段”列表框中显示了“销售记录”表中的字段，如图 5-11 所示。

步骤 3： 将“可用字段”列表框中的“销售编号”“业务类别”“客户编号”“商品编号”“销售单价”“数量”“金额”“销售时间”等字段添加到“选定字段”列表框中，如图 5-12 所示。

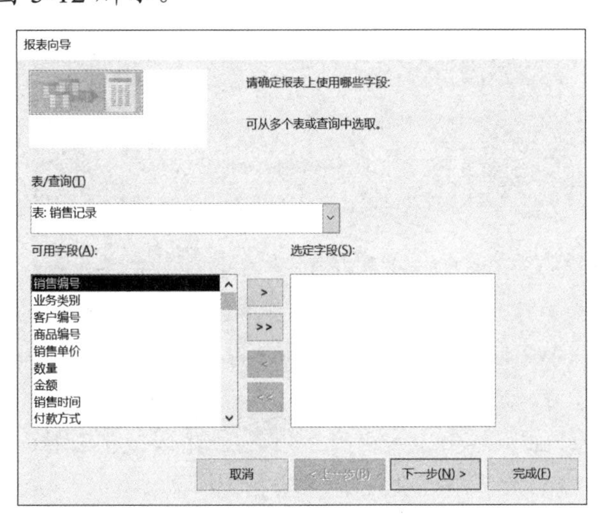

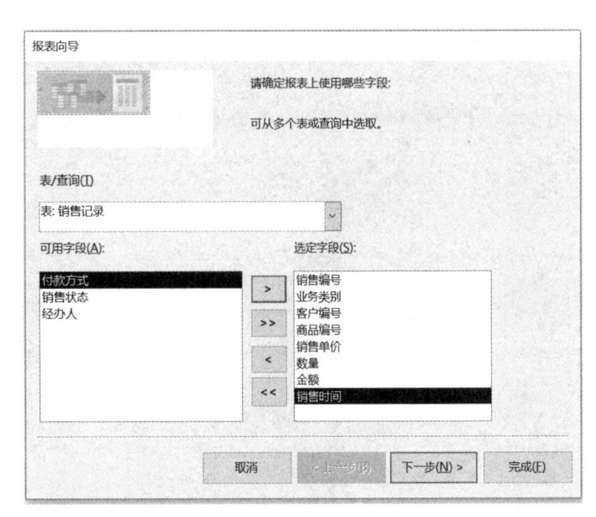

图 5-11 “报表向导”对话框

图 5-12 选定字段

步骤 4： 单击“下一步”按钮，添加分组级别，提示是否确定添加分组级别，默认按

“客户编号”分组，如图 5-13 所示。

步骤 5：单击“下一步”按钮，确定明细信息使用的排序次序和汇总信息，此处按“销售编号”升序排序，如图 5-14 所示。

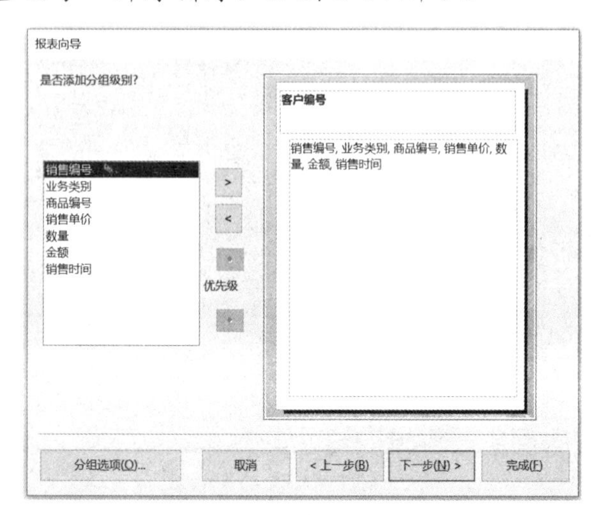

图 5-13　添加分组级别

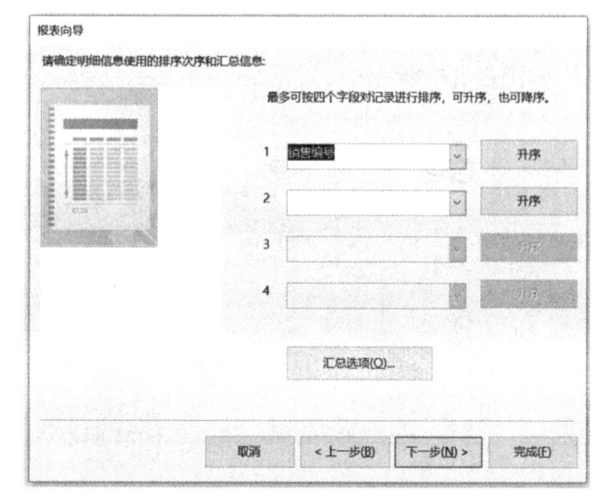

图 5-14　设置排序次序和汇总信息

步骤 6：不设置“汇总选项”，单击“下一步”按钮，设置报表布局方式，这里设置“布局”为“递阶”，“方向”为“纵向”，如图 5-15 所示。

工程师提示

如果报表中字段的总长度较大，无法在报表的一页中显示所有字段，而将多余字段显示在另一页中，可选中“调整字段宽度，以便使所有字段都能显示在一页中”复选框进行调整，也可以通过设置纸张方向为“横向”进行调整。

步骤 7：单击“下一步”按钮，为报表指定标题，输入“销售记录”作为标题，选中“预览报表”单选按钮，如图 5-16 所示。

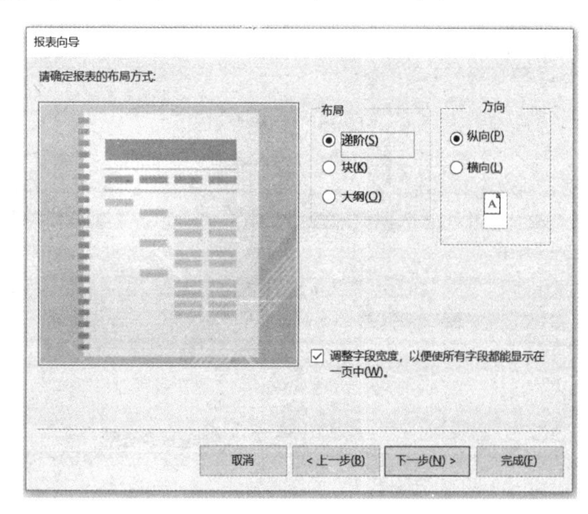

图 5-15　设置报表布局方式

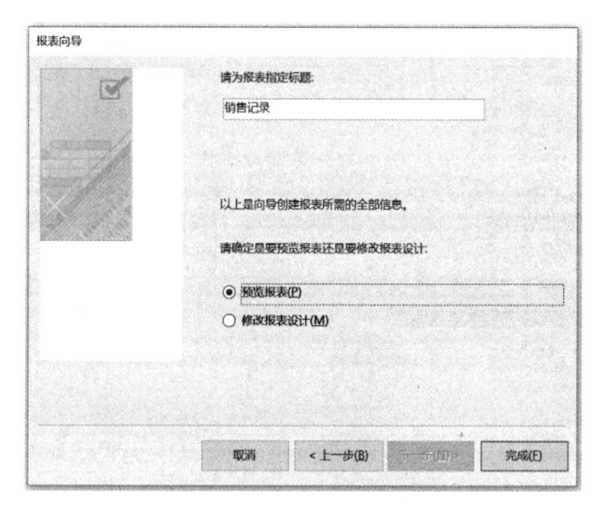

图 5-16　为报表指定标题

步骤 8：单击“完成”按钮，按“客户编号”排序的“销售记录”报表创建完成，如图 5-17 所示。

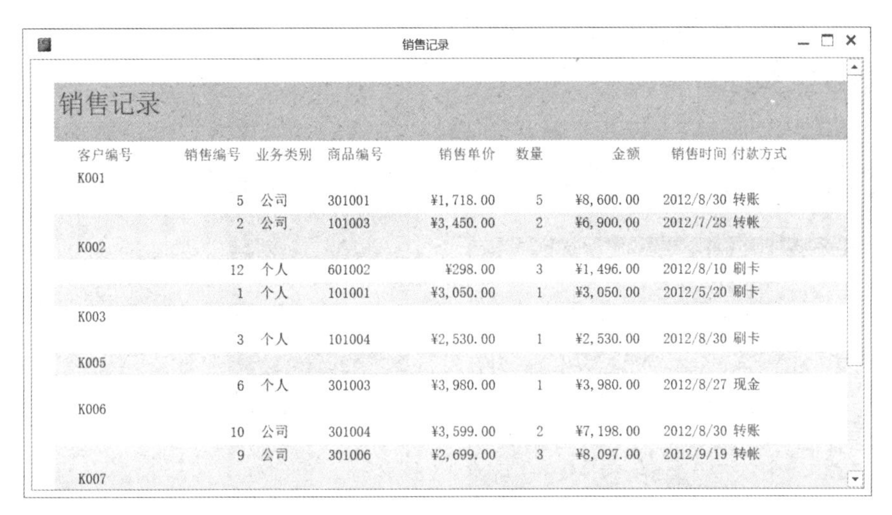
销售记录

客户编号	销售编号	业务类别	商品编号	销售单价	数量	金额	销售时间	付款方式
K001								
	5	公司	301001	¥1,718.00	5	¥8,600.00	2012/8/30	转账
	2	公司	101003	¥3,450.00	2	¥6,900.00	2012/7/28	转帐
K002								
	12	个人	601002	¥298.00	3	¥1,496.00	2012/8/10	刷卡
	1	个人	101001	¥3,050.00	1	¥3,050.00	2012/5/20	刷卡
K003								
	3	个人	101004	¥2,530.00	1	¥2,530.00	2012/8/30	刷卡
K005								
	6	个人	301003	¥3,980.00	1	¥3,980.00	2012/8/27	现金
K006								
	10	公司	301004	¥3,599.00	2	¥7,198.00	2012/8/30	转账
	9	公司	301006	¥2,699.00	3	¥8,097.00	2012/9/19	转帐
K007								

图 5-17　“销售记录”报表

操作实例 3：使用“标签”按钮创建“员工标签”报表。

【操作步骤】

步骤 1：打开“进销存管理”数据库，在导航窗格中选择“员工”表作为数据源，如图 5-18 所示。

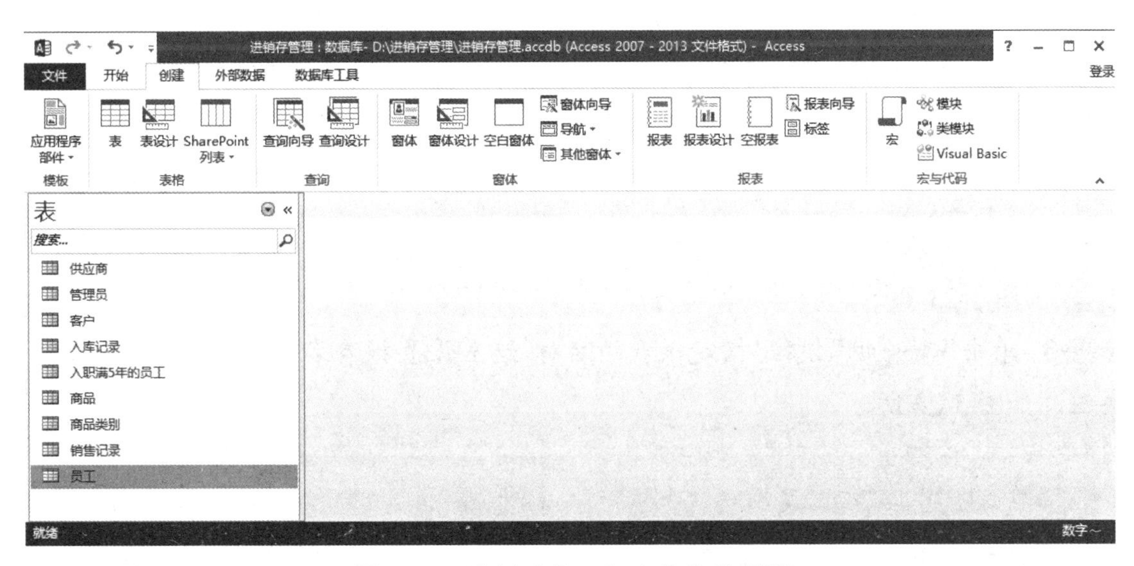

图 5-18　选择“员工”表作为数据源

步骤 2：单击“创建”→“报表”→“标签”按钮，打开“标签向导”对话框，指定标签尺寸，设置“型号”为“C2166”，“度量单位”和“标签类型”使用默认设置即可，如图 5-19 所示。

步骤 3：单击“下一步”按钮，设置“字体”为“宋体”，“字号”为“12”，“字体粗细”为“加粗”，“文本颜色”为“黑色”，单击“下一步”按钮，如图 5-20 所示。

步骤 4：确定标签的显示内容，如图 5-21 所示，标签中的固定信息可以在“原型标签”文本框中直接输入，标签引用的信息可以从“可用字段”列表框中选择。在“原型标签”文本框中，用大括号“{}”括起来的就是表中的可用字段，未括起来的是直接输入的固定信息。这里的信息设置如图 5-22 所示。

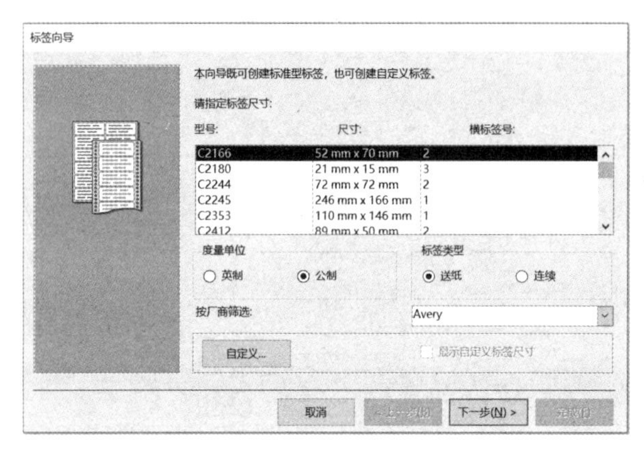

图 5-19　指定标签尺寸

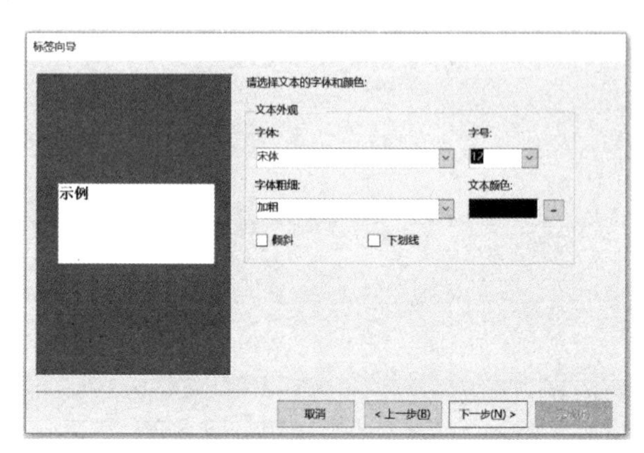

图 5-20　选择文本的字体和颜色

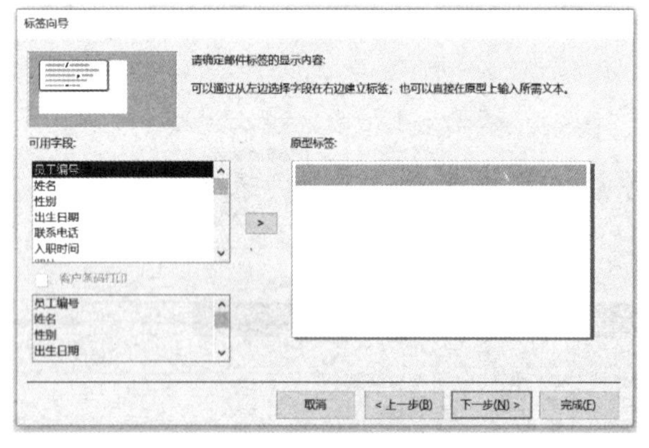

图 5-21　确定标签的显示内容 1

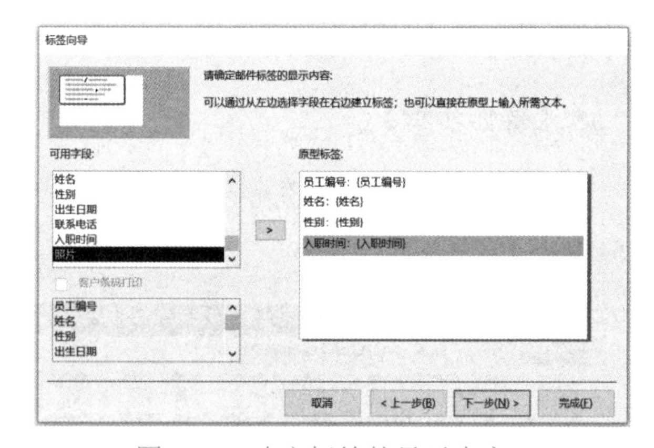

图 5-22　确定标签的显示内容 2

步骤 5：设置完成后，单击“下一步”按钮，确定排序的依据。设置“排序依据”为“员工编号”，如图 5-23 所示。

步骤 6：单击“下一步”按钮，指定报表的名称，这里设置报表名称为“员工标签”，单击“完成”按钮，如图 5-24 所示。

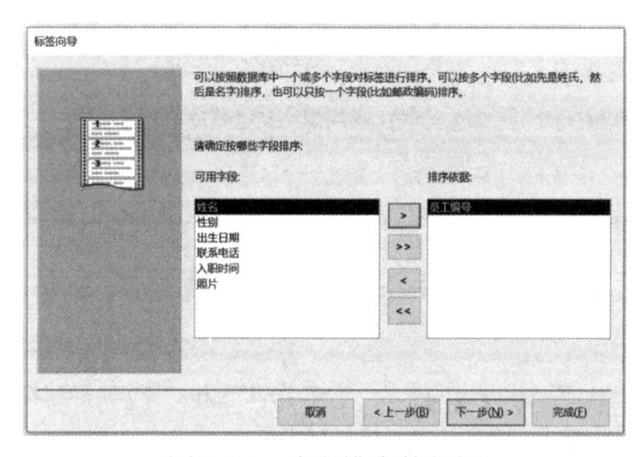

图 5-23　确定排序的依据

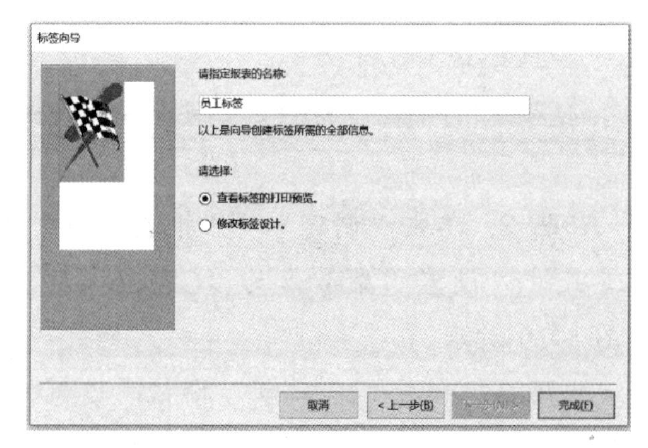

图 5-24　指定报表的名称

步骤 7：“员工标签”报表创建完成，如图 5-25 所示。

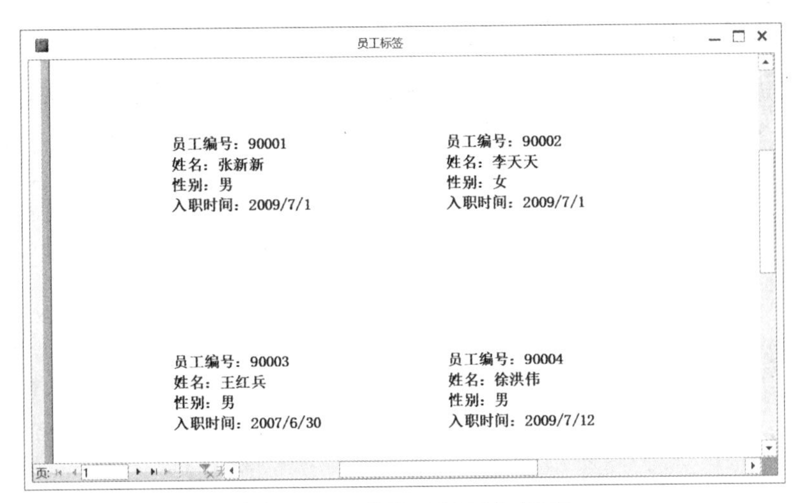

图 5-25　“员工标签”报表

工程师提示

在“标签向导”对话框中创建标签式报表时，“原型标签”中的固定信息只能输入文本，表中的可用字段也只能是除备注、OLE 对象外的其他类型的字段。

任务实训

实训 1：使用“报表”按钮和报表向导创建“入库记录”报表。

【实训要求】

1．使用单击“报表”按钮创建报表的方法，创建“入库记录 1”表格式报表。

2．使用报表向导创建按“业务类别”分组、按“入库编号”升序排列的“入库记录 2”报表。

3．比较“入库记录 1”报表和“入库记录 2”报表的差异。

实训 2：使用“标签”按钮创建“销售记录”报表，名称设为“销售记录信息”。

【实训要求】

1．根据“销售记录”表，使用“标签”按钮创建报表。

2．创建一个包括“业务类别”“客户编号”“商品编号”“金额”“销售时间”等字段的“销售记录信息”报表，并将该报表保存到当前数据库中。

任务 2　使用报表设计创建报表

任务分析

使用“报表”按钮和报表向导创建报表较为方便、快捷，但都比较简单，如果需要创建比较复杂的报表，就需要使用报表设计了。使用报表设计创建报表就是在设计视图中使用手工添加控件的方法来设计报表，包括添加报表中的数据、设置报表的布局等。在报表的设计视图中还可以对已创建的报表进行编辑和修改。本任务将使用报表设计创建基于“商品及供货商信息”查询的“商品及供货商信息”报表，设置字段、控件的格式，并对报表进行编辑和修饰。

知识准备

一、报表结构

1. 报表中的节

Access 2013 中的报表由 7 个节组成，常见的报表只包含 5 个节，分别是“报表页眉”“报表页脚”“页面页眉”“页面页脚”“主体”。在分组报表中，还会有“组页眉”“组页脚”2 个节。

使用报表设计新建报表时，空白报表中只有 3 个节，分别是“页面页眉”“主体”“页面页脚”，如图 5-26 所示。“报表页眉 / 页脚”可以通过如图 5-27 所示的报表快捷菜单进行添加或删除。

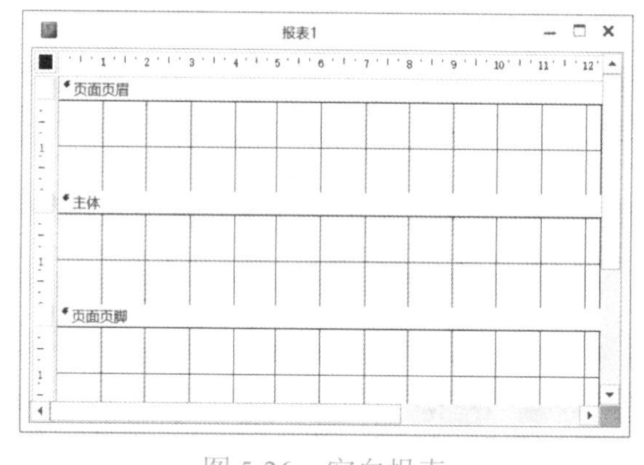

图 5-26　空白报表

图 5-27　报表快捷菜单

报表的每个节都有其特定的目的，而且按照一定的顺序显示在页面或打印在报表中，每个节的具体功能如下。

（1）报表页眉 / 页脚：一个报表只有一个报表页眉 / 页脚，报表页眉只在整个报表第一页的开始位置显示和打印，一般用于放置徽标、报表标题等。报表页脚只显示在整个报表的最后一页的页尾，一般用于显示报表总结性的文字信息等。

（2）页面页眉 / 页脚：页面页眉显示在报表每一页的顶端，用于显示报表的标题，在表格式报表中可以利用页面页眉来显示字段名称。页面页脚显示在报表中每一页的底部，可以利用页面页脚来显示页码、日期等信息。

（3）主体：主体用于显示记录数据，这些记录对应的字段均需要通过与文本框或其他控件绑定来显示，主要与文本框绑定，与这些控件绑定的数据还可以是经过计算得到的数据。

2. 报表中节的基本操作

每个节的左侧都有一个小方块，称为节选择器，单击节选择器或者节的任何位置都可以选中节。选中节后就可以对节进行属性设置等操作。

在报表快捷菜单中选择“报表页眉 / 页脚”或“页面页眉 / 页脚”选项，可以在当前报表中添加或删除相应的节。“报表页眉 / 页脚”或“页面页眉 / 页脚”只能作为一对同时添加或删除。删除节的同时会删除节中已存在的控件。

二、报表的控件及属性

1. 报表中的控件

报表中的控件可以分为以下三类。

（1）绑定控件：与表字段绑定在一起，用于在报表中显示字段的值。

（2）非绑定控件：用于显示文本、直线或图形，存放没有存储在表中但存储在窗体或报表中的 OLE 对象。

（3）计算控件：建立在表达式基础上的用于计算的控件。

报表中的控件与窗体中的控件的属性基本相同，在此不再赘述。

2. 报表及控件的属性

在使用报表设计创建报表时，报表的标题、报表的数据源、报表中控件的格式等都可以通过“属性表”窗格进行设置。切换到报表的设计视图，单击“报表设计工具 / 设计”→“工具”→“属性表”按钮，即可打开报表的“属性表”窗格，如图 5-28 所示。

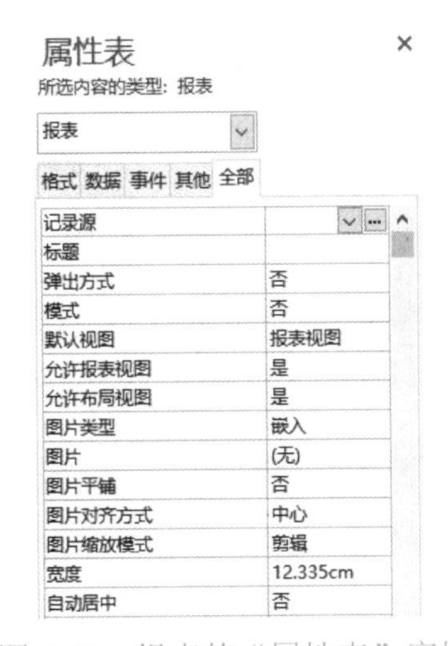

图 5-28 报表的“属性表”窗格

在“属性表”窗格中可看到，一个报表的属性可以分为“格式”“数据”“事件”“其他”和“全部”5 个选项卡，选择某个选项卡，即可打开相应类别的具体属性。控件的属性也类似。若要对报表或报表中的某个控件设置属性，则应先选中报表或报表中的控件并右击，在弹出的快捷菜单中选择“属性”命令，打开对应的“属性表”窗格，进行相关设置即可。

任务操作

操作实例 1：使用报表设计创建“商品及供货商信息”报表。

【分析】：本实例要创建的报表中的信息来自“商品”表和“供应商”表，所以在建立报表之前需要创建“商品及供货商信息”查询，并以此查询为数据源创建报表。

【操作步骤】

（1）创建“商品及供货商信息”查询。

步骤 1：打开“进销存管理”数据库，单击“创建”→“查询”→“查询设计”按钮。

步骤 2：打开“显示表”对话框，分别添加“商品”表和“供应商”表，如图 5-29 所示。

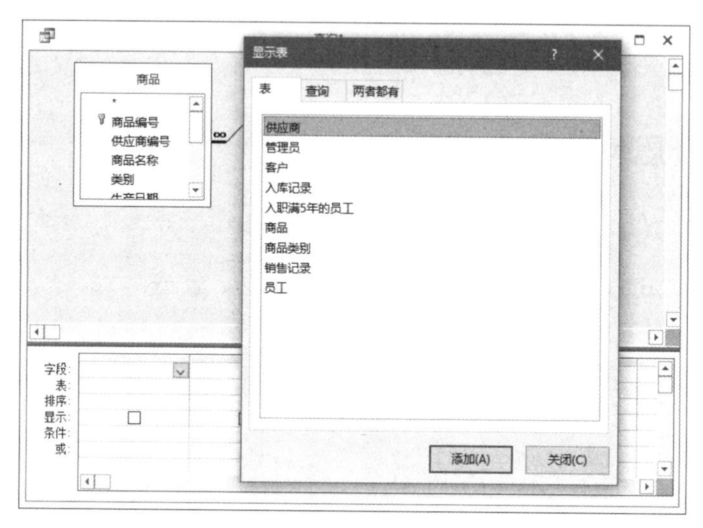

图 5-29　添加表

步骤 3：在“字段”行中分别添加“商品.*”和“供应商名称”字段，如图 5-30 所示。

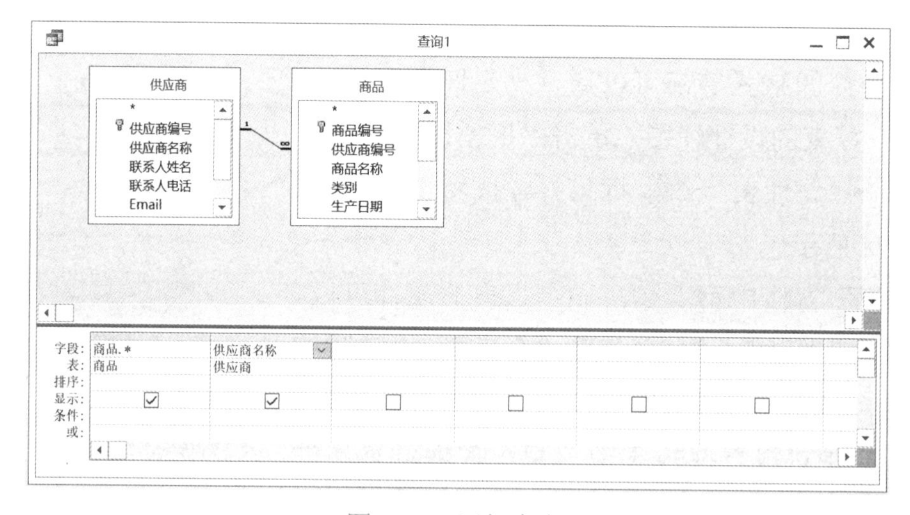

图 5-30　添加字段

工程师提示

“表名.*”表示查询中显示“表名”指定表中的所有字段，不需要一个字段一个字段地进行选择。

步骤 4：保存查询，将其命名为“商品及供货商信息”，如图 5-31 所示。

（2）使用报表设计创建“商品及供货商信息 - 纵栏式”报表。

步骤 1：打开“进销存管理”数据库，单击“创建”→“报表”→“报表设计”按钮，切换到报表的设计视图，如图 5-32 所示。

步骤 2：此时，Access 2013 会自动打开数据源的“字段列表”窗格，如图 5-33 所示。

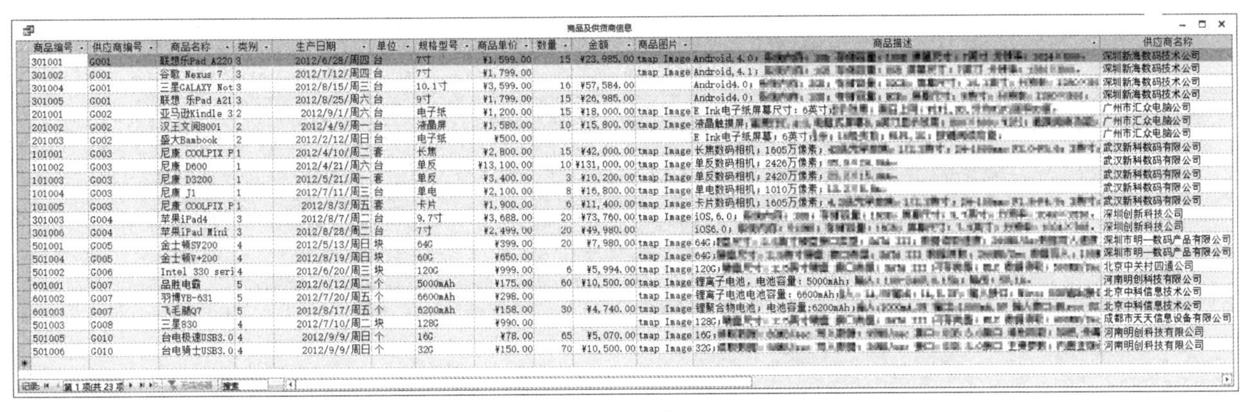

图 5-31　“商品及供货商信息”查询

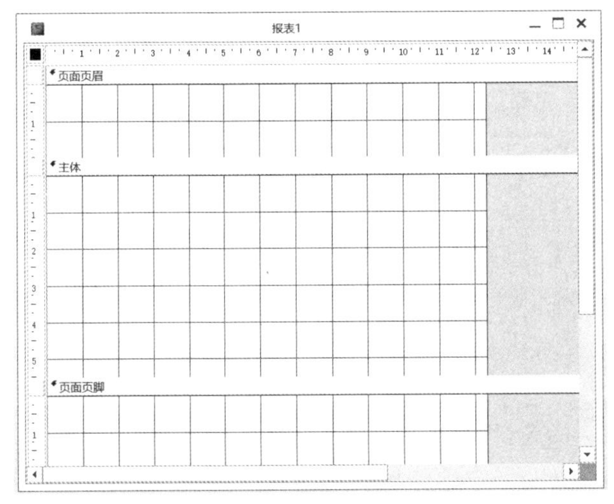

图 5-32　报表的设计视图

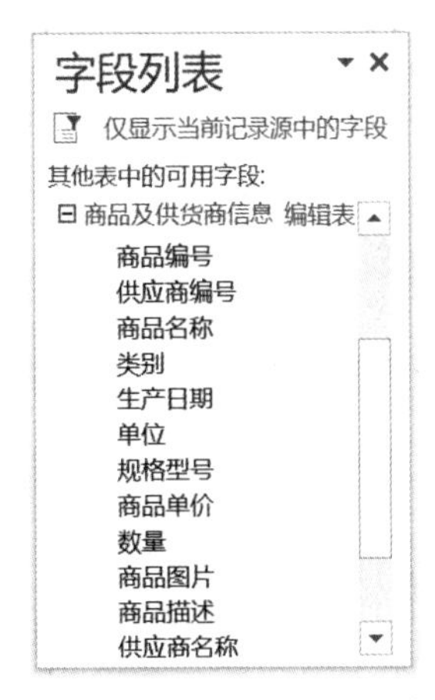

图 5-33　数据源的“字段列表”窗格

工程师提示

如果在新建报表之前没有选择数据源，那么可以在报表的“属性表”窗格的“数据”选项卡的“记录源”中选择数据源，在此处也可以修改数据源。

步骤 3：在“控件”选项组中选择“标签”控件，在报表的“页面页眉”节中输入“商品及供货商信息”，打开标签的“属性表”窗格，如图 5-34 所示，设置“字体名称”为“黑体”，“字号”为“18”，标题设置效果如图 5-35 所示。

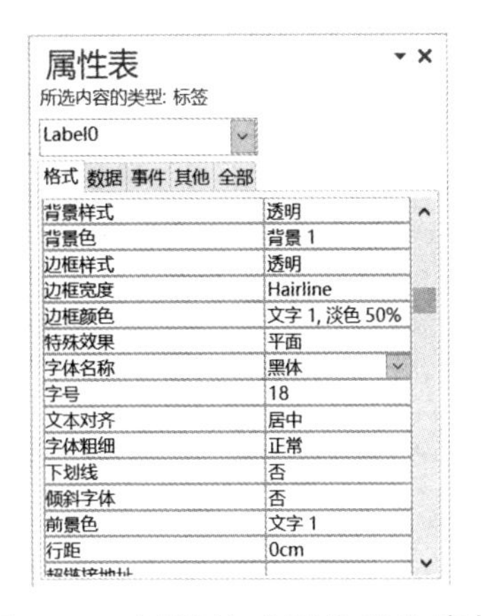

图 5-34　标签的“属性表”窗格

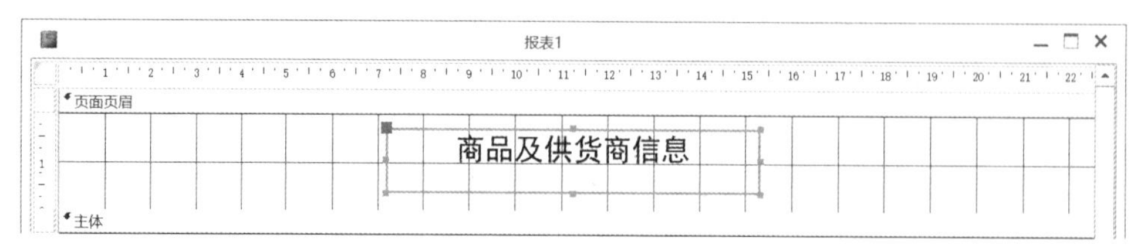

图 5-35　标题设置效果

步骤 4：在“字段列表”窗格中逐一将字段拖到报表的“主体”节中，此时，报表设计效果如图 5-36 所示。

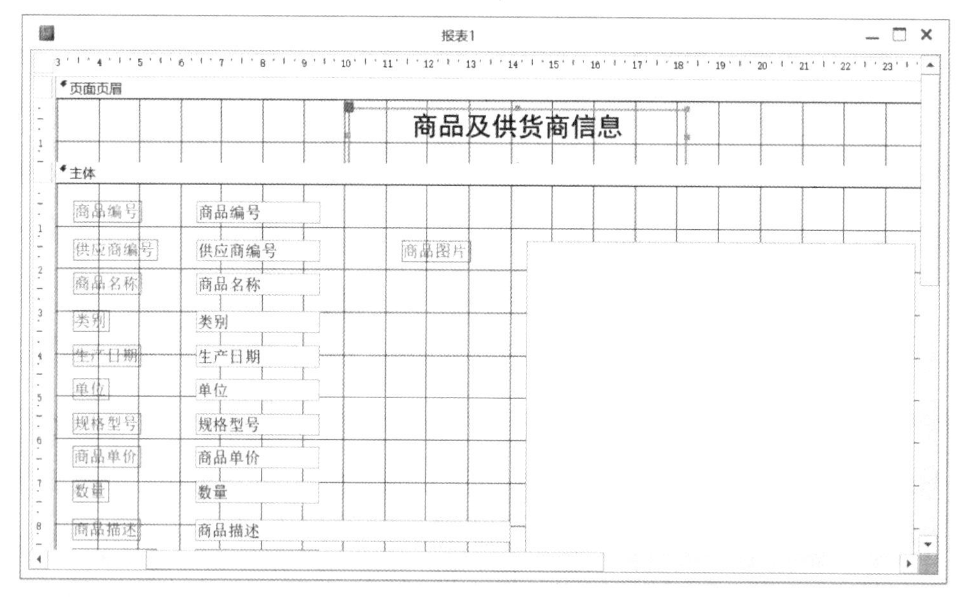

图 5-36　报表设计效果

步骤 5：保存报表，将其命名为“商品及供货商信息 - 纵栏式”，如图 5-37 所示。切换到打印预览，打开该报表，其预览效果如图 5-38 所示。

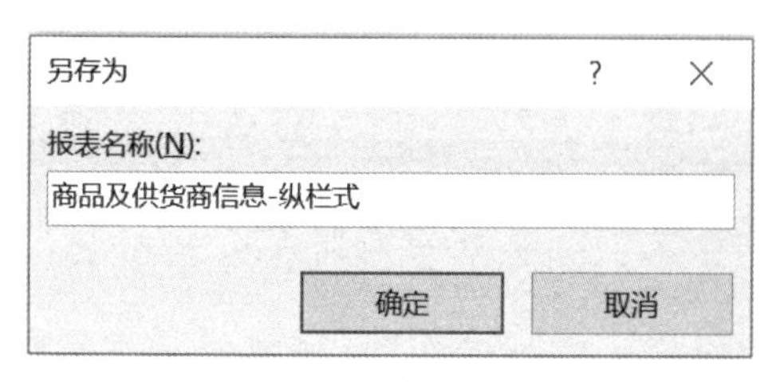

图 5-37　保存报表

图 5-38　“商品及供货商信息 - 纵栏式”报表的预览效果

操作实例 2：使用报表设计创建“商品及供货商信息－表格式”报表。

【操作步骤】

步骤 1：打开“进销存管理”数据库，在导航窗格中选择“商品及供货商信息”查询，单击“创建”→“报表”→“报表设计”按钮，切换到报表的设计视图，新建报表，如图 5-39 所示。在“页面页眉”节中输入“商品及供货商信息”，并设置其字体、字号，如图 5-40 所示。

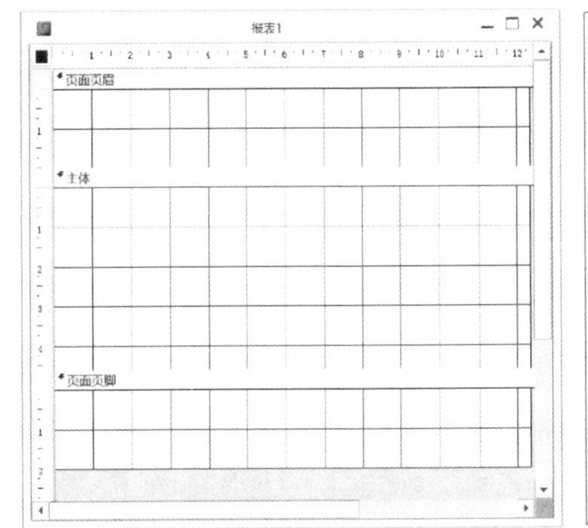

图 5-39　新建报表

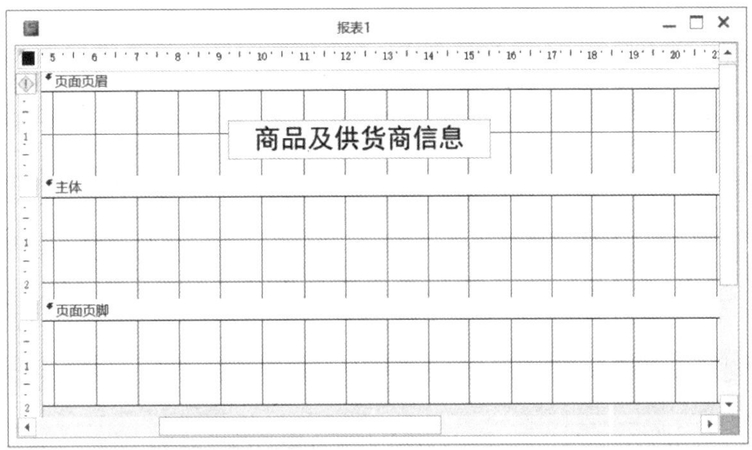

图 5-40　设置标题

步骤 2：在“控件”选项组中选择“标签”控件，在“页面页眉”节中分别添加以字段名称为内容的多个标签，作为每个字段的列标题，并使其横向排列，如图 5-41 所示。

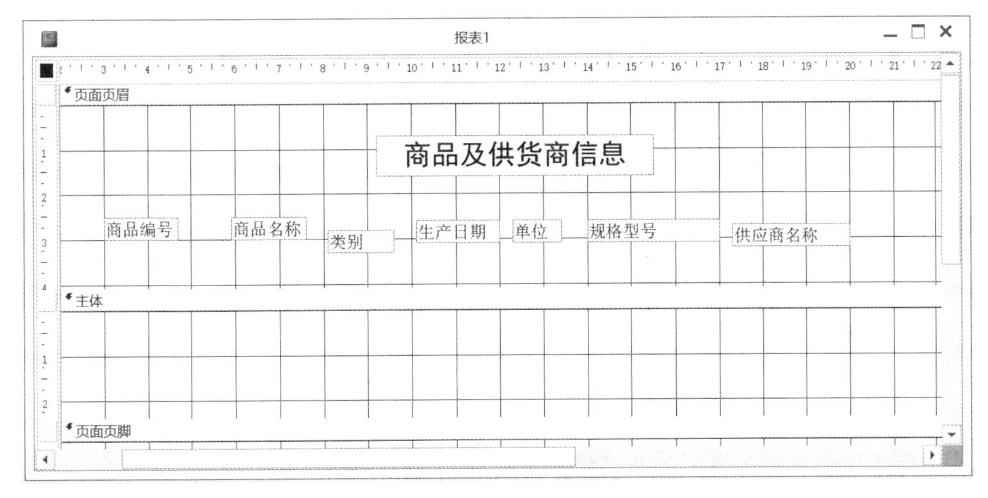

图 5-41　设置列标题

步骤 3：按住“Shift”键，选中“页面页眉”节中的所有标签并右击，在弹出的快捷菜单中选择“对齐”→“靠上”命令，如图 5-42 所示，使所有标签水平对齐。

步骤 4：在“控件”选项组中选择“文本框”控件，在“商品编号”标签下方的“主体”节中添加未绑定控件，删除附加标签。右击该控件，在弹出的快捷菜单中选择“属性”命令，如图 5-43 所示。

步骤 5：在文本框控件的“属性表”窗格中，选择“数据”选项卡，设置“控件来源”为“商品编号”，如图 5-44 所示。通过此设置即可将该控件绑定到“商品及供货商信息”查询的“商品编号”字段上。

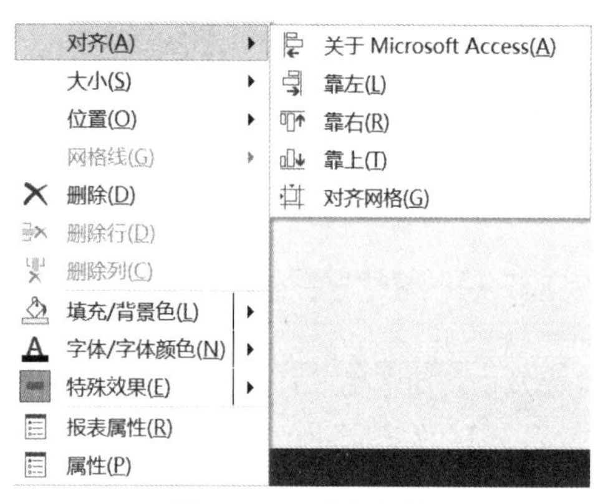

图 5-42　对齐标签

图 5-43　选择“属性”命令

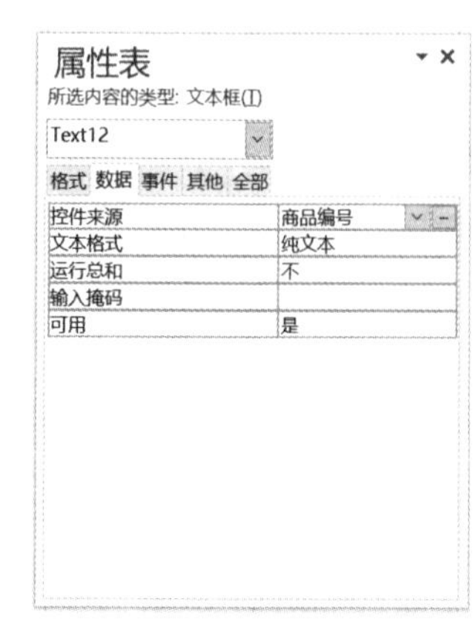

图 5-44　设置控件来源

步骤 6：用同样的方法在“主体”节中添加其他对应的文本框控件，并将控件分别绑定到“商品及供货商信息”查询的对应字段上，如图 5-45 所示。

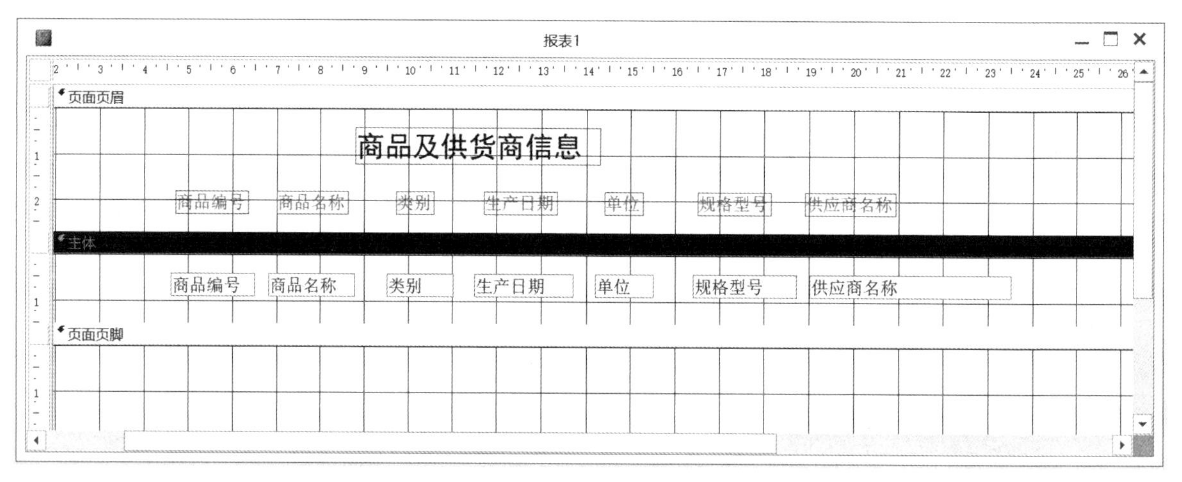

图 5-45　添加其他控件并绑定对应字段

工程师提示

在报表中添加字段时，除了可以使用先添加控件、再绑定字段的方法，还可以直接从“字段列表”窗格中把需要的字段拖到相关节中，并把附加标签剪切到“页面页眉”节中，把对应的文本框字段放在“主体”节中进行上下对应即可，该方法不需要手工绑定数据源。

步骤 7：保存报表，将其命名为“商品及供货商信息 - 表格式”，该报表效果如图 5-46 所示。

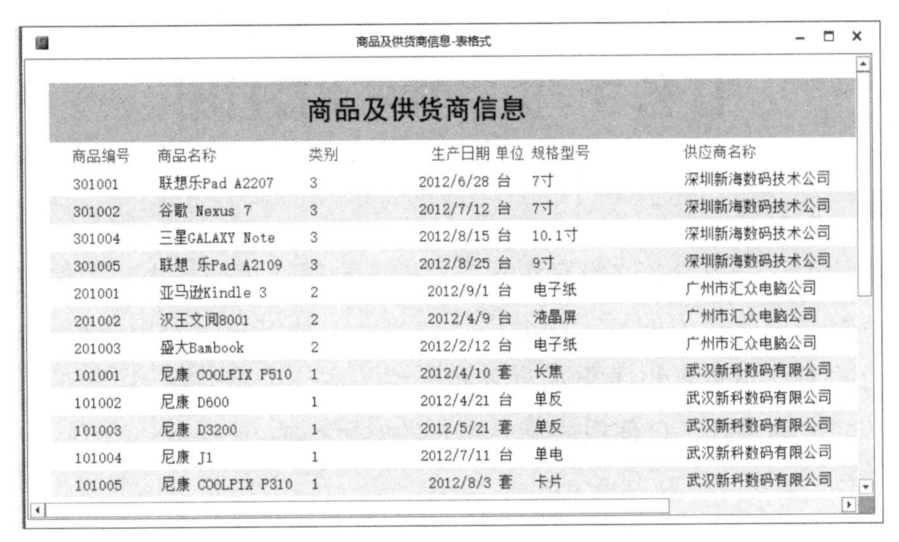
商品及供货商信息-表格式

商品及供货商信息

商品编号	商品名称	类别	生产日期	单位	规格型号	供应商名称
301001	联想乐Pad A2207	3	2012/6/28	台	7寸	深圳新海数码技术公司
301002	谷歌 Nexus 7	3	2012/7/12	台	7寸	深圳新海数码技术公司
301004	三星GALAXY Note	3	2012/8/15	台	10.1寸	深圳新海数码技术公司
301005	联想 乐Pad A2109	3	2012/8/25	台	9寸	深圳新海数码技术公司
201001	亚马逊Kindle 3	2	2012/9/1	台	电子纸	广州市汇众电脑公司
201002	汉王文阅8001	2	2012/4/9	台	液晶屏	广州市汇众电脑公司
201003	盛大Bambook	2	2012/2/12	台	电子纸	广州市汇众电脑公司
101001	尼康 COOLPIX P510	1	2012/4/10	套	长焦	武汉新科数码有限公司
101002	尼康 D600	1	2012/4/21	台	单反	武汉新科数码有限公司
101003	尼康 D3200	1	2012/5/21	套	单反	武汉新科数码有限公司
101004	尼康 J1	1	2012/7/11	台	单电	武汉新科数码有限公司
101005	尼康 COOLPIX P310	1	2012/8/3	套	卡片	武汉新科数码有限公司

图 5-46　“商品及供货商信息 - 表格式”报表效果

任务实训

实训：以“商品”表为数据源，创建“商品主要信息表”报表，报表效果如图 5-47 所示。

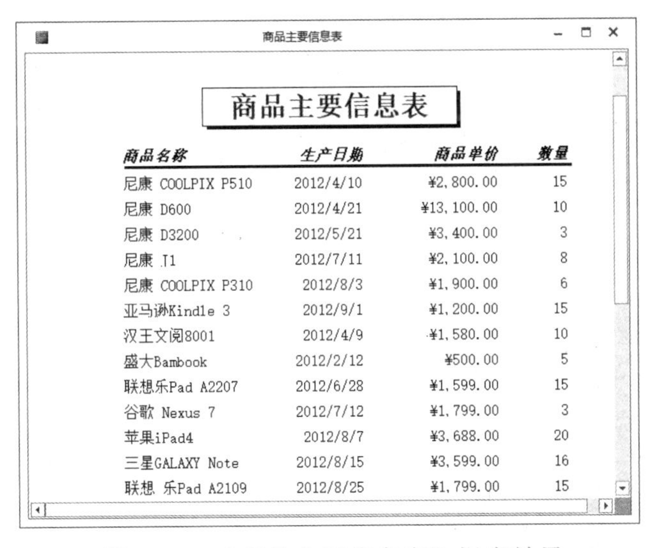
商品主要信息表

商品主要信息表

商品名称	生产日期	商品单价	数量
尼康 COOLPIX P510	2012/4/10	¥2,800.00	15
尼康 D600	2012/4/21	¥13,100.00	10
尼康 D3200	2012/5/21	¥3,400.00	3
尼康 J1	2012/7/11	¥2,100.00	8
尼康 COOLPIX P310	2012/8/3	¥1,900.00	6
亚马逊Kindle 3	2012/9/1	¥1,200.00	15
汉王文阅8001	2012/4/9	¥1,580.00	10
盛大Bambook	2012/2/12	¥500.00	5
联想乐Pad A2207	2012/6/28	¥1,599.00	15
谷歌 Nexus 7	2012/7/12	¥1,799.00	3
苹果iPad4	2012/8/7	¥3,688.00	20
三星GALAXY Note	2012/8/15	¥3,599.00	16
联想 乐Pad A2109	2012/8/25	¥1,799.00	15

图 5-47　“商品主要信息表”报表效果

【实训要求】

1．使用报表设计创建表格式的“商品主要信息表”报表，只需要“商品名称”“生产日期”“商品单价”“数量”4 个字段。

2．设置标题为“商品主要信息表”，标题格式为宋体、22 磅、蓝色、加粗，为标题添加阴影效果。

3．设置字段名称格式为宋体、12 磅、加粗、斜体，其下加实线条、2 磅，“主体”节内容格式为宋体、12 磅，调整控件的大小，使所有标签及文本框的内容都能完整地显示出来。

任务 3　报表的编辑及打印

任务分析

通过报表设计创建的报表，并没有对标签、文本框等文字的大小、控件的位置及对齐方式等属性进行详细设置，报表的样式和效果比较单一。通过对报表中各控件的大小、位置、效果等属性进行设置，可以使报表更加直观和个性。本任务将介绍对“商品及供货商信息”报表进行编辑和修改的过程，以使报表满足用户的实际需要。

知识准备

在报表的设计视图中对已经创建的报表进行编辑和修改。

一、报表格式

Access 2013 中提供了多种预定义报表主题，用户可以根据实际需要套用已定义的报表主题，从而一次性地完成对报表中所有文本的字体、字号及线条粗细等格式的设置。

在报表的设计视图中打开需要进行格式设置的报表，单击“报表设计工具 / 设计”→“主题”→“主题”下拉按钮，即可弹出系统预定义的各种主题，如图 5-48 所示。

图 5-48　系统预定义的主题

二、设置报表背景图片

在 Access 2013 中可以为报表添加背景图片以增强显示效果，添加的图片将应用于全部节。

（1）切换到报表的设计视图，打开需要添加背景图片的报表。

（2）单击“报表设计工具 / 设计”→“工具”→“属性表”按钮，打开报表“属性表”窗格，如图 5-49 所示。

（3）在“属性表”窗格中选择“格式”选项卡，进行背景图片的设置。单击“图片”选项右侧的…按钮，打开“插入图片”对话框，选择图片文件并进行插入；设置“图片缩放模式”选项为“拉伸”，如图 5-50 所示，背景图片设置完成。

（4）关闭“属性表”窗格，单击“报表设计工具 / 设计”→“视图”下拉按钮，在弹出的下拉列表中选择“打印预览”选项，添加背景图片后的效果如图 5-51 所示。

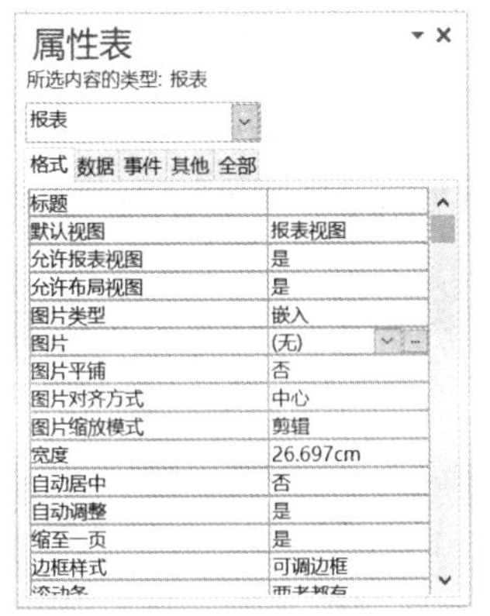

图 5-49 “属性表”窗格

图 5-50 插入图片并设置图片缩放模式

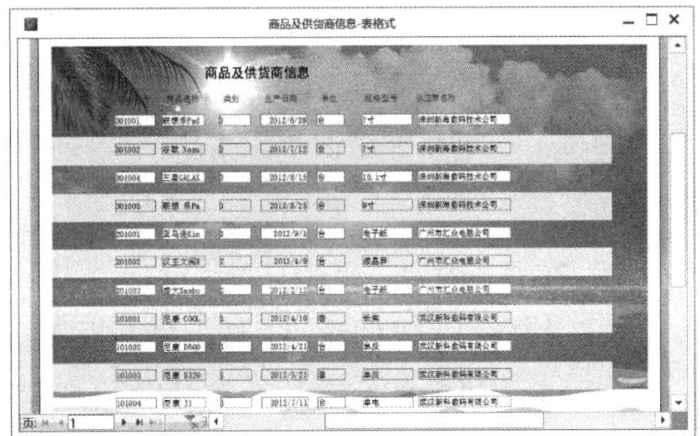

图 5-51 添加背景图片后的效果

三、添加页码、日期和时间

在创建报表的过程中，为了提升报表的可读性，需要为报表添加页码、日期和时间。

通过报表向导创建的报表已经包含了页码，而通过报表设计和空报表创建的报表没有页码。使用后两种方式创建的报表可以通过编辑报表来添加页码，其操作步骤如下。

（1）切换到报表的设计视图，打开需要添加页码的报表。

（2）单击“报表设计工具 / 设计”→“页眉页脚”→“页码”按钮，打开“页码”对话框，在其中设置页码的格式与位置，设置完成后，单击“确定”按钮，即可完成页码的添加操作，如图 5-52 所示。

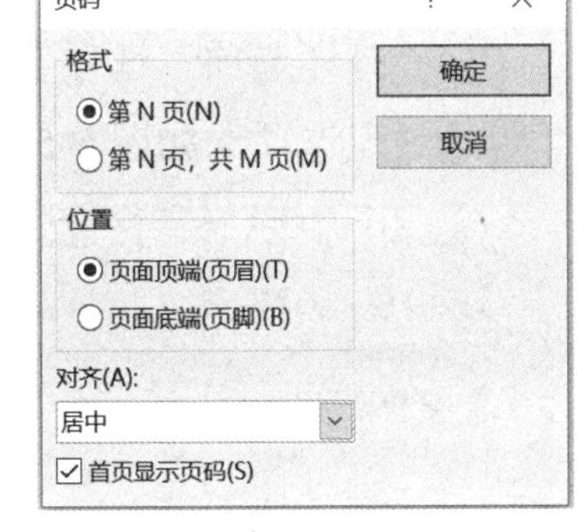

图 5-52 “页码”对话框

同样，使用“报表”按钮或报表向导创建报表时，Access 会在报表中自动添加当前日期，而使用报表设计创建或编辑报表时，可以手动添加日期。

工程师提示

如果要在第一页显示页码，则选中“页码”对话框中的“首页显示页码”复选框，Access 2013 将使用表达式来创建页码。

四、绘制线条和矩形

为了使报表更加清晰和实用，有时需要在报表中添加一些线条和矩形，对报表进行装饰。

1. 在报表中绘制线条

（1）切换到报表的设计视图，打开报表。

（2）单击“报表设计工具 / 设计”→“控件”→“直线”按钮。

（3）单击报表的任意处可以创建默认大小的线条，可以通过单击并拖动的方式创建自定义大小的线条。

如果要细微调整线条的长度或角度，则可以选中线条，同时按住“Shift”键和所需调整的方向键。如果要细微调整线条的位置，则可以选中线条，同时按住“Ctrl”键和所需调整的方向键。

2. 在报表中绘制矩形

（1）切换到报表的设计视图，打开报表。

（2）单击“报表设计工具 / 设计”→“控件”→“矩形”按钮。

（3）单击窗体或报表的任意处可以创建默认大小的矩形，可以通过单击并拖动的方式创建自定义大小的矩形。

可以利用“属性表”窗格对线条、矩形等进行更多属性（如样式、宽度、颜色等）的设置。

五、页面设置

切换到报表的设计视图，单击“报表设计工具 / 页面设置”→“页面布局”→“页面设置”按钮，打开“页面设置”对话框，此对话框由 3 个选项卡组成，如图 5-53 所示。

（1）“打印选项”选项卡：用于设置页边距，页边距指打印纸上四周需要空出来的宽度。“打印选项”选项卡如图 5-54 所示。

图 5-53 “页面设置”对话框

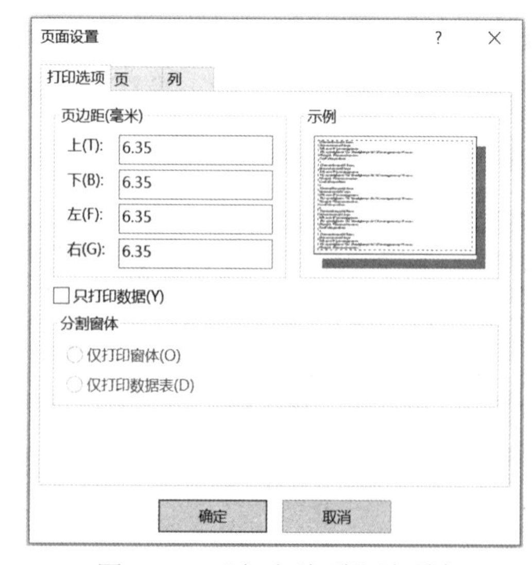

图 5-54 “打印选项”选项卡

（2）“页”选项卡：用于设置纸张的大小和方向，并选择打印机。

（3）“列”选项卡：“列数”文本框用于设置将页面分成几列，“行间距”文本框用于设置列之间的距离。

六、报表打印

选择“文件”→“打印”→“打印”命令，打开“打印”对话框，如图 5-55 所示。

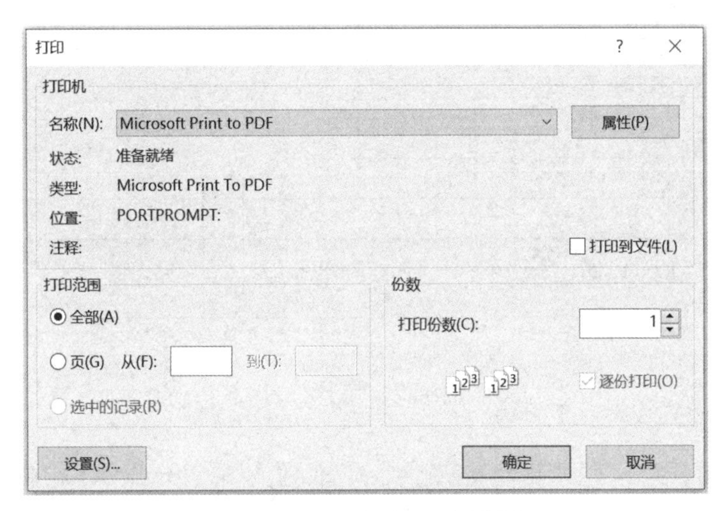

图 5-55　“打印”对话框

在此对话框中可以选择打印机，并可以设置打印机的属性，设置完成后，单击“确定”按钮即可进行打印。

任务操作

操作实例 1：对“商品及供货商信息 – 纵栏式”报表进行编辑和修改，并分别设置报表中标签和文本框的文字格式、对齐方式等。

【操作步骤】

步骤 1：切换到“商品及供货商信息 - 纵栏式”报表的设计视图，如图 5-56 所示。

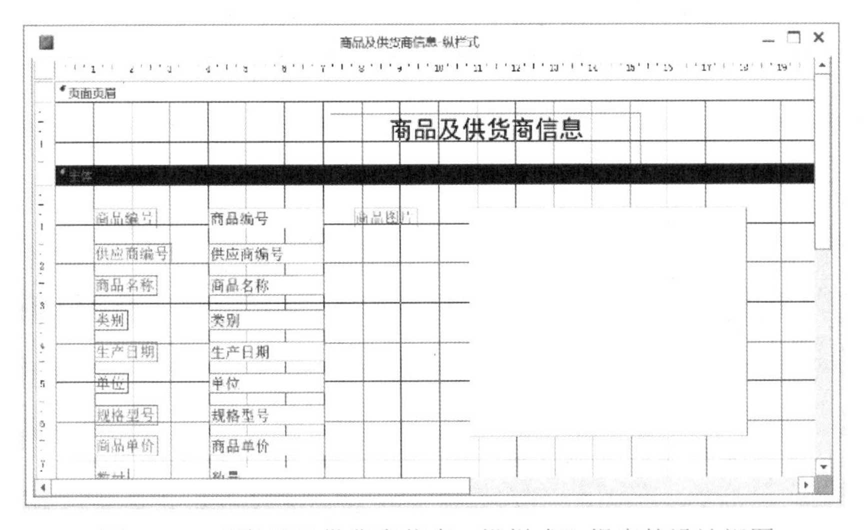

图 5-56　“商品及供货商信息 - 纵栏式”报表的设计视图

步骤 2： 选择“主体”节中左侧的两列控件，如图 5-57 所示。

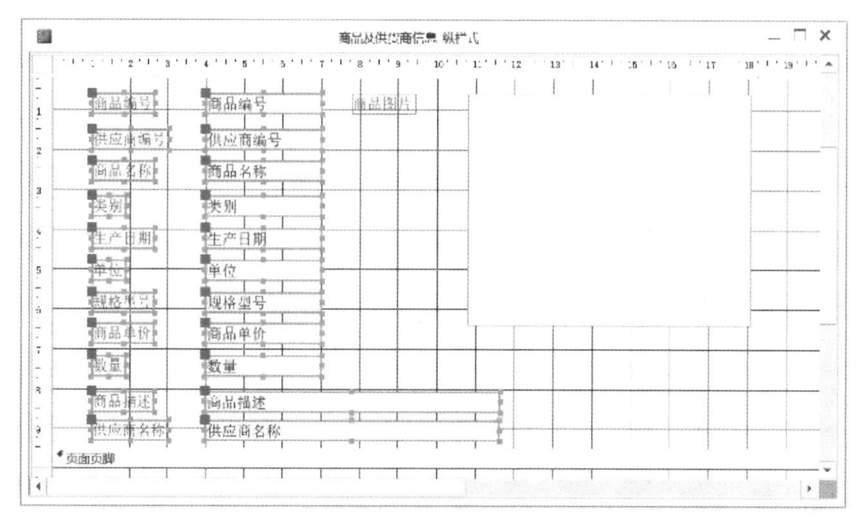

图 5-57　选择控件

工程师提示

选择控件的方法有多种，如果选择全部控件，则可以按快捷键“Ctrl+A”；如果选择其中某些相邻控件，则可以用鼠标拖动出一个矩形框，框住所要选择的控件；如果选择不相邻的多个控件，则可以按住“Ctrl”键进行选择。

步骤 3： 在所选控件上右击，在弹出的快捷菜单中选择“属性表”命令，打开“属性表”窗格，设置“字体名称”为“宋体（主体）”、“字号”为“12”，如图 5-58 所示。

步骤 4： 在所选控件上右击，在弹出的快捷菜单中选择“大小”→“正好容纳”命令，设置控件的大小，如图 5-59 所示。

图 5-58　“属性表”窗格

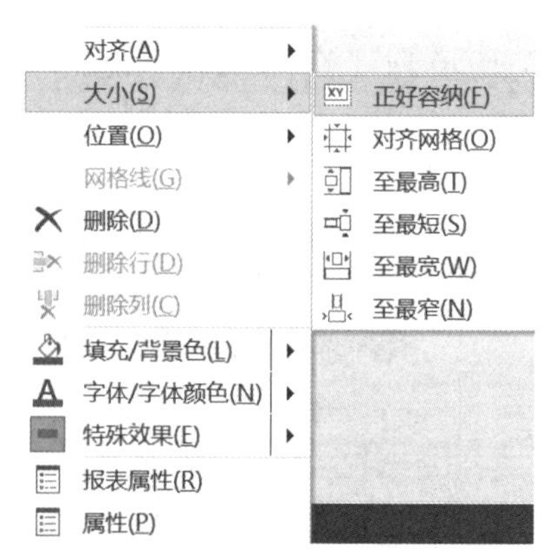

图 5-59　设置控件的大小

步骤 5： 选择左侧一列标签控件，在所选控件上右击，选择“对齐”→“靠右”命令，使所有选择的控件都靠右对齐，如图 5-60 所示。

步骤 6： 选择右侧一列文本框控件，使所有选择的控件的值的文本对齐方式为“左对齐”。

工程师提示

当设置标签或文本框格式时，也可以使用 Access 2013 的“报表设计工具 / 格式”选项卡中的选项来快速设置字体、字号、字形、对齐方式、字体颜色、数字格式、背景等。

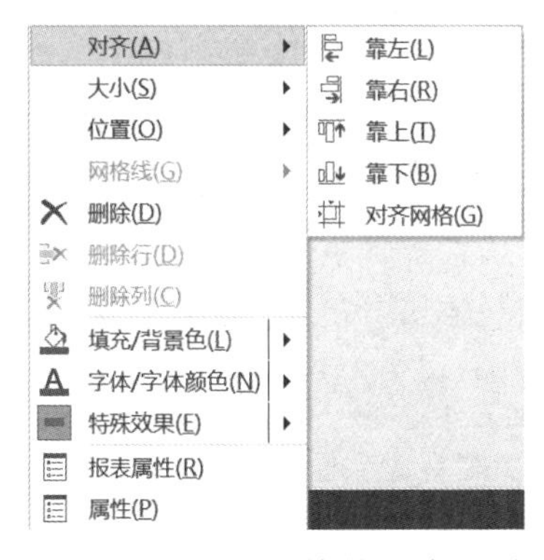

图 5-60　设置控件的对齐方式

步骤 7：在标题下方设置一条横线。在“控件”选项组中选择“直线”按钮，在标签“商品及供货商信息”下方按住“Shift”键拖动出一条水平直线，如图 5-61 所示。

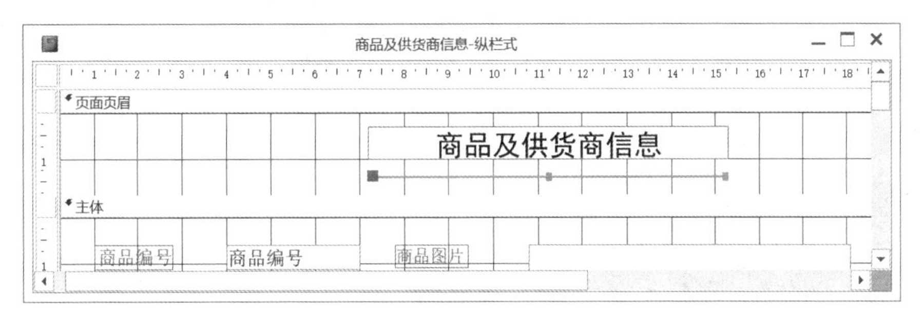

图 5-61　添加线条

步骤 8：打开线条控件的“属性表”窗格，设置“边框样式”为“点画线”，“边框宽度”为“2pt”，如图 5-62 所示。

步骤 9：选中“页面页眉”节中标题下方添加的线条，并进行复制，选中“主体”节，将线条复制到“主体”节中，并将线条移动到“主体”节的底部，将“边框宽度”改为“1pt”，线条效果如图 5-63 所示。

属性表

所选内容的类型：线条

Line16

格式 数据 事件 其他 全部

可见	是
斜线	\
宽度	7.899cm
高度	0cm
上边距	1.399cm
左边距	7.298cm
边框样式	点划线
边框宽度	2 pt
边框颜色	文字 1
特殊效果	平面
上网格线样式	透明
下网格线样式	透明
左网格线样式	透明
右网格线样式	透明

图 5-62　设置线条的属性

商品及供货商信息-纵栏式

主体

商品编号	商品编号	商品图片
供应商编号	供应商编号	
商品名称	商品名称	
类别	类别	
生产日期	生产日期	
单位	单位	
规格型号	规格型号	
商品单价	商品单价	
数量	数量	
商品描述	商品描述	
供应商名称	供应商名称	

图 5-63　线条效果

步骤 10：单击“报表设计工具 / 设计”→“页眉 / 页脚”→“日期和时间”按钮，打开“日期和时间”对话框，设置日期格式，并设置日期控件的属性为宋体、14 号、斜体。

工程师提示

通过“页眉 / 页脚”选项组插入“日期和时间”时，只能插入到“报表页眉”节中，插入后可以将其移动到其他所需节中。

步骤 11：“商品及供货商信息 - 纵栏式修改”报表修改效果如图 5-64 所示。

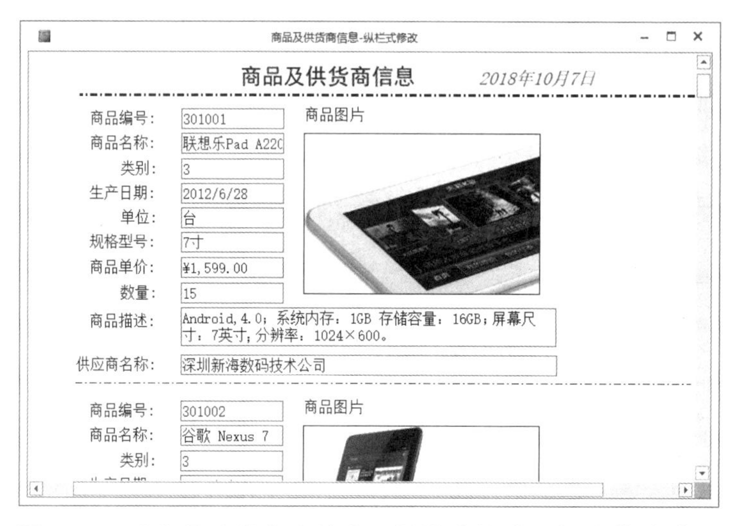

图 5-64　“商品及供货商信息 - 纵栏式修改”报表修改效果

操作实例 2：制作“商品名称”报表，只显示其商品名称，分为两栏打印。

【操作步骤】

步骤 1：打开“进销存管理”数据库，在导航窗格中选中“商品”表，使用报表向导新建报表，如图 5-65 所示。

步骤 2：将“商品名称”从“可用字段”列表框中移动到“选定字段”列表框中，“选定字段”只有“商品名称”，如图 5-66 所示。

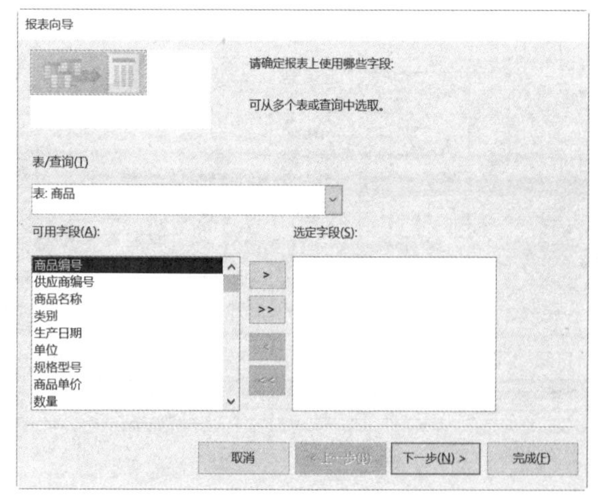

图 5-65　新建报表

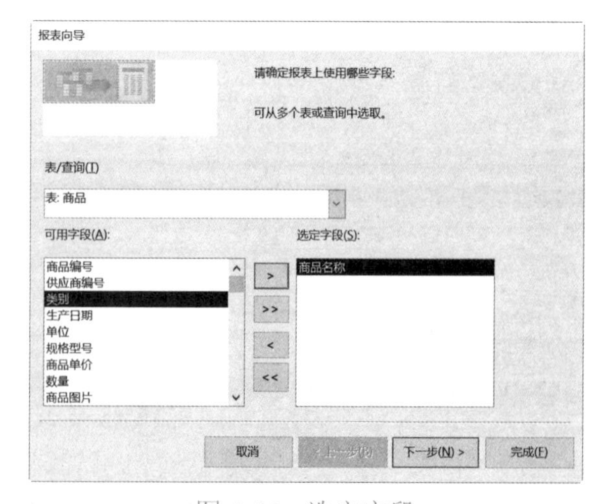

图 5-66　选定字段

步骤 3：单击“下一步”按钮，设置排序字段为“商品名称”，如图 5-67 所示。单击“下一步”按钮，设置“布局”为“表格”，“方向”为“纵向”，如图 5-68 所示。单击“完成”

按钮，切换到报表的设计视图。

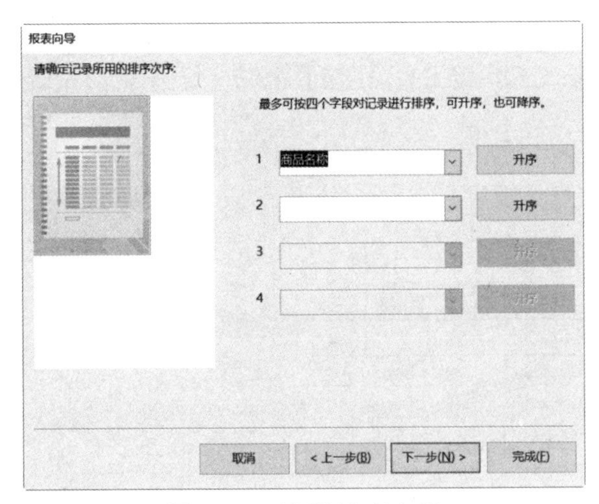

图 5-67　设置排序字段

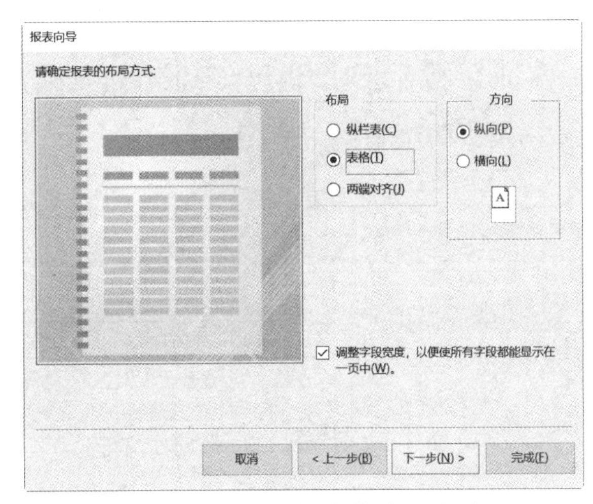

图 5-68　设置报表的布局方式

步骤 4： 在报表的设计视图中删除“页面页脚”节中的全部控件，如图 5-69 所示。

步骤 5： 打开“页面设置”对话框，选择“列”选项卡，在“列数”文本框中输入“2”，在“列布局”选项组中选择“先行后列”单选按钮，如图 5-70 所示。保存报表，报表分栏效果如图 5-71 所示。

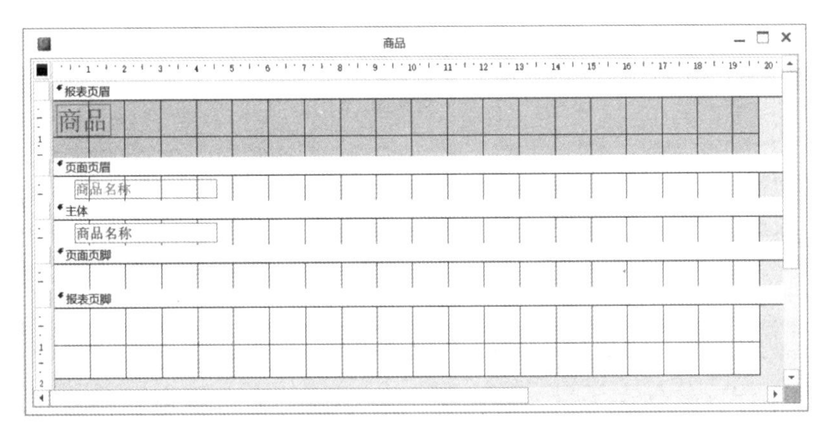

图 5-69　删除“页面页脚”节中全部控件后的报表

图 5-70　“页面设置”对话框

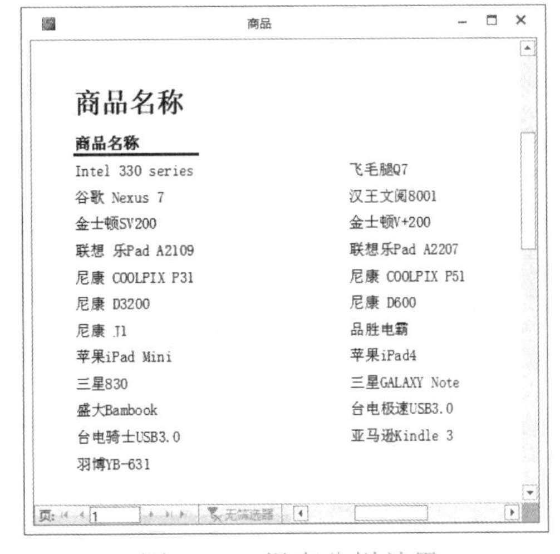

图 5-71　报表分栏效果

任务实训

实训 1：按要求对“供应商”报表进行编辑和修改，将其另存为“商品供应商情况表”报表，如图 5-72 所示。

商品供应商情况表

2018年6月5日　　共 1 页，第 1 页

供应商编号	供应商名称	联系人姓名	联系人电话	E-mail	地址
G001	深圳新海数码技术公司	王明月	138[illegible]	[illegible]@163	深圳市[illegible]
G002	广州市汇众电脑公司	张斌	138[illegible]	[illegible]@126	广州市[illegible]
G003	武汉新科数码有限公司	李新民	139[illegible]	[illegible]@sina.com	武汉市[illegible]
G004	深圳创新科技公司	刘理	130[illegible]	[illegible]@sohu.com	深圳市[illegible]
G005	深圳市明一数码产品有|	吴经理	131[illegible]	[illegible]@sohu.com	深圳市[illegible]
G006	北京中关村四通公司	李经理	158[illegible]	[illegible]@126.com	北京市[illegible]
G007	北京中科信息技术公司	高歌	159[illegible]	[illegible]@163.com	北京市[illegible]
G008	成都市天天信息设备有|	方明远	131[illegible]	[illegible]@qq.com	成都市[illegible]

图 5-72　“商品供应商情况表”报表效果

【实训要求】

1．设置“商品供应商情况表”报表标题为宋体、20pt、加粗。

2．设置“主体”节中的列标题标签文字为宋体、加粗，文本框中的文字为宋体，标签、文本框均左对齐。

3．在“页面页眉”节的列标题上下各添加一条横线，边框宽度为 2pt，在“页面页眉”节的左侧添加当前日期，在“页面页眉”节的右侧添加页码，页码格式为“共 X 页，第 X 页”。

4．在“主体”节下部添加横线，边框宽度为 1pt，使报表具有表格线效果。

实训 2：以“员工”表为数据源创建“员工基本情况表”报表，并设置其格式。

【实训要求】

1．使用报表设计创建“员工基本情况表”报表，在“页面页眉”节添加报表标题“员工基本情况表”，并设置标题文字为黑体、24pt。

2．将列标题标签文字设置为仿宋、12pt、加粗，将文本框文字设置为仿宋、12pt，且对齐方式为左对齐。

3．在“页面页眉”节的左侧添加“共 X 人”[使用“COUNT(*) 函数”统计人数，并作为控件数据源。]

4．在“页面页脚”节的左侧添加当时日期和时间，在其右侧添加页码，页码格式为“共 X 页，第 X 页”，文字均为仿宋、12pt、加粗。

5．进行页面设置，纸张大小为 A4，上下页边距设为 20mm，左右页边距设为 15mm，打印方向为横向。

任务 4　报表的操作及应用

任务分析

报表设计完成后，报表中的记录是按照输入的先后顺序排列的，实际应用中需要使报表中的记录按一定的条件进行分组或排序，这样便于数据的使用和管理。有时还需要对报表中的数据进行计算和汇总，使报表能提供更多的实用信息。本任务将通过实例操作，讲解在报表中进行分组、排序、统计和运算的基本操作方法。

知识准备

一、报表的分组和排序

1. 分组和排序

分组是指将具有共同特征的若干条相关记录组成一个集合。报表分组后，相关记录将会集中在一起显示，并且可以为同一组中的记录设置标题和汇总信息。

可以按“日期 / 时间”“文本”“数字”“货币”类型字段对记录进行分组。

排序就是确定记录数据在报表中的一个或多个字段的显示顺序。

在使用报表向导创建报表的过程中也可以设置排序方式，但最多可按 4 个字段对记录进行排序，且只有字段才能作为排序依据。在使用报表设计创建报表的过程中可以使用更多的字段进行分组或排序，而且可以使用表达式作为分组或排序依据。

2. 分组和排序的方法

报表中的分组和排序功能在“分组、排序和汇总”窗格中实现，可以使用以下方法打开“分组、排序和汇总”窗格。

（1）切换到报表的设计视图，单击“报表设计工具 / 设计”→“分组和汇总”→“分组和排序”按钮，如图 5-73 所示。

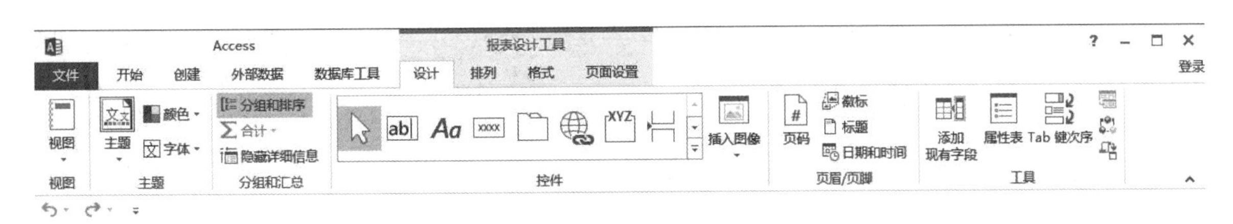

图 5-73　“分组和排序”按钮

（2）切换到报表的设计视图，选择“主体”节并右击，在弹出的快捷菜单中选择“排序和分组”命令。

通过在“分组、排序和汇总”窗格中选择排序与分组的字段或表达式、指定排序方式、设置组页眉和页脚属性、设置分组形式等操作来完成分组和排序。

（1）分组：单击“添加组”按钮，可以进行分组的有关设置。在“分组形式”右侧的列表框中可以选择字段名称或表达式作为分组依据，可以设置分组排序方式，默认排序方式为“升序”。同样，可以选择是否进行汇总及选择汇总方式等。再次单击“添加组”按钮可以选择多个字段作为分组依据。

（2）排序：单击“添加排序”按钮，可以进行排序的有关设置。在“排序依据”右侧的列表框中可以选择字段名称或表达式作为排序依据，可以设置排序方式，默认排序方式为“升序”。同样，可以选择是否进行汇总及选择汇总方式等。再次单击“添加排序”按钮可以选择多个字段作为排序依据。

在分组和排序的过程中还可以控制是否显示分组或排序有无页眉和页脚，可以单独设置分组或排序的标题。

不同数据类型的字段可以作为“分组形式”或“排序依据”，它们对应的选项值有不同的选择。不同数据类型的字段对应的选项值和排序或分组方式如表 5-1 所示。

表 5-1　不同数据类型的字段对应的选项值和排序或分组方式

字段数据类型	选　项　值	排序或分组方式
短文本、长文本	（默认值）整个值	字段或表达式中的值
	前缀字符	前 n 个字符相同
日期 / 时间	（默认值）整个值	字段或表达式中的值
	年	同一历法年内的日期
	季	同一历法季度内的日期
	月	同一月份内的日期
	周	同一周内的日期
	日	同一天内的日期
	时	同一小时内的时间
	分	同一分钟内的时间
自动编号、货币及数字	（默认值）整个值	字段或表达式中的值
	间隔	指定间隔的值

工程师提示

如果要删除某个排序 / 分组字段或表达式，则在“分组、排序和汇总”窗格中单击排序或分组所在行最右侧的“删除”按钮即可。

删除分组字段会删除报表中相应的“组页眉”和“组页脚”节及其中的控件，并且删除后不能恢复。

二、报表的运算

在报表中，可通过添加计算控件来实现多种运算。计算控件是报表中用于显示表达式结果的控件，当表达式或表达式的值发生变化时，计算控件上的显示结果也会随之发生改变。

常用的运算包括求和、平均值、最大值、最小值等。不同数据类型的字段可以进行不同的运算。可以对分组数据进行运算，也可以对整个报表进行运算。若要对一组数据进行运算，则可以在该组页眉或组页脚中添加计算控件；若要对整个报表进行运算，则可以在报表页眉或报表页脚中添加计算控件。

切换到报表的设计视图，单击“报表设计工具 / 设计”→“分组和汇总”→“合计”下拉按钮，可以在弹出的下拉列表中选择不同的运算方式。

运算通常使用函数来完成，常用的运算函数有以下几种。

（1）Count( ) 函数：计数函数，表达式为“= Count(*)”，统计记录个数。

（2）Sum( ) 函数：求和函数，表达式为“= Sum([字段])”，求字段的和。

（3）Avg( )：求平均值函数，表达式为“= Avg([字段])”，求字段的平均值。

任务操作

操作实例：在“进销存管理”数据库中，制作“进货统计表”报表，分别统计各供应商所供商品的信息，并计算各种商品的金额总计。

【操作步骤】

步骤 1：单击“创建”→“报表”→“报表向导”按钮，打开“报表向导”对话框，如图 5-74 所示。

步骤 2：在“表 / 查询”下拉列表中选择“查询：商品及供货商信息”选项，选择“商品编号”“商品名称”“规格型号”“商品单价”“数量”“供应商名称”为选定字段，如图 5-75 所示。

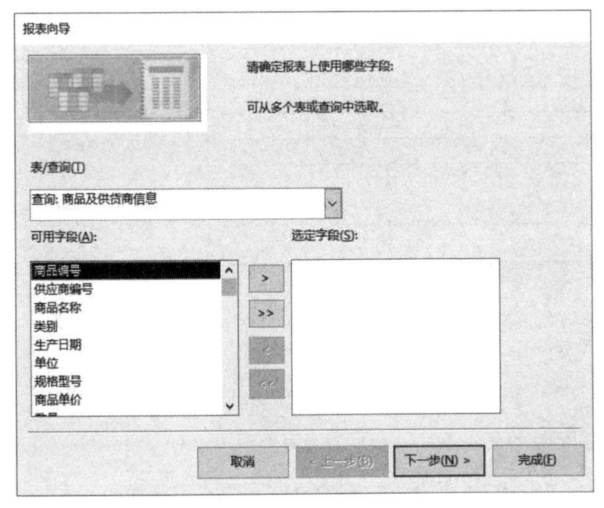

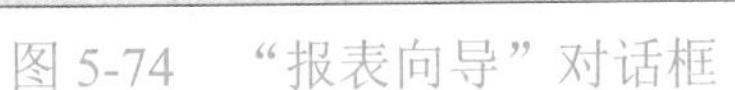
图 5-74　“报表向导”对话框

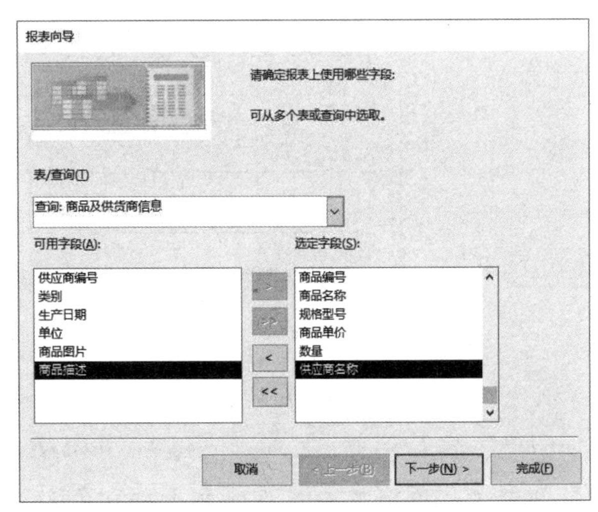

图 5-75　选定字段

步骤 3：单击“下一步”按钮，选择查看数据的方式，这里选择“通过商品”，单击“下一步”按钮。确定添加分组级别，这里选择默认的排序次序，单击“下一步”按钮。

步骤 4：在确定报表的布局方式时，设置“布局”为“表格”，单击“下一步”按钮。

步骤 5：把标题设置为“进货统计表”，单击“完成”按钮，其预览效果如图 5-76 所示。按快捷键“Ctrl+S”对报表进行保存。

进货统计表

商品编号	商品名称	规格型号	数量	商品单价	供应商名称
101001	尼康 COOLPIX P510	长焦	15	¥2,800.00	武汉新科数码有限公司
101002	尼康 D600	单反	10	¥13,100.00	武汉新科数码有限公司
101003	尼康 D3200	单反	3	¥3,400.00	武汉新科数码有限公司
101004	尼康 J1	单电	8	¥2,100.00	武汉新科数码有限公司
101005	尼康 COOLPIX P310	卡片	6	¥1,900.00	武汉新科数码有限公司
201001	亚马逊Kindle 3	电子纸	15	¥1,200.00	广州市汇众电脑公司
201002	汉王文阅8001	液晶屏	10	¥1,580.00	广州市汇众电脑公司
201003	盛大Bambook	电子纸	5	¥500.00	广州市汇众电脑公司

图 5-76　预览效果 1

步骤 6：切换到“进货统计表”报表的设计视图，对供应商进行分组。单击“报表设计工具 / 设计”→“分组和汇总”→“分组和排序”按钮，或者在报表的设计视图中右击，在弹出的快捷菜单中选择“排序和分组”命令，打开“分组、排序和汇总”窗格。

步骤 7：单击“添加组”按钮，设置分组依据为“供应商名称”，排序方式为“升序”，选择“有页眉节”和“有页脚节”选项，此时，报表的设计视图中会自动添加“供应商名称页眉”节和“供应商名称页脚”节，设置效果如图 5-77 所示。

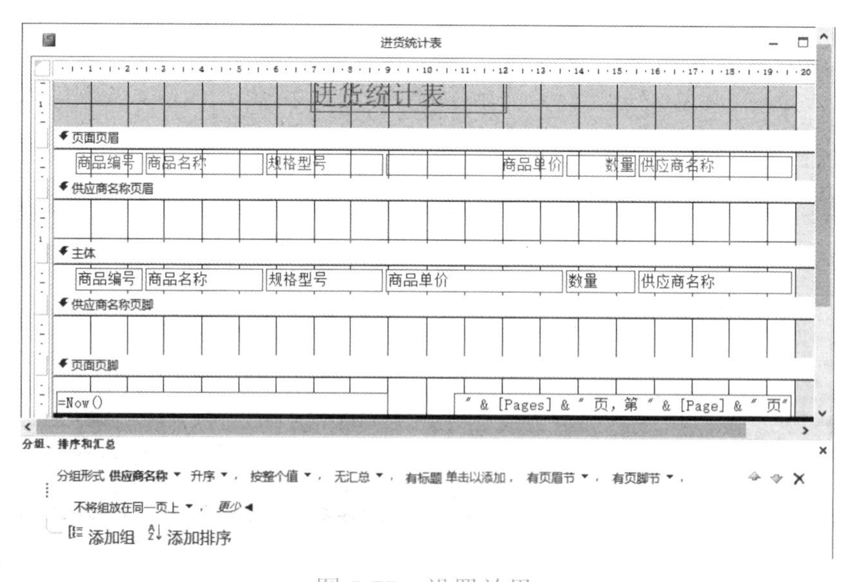

图 5-77　设置效果

步骤 8：将“页面页眉”节中的所有标题标签移动到“供应商名称页眉”节中，并调整其相关位置，将“供应商名称”文本框移动到“供应商名称”标签后，如图 5-78 所示。

工程师提示

因为组页眉和组页脚是在每组中出现的，所以根据需要可以直接把列标题放到组页眉中。

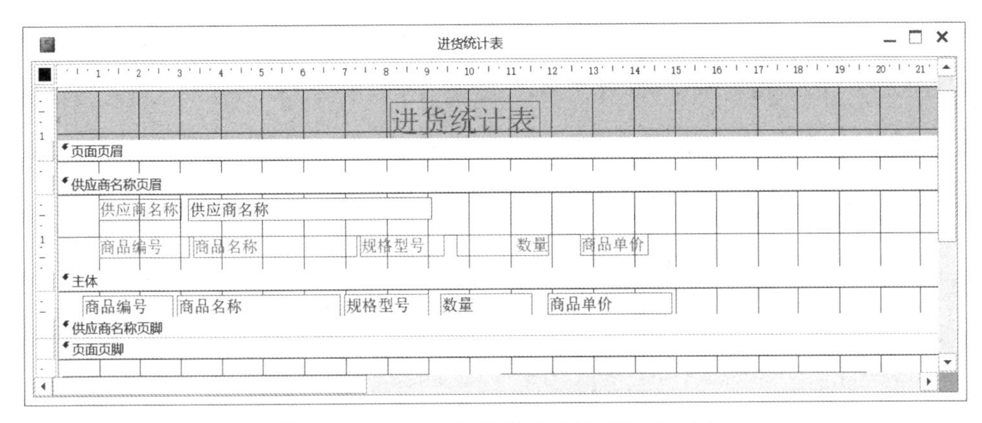

图 5-78　执行移动操作后的设置效果

步骤 9：切换到报表视图，预览效果，如图 5-79 所示。可以看出，每个供应商提供的商品被分到一组中显示，按快捷键“Ctrl+S”对报表进行保存。

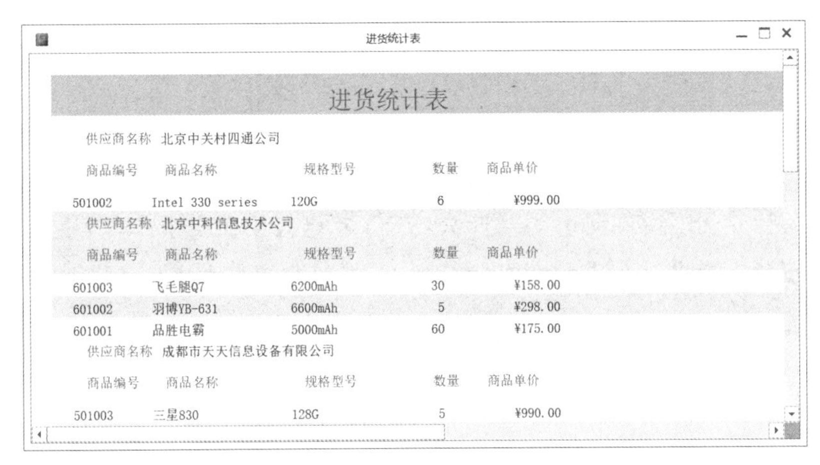

图 5-79　预览效果 2

步骤 10：对分组中的记录进行排序，切换到报表的设计视图，再次打开“分组、排序和汇总”窗格，在分组下面添加排序，设置排序依据为“商品编号”，排序方式为“升序”，如图 5-80 所示。

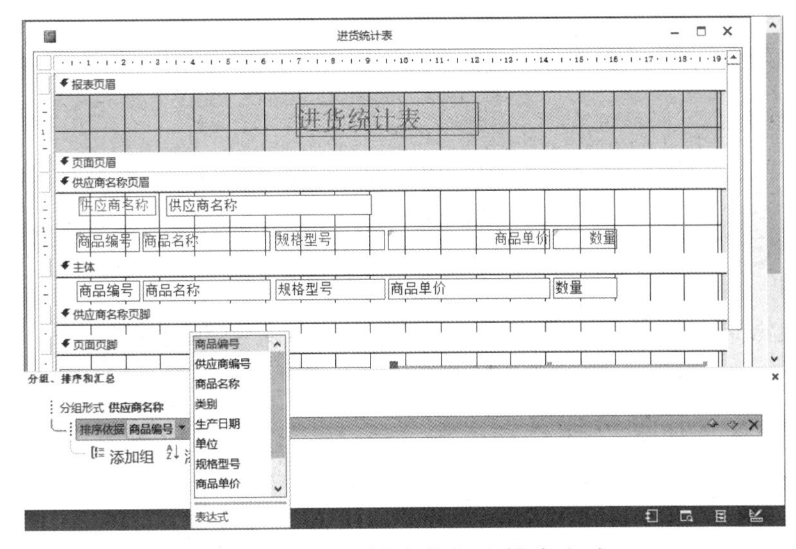

图 5-80　设置排序依据和排序方式

步骤 11： 添加计算控件，计算同类商品的总货款。在“组页眉”处加入“总计”标签，在“主体”节中加入文本框控件，打开文本框控件的“属性表”窗格，在“数据”选项卡的“控件来源”文本框中直接输入表达式“=[商品单价]*[数量]”，如图 5-81 所示。此时，“进货统计表”报表的设计视图如图 5-82 所示。

图 5-81　设置“控件来源”

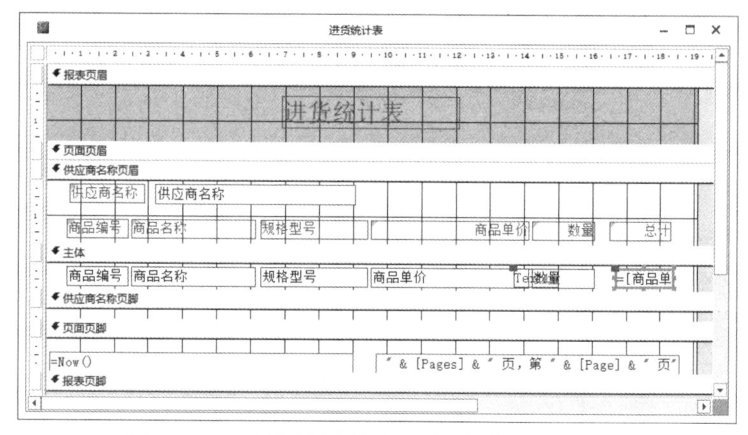

图 5-82　“进货统计表”报表的设计视图

工程师提示

文本框控件中的计算表达式必须由“=”开头，除了可以直接在控件中输入表达式，还可以在文本框控件“属性表”窗格“数据”选项卡的“控件来源”文本框中输入表达式，或通过表达式生成器生成表达式。

步骤 12： 此时，报表视图下的预览效果如图 5-83 所示，“总计”是商品单价和数量的乘积，按快捷键“Ctrl+S”对报表进行保存。

进货统计表

进货统计表

供应商名称　北京中关村四通公司

商品编号	商品名称	规格型号	数量	商品单价	总计
501002	Intel 330 series	120G	6	¥999.00	5994

供应商名称　北京中科信息技术公司

商品编号	商品名称	规格型号	数量	商品单价	总计
601001	品胜电霸	5000mAh	60	¥175.00	10500
601002	羽博YB-631	6600mAh	5	¥298.00	1490
601003	飞毛腿Q7	6200mAh	30	¥158.00	4740

供应商名称　成都市天天信息设备有限公司

商品编号	商品名称	规格型号	数量	商品单价	总计
501003	三星830	128G	5	¥990.00	4950

供应商名称　广州市汇众电脑公司

图 5-83　预览效果 3

步骤 13： 对数据进行汇总。统计同一供应商商品种类数和总金额，在“供应商名称页脚”节中加入标签“商品种类”和“金额总计”。

步骤 14： 在“商品种类”标签后添加文本框，设置其“控件来源”为函数表达式“=Count(*)”，表示记录计数，即可计算出商品种类数，如图 5-84 所示。同样，在“金额总计”标签后添加文本框，设置其“控件来源”为函数表达式“=Sum([商品单价]*[数量])”，如图 5-85 所示。

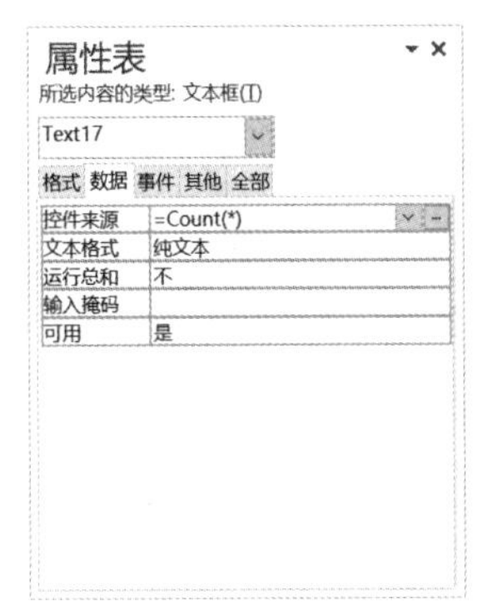

图 5-84　设置“商品种类”的“控件来源”属性

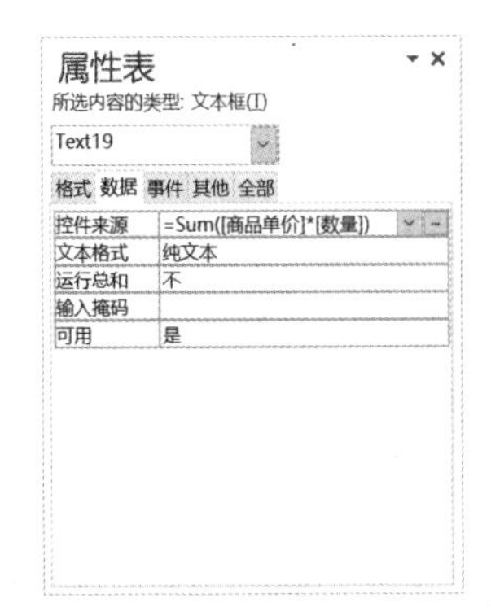

图 5-85　设置“金额总计”的“控件来源”属性

步骤 15：添加汇总数据后的报表的设计视图如图 5-86 所示，添加汇总数据后的报表视图预览效果如图 5-87 所示，按快捷键“Ctrl+S”对报表进行保存。

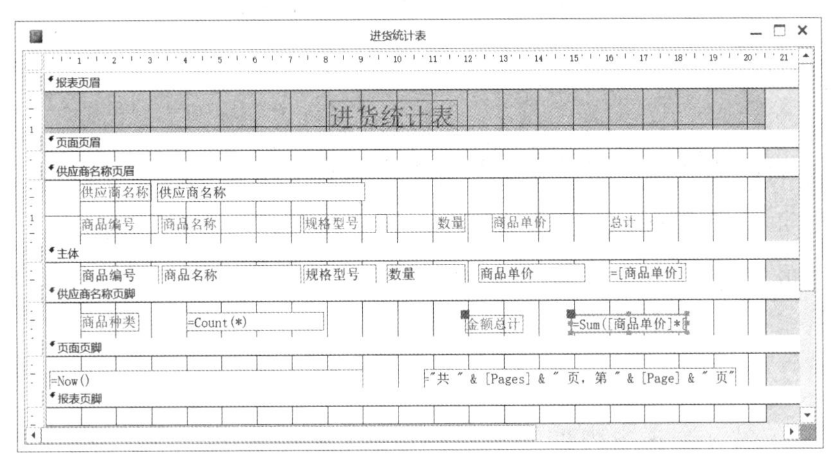

图 5-86　添加汇总数据后的报表的设计视图

进货统计表

供应商名称　北京中关村四通公司

商品编号	商品名称	规格型号	数量	商品单价	总计
501002	Intel 330 series	120G	6	¥999.00	5994
商品种类		1	金额总计		5994

供应商名称　北京中科信息技术公司

商品编号	商品名称	规格型号	数量	商品单价	总计
601001	品胜电霸	5000mAh	60	¥175.00	10500
601002	羽博YB-631	6600mAh	5	¥298.00	1490
601003	飞毛腿Q7	6200mAh	30	¥158.00	4740
商品种类		3	金额总计		16730

供应商名称　成都市天天信息设备有限公司

图 5-87　添加汇总数据后的报表视图预览效果

工程师提示

报表在分组后，因分组的大小不同，一组数据可能跨页显示，这样不方便阅览，可以在“分组、排序和分组”窗格中，将组属性中的“不将组放在同一页上”设置为“将整个组放在同一页上”。

任务实训

实训：创建“销售记录表”报表，并对该报表进行相应的计算和汇总。

【实训要求】

1. 数据源为“销售记录”表，报表名称为“销售记录表”。
2. 对“销售记录表”报表按“经办人”分组，按“商品编号”升序排序。
3. 添加“销售金额”控件，计算每笔销售的总金额，公式为“=[销售单价]*[数量]”。
4. 对每组进行数据汇总，计算销售数量，计算销售总金额。

任务 5　创建子报表

任务分析

用户在工作中有时需要从一张报表中得到更多信息，Access 2013 可以通过子报表来满足用户的此项需求，即通过子报表关联表数据，在显示主报表的数据的同时显示子报表的数据，并且子报表可随着主报表的数据更新。本任务通过创建子报表的实例，讲解创建子报表的操作方法。

知识准备

子报表是出现在另一个报表内部的报表。包含子报表的报表称为主报表。主报表与子报表的关系可以是一对一的关系，也可以是一对多的关系。

创建带有子报表的报表一般有以下两种方法。

（1）先创建主报表，再通过“控件”选项组中的“子窗体 / 子报表”控件创建子报表。

（2）将已有的报表作为子报表添加到其他报表中。

需要注意的是，主报表和子报表必须有关联字段，这样制作出来的子报表才会随着主报表中关联字段值的变化而在子报表中进行相应信息的显示。

任务操作

操作实例：创建“商品及销售情况表”报表，其中，“商品及供货商信息”报表为主报表，“销售记录”表作为子报表的数据源。当主报表中的数据变化时，子报表中的数据发生相应的变化。

【操作步骤】

步骤 1：打开“商品及供货商信息”报表，将其作为主报表，为了在下方容纳子报表，对此报表中的控件的位置进行调整，如图 5-88 所示。

图 5-88　调整控件的位置

步骤 2：单击“报表设计工具 / 设计”→“控件”→“子窗体 / 子报表”按钮，在主报表中单击，打开“子报表向导”对话框，选中“使用现有的表和查询”单选按钮，如图 5-89 所示。单击“下一步”按钮。

步骤 3：在“表 / 查询”下拉列表中找到“表：销售记录”选项，选择如图 5-90 所示的字段作为“选定字段”。单击“下一步”按钮。

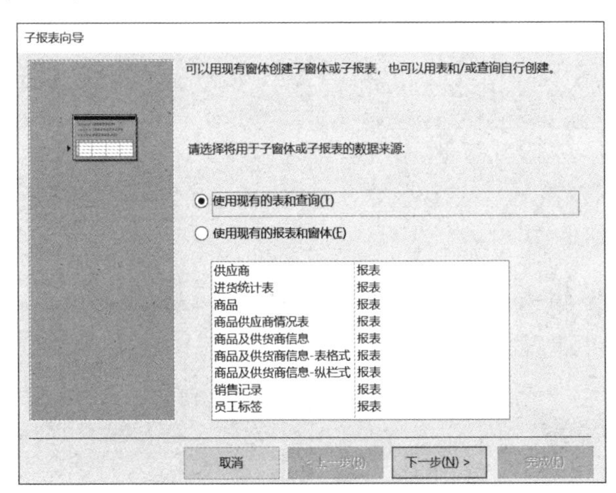

图 5-89　选择子报表的数据来源

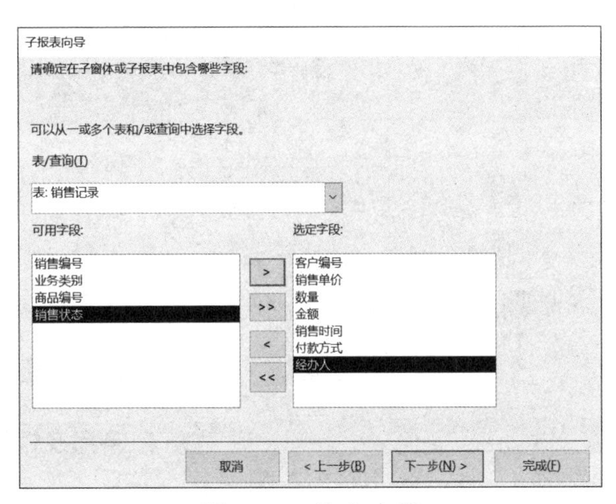

图 5-90　选定字段

步骤 4：选择“从列表中选择”单选按钮，并选中“对 <SQL 语句 > 中的每个记录用商品编号显示销售记录”，如图 5-91 所示。单击“下一步”按钮。

工程师提示

字段的相应设置是为了让主报表和子报表的相应字段关联，这样子报表才会随着主报表中关联字段值的变化而在子报表中显示相应的信息。

步骤 5：指定子报表的名称为“销售记录子报表”，如图 5-92 所示。单击“完成”按钮。

步骤 6：将子报表添加到主报表中，将主报表标题修改为“商品及销售情况表”，调整子报表的位置及属性，如图 5-93 所示。

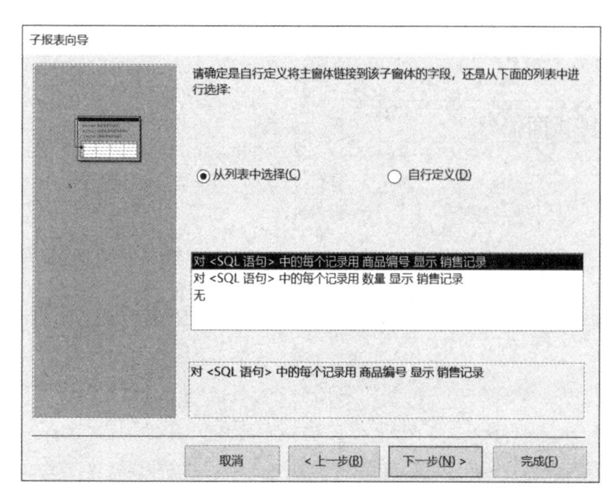

图 5-91　选择链接字段

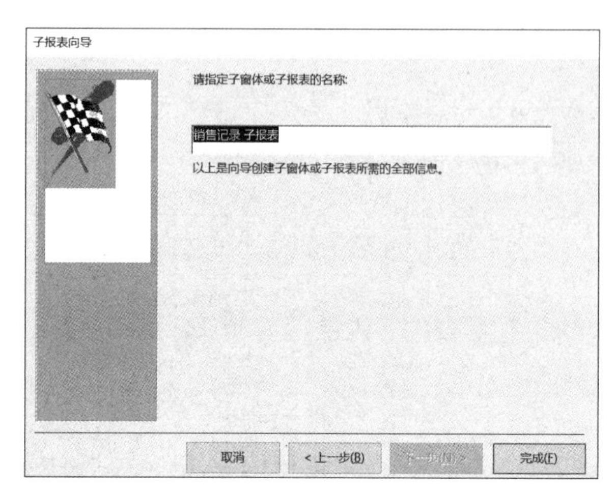

图 5-92　指定子报表的名称

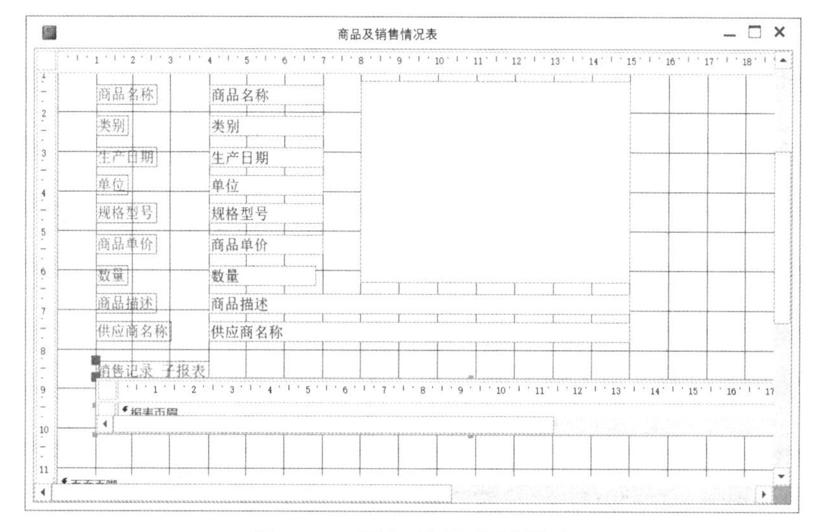

图 5-93　添加并调整子报表

步骤 7：将报表另存为“商品及销售情况表”报表，其最终效果如图 5-94 所示。

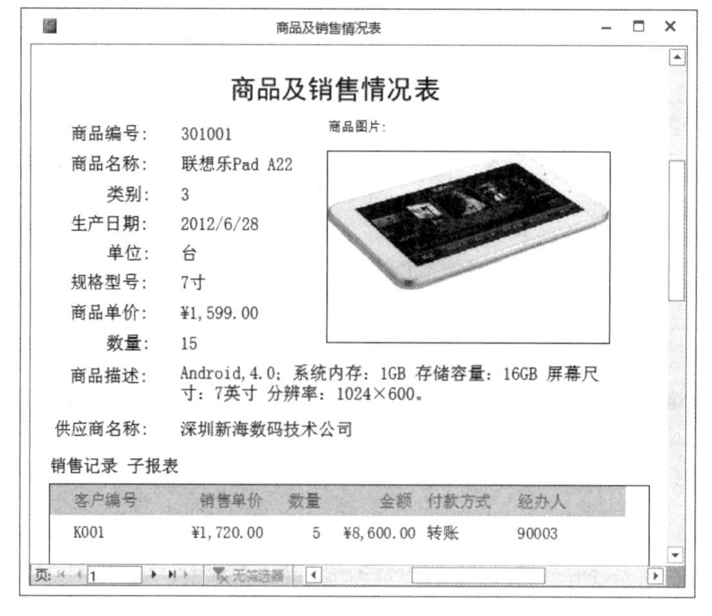

图 5-94　“商品及销售情况表”报表的最终效果

任务实训

实训：创建“员工个人销售情况”报表，其中，“员工个人信息”为主报表，“个人销售情况”为子报表。

【实训要求】

1．数据源为“员工”表和“销售记录”表。

2．使用“员工”表创建“员工个人信息”纵栏式报表，将其作为主报表，并对报表进行基本设置。

3．使用“销售记录”表创建子报表“个人销售情况”，要求主报表和子报表中的“员工编号”关联。

4．美化报表，使子报表能准确反映员工个人信息及其销售记录。

5．尝试使用两种方法创建子报表。

知识回顾

1．报表的概念

报表是 Access 2013 中常用的数据库对象之一，主要作用是对数据库中的表、查询中的数据信息进行格式化布局或排序、分组、计算和汇总后，以报表的形式显示或输出。报表没有交互功能。

常用的报表有 3 种：纵栏式报表、表格式报表、标签式报表。

报表由报表页眉、报表页脚、页面页眉、页面页脚、组页眉、组页脚、主体 7 个节组成，实际应用中可根据需要添加或删除节。节代表着报表中的不同区域，可以通过在节中放置控件来确定每一节中显示的内容。

报表有 4 种视图：报表视图、设计视图、打印预览和布局视图。

2．报表的创建及编辑

报表的创建一般有 5 种方法：一是使用“报表”按钮创建报表；二是使用报表向导创建报表；三是使用报表设计创建报表；四是使用空报表创建报表；五是使用“标签”按钮创建报表。使用“报表”按钮创建报表时，可以创建包含表或查询中所有字段和记录的纵栏式报表或表格式报表。使用报表向导创建报表时，将根据报表向导的提示来创建报表，还可以指定数据的分组和排序方式，以及指定报表包含的字段和内容等。使用报表设计创建报表时，可以在报表中手动添加控件，以设计不同格式的报表及对报表进行计算。报表设计可用于创建复杂的报表，以满足用户更高的需求，这是创建和设计报表最灵活的方法。报表的编辑主要包括设置报表的基本属性，插入页码、图片、日期、时间，绘制直线和矩形等。使用空报表创建报表与使用报表设计创建报表类似，都是从一个空报表开始，通过向报表中添加字段来生成报表，空报表工具使用的视图是布局视图。

3．报表的分组、排序与运算

报表中的记录可按照一定的规则进行分组或排序。

报表中除了可以显示表或查询中已有的数据，还可以根据需要运用表达式来进行计算或汇总。

当报表中需要同时显示多个数据源中的数据时，可以使用主报表和子报表。

自我测评

一、选择题

1. 如果要显示的记录和字段较多，并且希望可以同时浏览多条记录及方便比较相同字段，则应创建（　　）类型的报表。

A．纵栏式　　B．标签式　　C．表格式　　D．图表式

2. 要在报表的最后一页页尾输出信息，应通过（　　）设置。

A．组页脚　　B．报表页脚　　C．报表页眉　　D．页面页脚

3．报表的作用不包括（　　）。

A．分组数据　　B．汇总数据　　C．格式化数据　　D．输入数据

4．每个报表最多包含（　　）个节。

A．5　　B．6　　C．7　　D．10

5．要求在页面页脚中显示“第 X 页，共 Y 页”，则页面页脚中的页码控件来源应设置为（　　）。

A．=" 第 " & [Pages] & " 页，共 " & [Page] & " 页 "

B．=" 共 " & [Pages] & " 页，第 " & [Page] & " 页 "

C．=" 第 " & [Page] & " 页，共 " & [Pages] & " 页 "

D．=" 共 " & [Page] & " 页，第 " & [Pages] & " 页 "

6．报表的数据源不包括（　　）。

A．表　　B．查询　　C．SQL 语句　　D．窗体

7．标签控件通常通过（　　）向报表中添加。

A．工具栏　　B．属性表　　C．工具箱　　D．字段列表

8．要使打印的报表每页显示 3 列记录，应在（　　）中进行设置。

A．工具箱　　B．页面设置　　C．属性表　　D．字段列表

9．将大量数据按不同的类型分别集中在一起，称为对数据进行（　　）。

A．筛选　　B．合计　　C．分组　　D．排序

10．报表的设计视图中的（　　）按钮是窗体的设计视图工具栏中没有的。

A．查看代码　　B．字段列表　　C．工具箱　　D．分组和排序

二、填空题

1．常用的报表有 3 种类型，分别是表格式报表、________、________。

2．Access 2013 为报表操作提供了 4 种视图，分别是________、________、________、________。

3．在报表的设计视图中，为了实现报表的分组输出和分组统计，可以使用“分组和排序”选项来设置________窗格。在此窗格中主要设置文本框或其他类型的控件以显示________。

4．报表打印输出时，报表页脚的内容只在报表的________打印输出；而页面页脚的内容只在报表的________打印输出。

5．报表的创建有 5 种方法：________、________、________、________、________。

6．在“分组、排序和汇总”窗格中，________字段按照整个字段或字段中前 1 ～ 5 个字符分组，________字段按照各自的值或按年、季、月、星期、日、小时分组。

7．在报表中，如果不需要页眉和页脚，则可以将不需要的节的________属性设置为“否”，或者直接删除页眉和页脚，但如果直接删除，Access 2013 会同时删除________。

8．对于计算型控件来说，当计算表达式中的值发生变化时，将会________。

9．Access 2013 中新建的空白报表都包含________、________和________3 个节。

三、判断题

1．一个报表可以有多个页，也可以有多个报表页眉和报表页脚。（　　）

2．在表格式报表中，每条记录以行的方式自左向右依次显示排列。（　　）

3．在报表中可以交互接收用户输入的数据。（　　）

4．使用报表向导创建的报表只能是纵栏式报表和表格式报表。（　　）

5．对于报表中插入的页码，其对齐方式有左、中、右 3 种。（　　）

6．若要在报表中显示格式为“页码 / 总页码”的页码，则文本框控件来源属性为“=[Page]/[Pages]”。（　　）

7．整个报表的计算汇总一般放在报表的“报表页脚”节中。（　　）

项目6

宏的使用

宏是 Access 数据库的主要对象之一，它是由一个或多个操作组成的命令集合。使用宏，不用编程即可自动完成一些重复操作，并保持操作的一致性，大大提高了工作效率。通过控件与宏操作的结合，可以将数据库中的其他对象联系在一起，完成对数据库的管理和应用。本项目将在了解宏的概念的基础上，重点介绍宏的创建、应用等基本操作方法。

能力目标

- 掌握常用的宏的基本操作方法
- 掌握宏的创建方法
- 掌握在窗体中添加宏的操作方法

知识目标

- 理解宏的概念和基本功能
- 了解宏的创建方法
- 了解运行宏和调试宏的方法

任务1　认识并创建宏

任务分析

宏是由一个或多个操作组成的命令集合，可以快速重复自动执行某个操作，其中每个操作都能完成特定的功能。在 Access 2013 中，宏可以自动执行对其他数据库对象的操作，如自动打开查询、窗体、报表等，自动对窗体大小进行控制等。

本任务主要对宏的相关概念进行讲解，并通过单个宏的创建，引导用户理解宏及其基本功能，掌握创建宏的基本操作方法。

知识准备

一、宏的相关概念及功能

1. 宏的概念

宏作为 Access 2013 数据库的对象之一，是由一个或多个操作组成的命令集合。宏可以看作一种简化的编程语言，这种语言中包含了一系列的操作命令。通过使用宏来自动执行相关操作命令，可以操作其他数据库对象，如打开和关闭窗体、运行报表、浏览记录等，也可以向窗体、报表和控件中添加功能。

Access 中的宏可以分为两类：独立的宏和嵌入式宏。独立的宏可以包含在一个对象内；嵌入式宏是指宏可以嵌入窗体、控件或报表的任何事件属性中，成为所嵌入的对象或控件的一个属性。

Access 2013 新增加了数据宏。数据宏允许在对表中的数据进行增、删、改等操作时运行。数据宏主要有两种类型：一种是由表事件触发的数据宏，另一种是为响应按名称调用而运行的数据宏。

宏可以是只包含操作序列的单一的宏，也可以是一个宏组，宏组就是包含多个宏的集合。在宏组中，每个宏都有一个名称，引用宏组中的宏的格式为“宏组名 . 宏名”。

2. 宏的功能

宏的常用功能如下。

（1）打开及关闭表、查询、窗体等数据库对象。

（2）报表的预览、报表的打印、查询的执行。

（3）筛选、查找记录。

（4）打开警告信息框、响铃警告。

（5）移动窗口，改变窗口大小。

（6）实现数据的导入 / 导出。

（7）定制菜单。

（8）设置控件的属性。

二、认识宏设计器

1. 宏的创建

宏和宏组的创建是在宏设计器中进行的。打开数据库文件，单击“创建”→“宏与代码”→“宏”按钮，切换到宏的设计视图，如图 6-1 所示。宏的设计视图包含 3 个窗格，左侧是导航窗格，用于显示各个对象；中间是宏设计器，用于定义各种宏操作及操作流程；右侧是“操作目录”窗格。

“操作目录”窗格可分为 3 个部分：上部是“程序流程”，中间是“操作”，下部是正在编辑的此数据库中的各种宏。“程序流程”部分主要包括注释（Comment）、组（Group）、条件（If）和子宏（Submacro）。“操作”部分将宏操作分为窗口管理、宏命令、筛选 / 查询 / 搜索、数据导入 / 导出、数据库对象、数据输入操作、系统命令等。

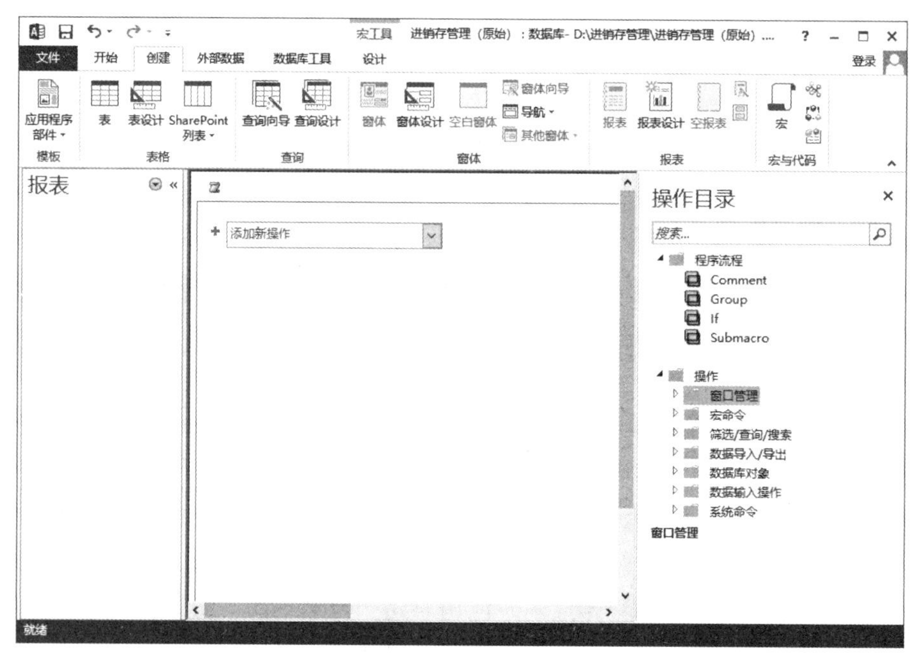

图 6-1　宏的设计视图

添加宏操作可以通过单击“添加新操作”下拉按钮执行，直接在其下拉列表中添加宏操作，如图 6-2 所示。也可以在“操作目录”窗格中依次展开各对象节点，并添加宏操作。宏从形式上看与计算机程序十分相似，宏操作比程序代码简单，易于设计和理解。

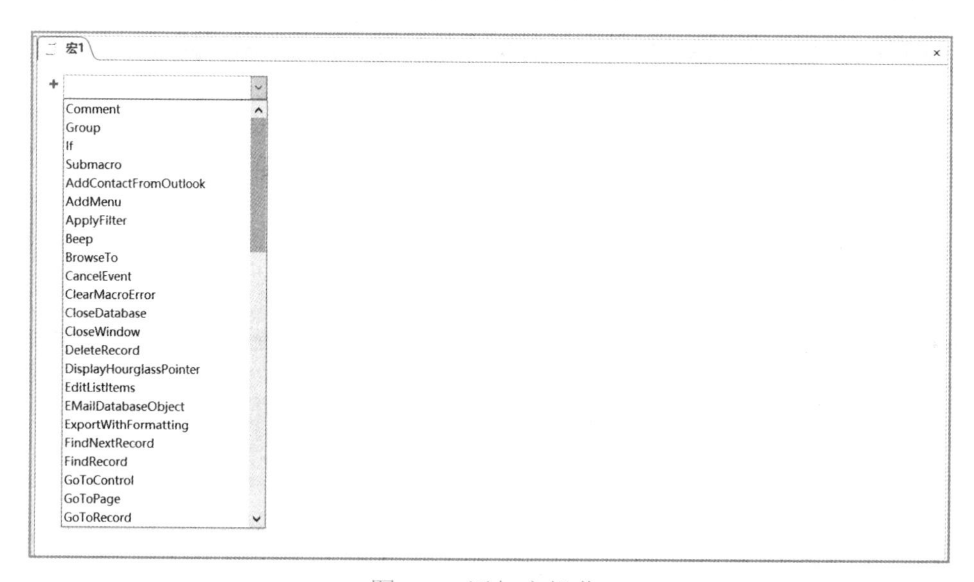

图 6-2　添加宏操作

宏由宏名、条件、宏操作、参数、注释 5 部分组成。

（1）宏名：单个宏只有宏对象的名称，并通过宏对象的名称执行宏；对于宏组，则是通过“Submacro”命令来指明子宏名的。宏组中的每个宏都有唯一的名称，并使用“宏组名 . 宏名”

来调用宏。

（2）条件：用于设置宏的执行需要满足的条件，用 If 命令来添加条件。如果有条件选项，当满足条件时宏才能执行。

（3）宏操作：Access 2013 中提供了各种宏可以执行的操作命令，可以在“添加新操作”下拉列表中选择。

（4）参数：参数是一个值，用于向操作提供信息，如打开的窗体或报表的名称等。

（5）注释：注释是对宏操作的一个说明。通过“Comment”命令或者“//”来完成注释语句的添加。

2. 常用的宏操作及其功能

Access 中提供了 50 多种宏操作，用户可以从这些宏操作中做出选择，创建自己的宏。常用的宏操作及其功能如表 6-1 所示。

表 6-1 常用的宏操作及其功能

宏 操 作	功 能
AddMenu	创建自定义菜单栏、快捷菜单栏、全局菜单栏等
Beep	使计算机的扬声器发出“嘟嘟”声
Close	关闭指定的窗口及对象。如果没有指定窗口，则关闭活动窗口
FindRecord	在表、查询或窗体中查找符合指定条件的第一条记录
GotoControl	可以把焦点移动到窗体中指定的控件上
GoToPage	将光标移动到窗体中特定页的第一个字段上
GoToRecord	可以使打开的表、窗体或查询结果集中的指定记录变为当前记录
Hourglass	当宏运行时，鼠标指针显示为沙漏状
MaximizeWindow	最大化活动窗口
MinimizeWindow	最小化活动窗口
MessageBox	打开一个警告或信息的消息框
OpenForm	打开指定的窗体
OpenQuery	打开指定的查询
OpenReport	打开指定的报表
OpenTable	打开指定的表
QuitAccess	关闭所有窗口，退出 Access
RestoreWindow	将已最大化或最小化的窗口恢复为原来的大小
RunMacro	运行宏。该宏可以在宏组中
StopMacro	停止当前正在运行的宏

三、宏的运行

宏的运行通常有以下几种方法。

（1）在数据库的导航窗格中选中“宏”对象，双击具体的宏的名称。

（2）切换到宏的设计视图，单击“宏工具 / 设计”→“工具”→“运行”按钮，执行正在设计的宏。

（3）在窗体、控件、报表和菜单中调用宏。

（4）自动执行宏。若宏的名称固定设为“AutoExec”，则每次启动数据库时将自动执行该宏。

宏在执行前必须保存，宏在运行中如果出现了错误，或需要跟踪宏的执行过程，则可以使用单步执行宏的方法，一步步运行宏，这样可以很方便地观察到宏的执行过程，发现错误并改正。

任务操作

操作实例：创建一个宏，自动打开“商品信息管理”窗体，显示提示信息“注意输入商品的详细信息”，并发出警示声音。

【操作步骤】

步骤 1： 打开“进销存管理”数据库，单击“创建”→“宏与代码”→“宏”按钮，切换到宏的设计视图。

步骤 2： 在宏的设计视图中，在“添加新操作”下拉列表中选择“OpenForm”宏操作，设置“窗体名称”为“商品信息管理”，其他选项保持默认设置即可，如图 6-3 所示。

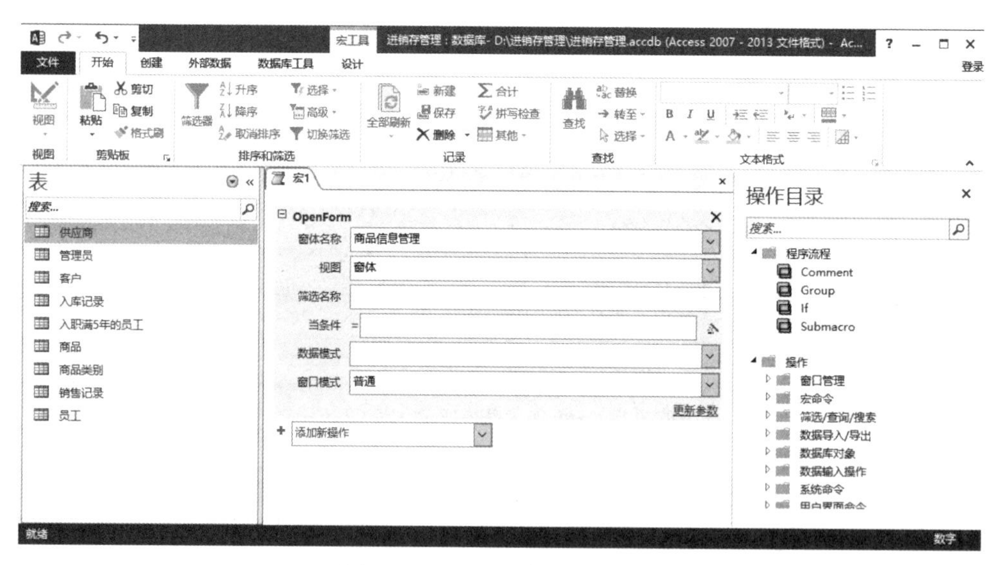

图 6-3　设置“窗体名称”

步骤 3： 单击宏的设计视图底部的“+”按钮，添加第二项宏操作。在“+”右侧的“添加新操作”下拉列表中选择“MessageBox”宏操作，在“消息”文本框中输入“注意输入商品的详细信息”。

步骤 4： 单击宏的设计视图底部的“+”按钮，添加第三项宏操作。在“+”右侧的“添加新操作”下拉列表中选择“Beep”宏操作。单击快速访问工具栏中的“保存”按钮，打开“另存为”对话框，设置宏对象名为“添加商品信息”，单击“确定”按钮，对宏进行保存。宏操作设置完成后的效果如图 6-4 所示。

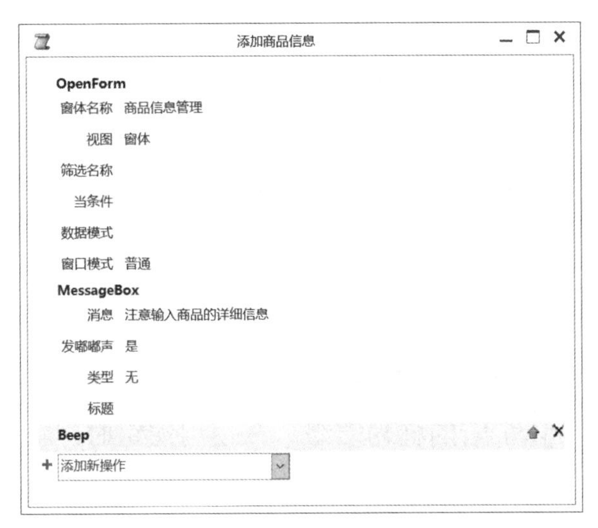

图 6-4　宏操作设置完成后的效果

步骤 5：单击“宏工具 / 设计”→“工具”→“运行”按钮，运行宏，会自动打开“商品信息管理”窗体，并打开提示信息为“注意输入商品的详细信息”的对话框，同时发出警示声音。运行宏的效果如图 6-5 所示，宏创建完成。

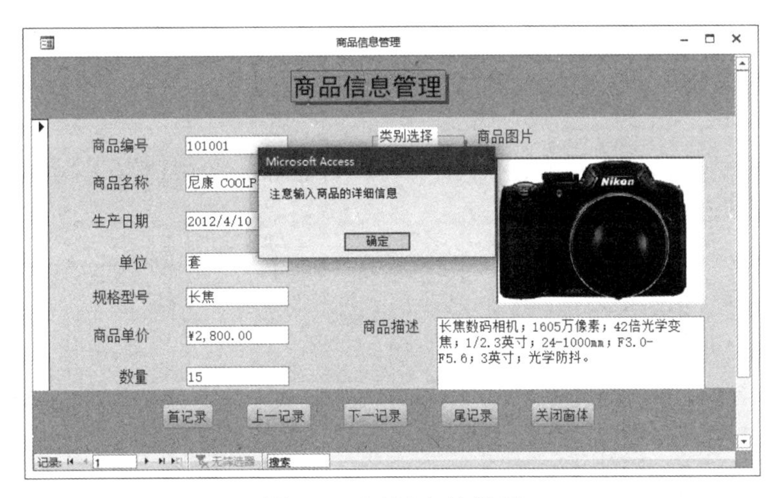

图 6-5　运行宏的效果

工程师提示

在宏的设计中，直接将数据库对象拖到宏的设计视图中，可以快速创建一个宏。通过该方法创建的宏，能够在操作列添加相应的操作，还能够自动设置相应的操作参数。

任务实训

实训：在“进销存管理”数据库中创建自动打开报表的宏，并将报表窗口最大化，显示提示信息“报表窗口已最大化”。

【实训要求】

1. 自动打开的报表为“进货统计表”。
2. 打开报表后，将报表窗口最大化。

3．将报表窗口最大化后打开提示信息对话框，提示信息为“报表窗口已最大化”。

任务 2　创建宏组

任务分析

宏是执行特定任务的操作或操作的集合，其中每个操作能够实现特定的功能。只有一个宏的称为单一宏，包含两个以上宏的称为宏组。在使用宏组时，每次只能使用宏组中的一个宏，具体调用格式是“宏组名 . 宏名 1”等，创建宏组的操作也是在设计视图中完成的。本任务通过创建宏组的实例，讲解宏组的创建方法，并了解宏组的应用。

任务操作

操作实例：创建一个宏组，在“员工信息管理 1”窗体中添加按钮，并调用宏组中的宏，通过单击按钮完成窗体的最大化、最小化及还原。

【操作步骤】

步骤 1：切换到“员工信息管理 1”窗体的设计视图，如图 6-6 所示。

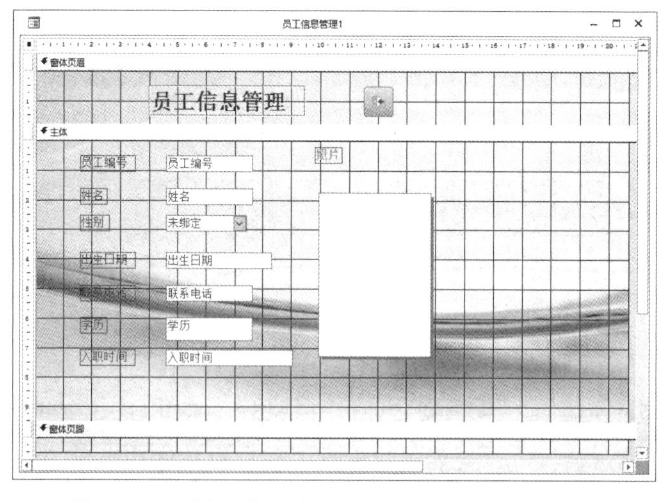

图 6-6　“员工信息管理 1”窗体的设计视图

步骤 2：单击“窗体设计工具 / 设计”→“控件”→“按钮”按钮，在“主体”节中加入 3 个命令按钮，并分别将其命名为“最大化”“最小化”“还原”，如图 6-7 所示，保存窗体。

工程师提示

通过“控件”选项组添加“按钮”控件时，如果控件下拉列表中的“使用控件向导”选项是选中状态，在添加“按钮”控件时，会自动打开“命令按钮向导”对话框，并可以按“命令按钮向导”的提示设置按钮的功能，不需要“命令按钮向导”时，单击“取消”按钮即可。

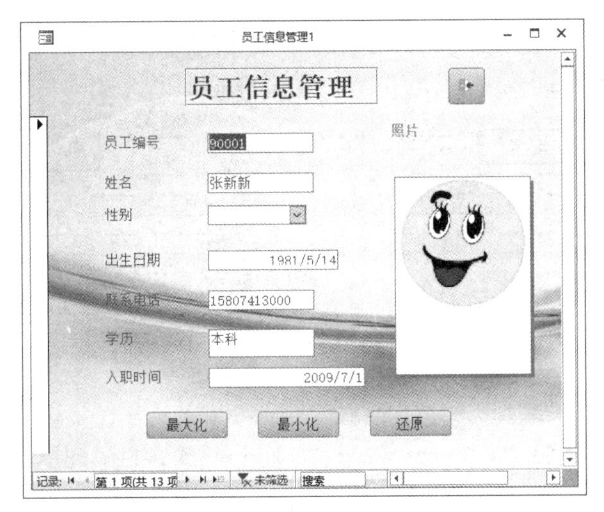

图 6-7　添加“最大化”“最小化”“还原”按钮

步骤 3：单击“创建”→“宏与代码”→“宏”按钮，切换到宏的设计视图，选中“操作目录”窗格中的“Submacro”并双击，为该宏添加子宏及宏名。

步骤 4：在宏的设计视图中，设置第一个子宏，子宏名为“最大化”，添加的宏操作为“MaximizeWindow”；继续选中“操作目录”窗格中的“Submacro”并双击，为该宏添加第二个子宏，子宏名为“最小化”，添加的宏操作为“MinimizeWindow”；继续选中“操作目录”窗格中的“Submacro”并双击，为该宏添加第三个子宏，子宏名为“还原”，添加的宏操作为“RestoreWindow”，如图 6-8 所示。保存宏组，将其命名为“窗口大小”，如图 6-9 所示。

图 6-8　添加宏组

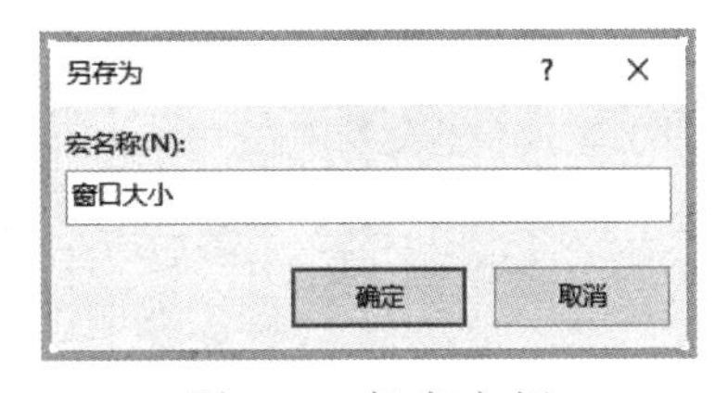

图 6-9　保存宏组

步骤 5：切换到窗体的设计视图，打开“员工信息管理 1”窗体，单击“最大化”按钮，单击“窗体设计工具 / 设计”→“工具”→“属性表”按钮，打开“属性表”窗格，选择“事件”选项卡，在“单击”下拉列表中选择“窗口大小 . 最大化”宏，如图 6-10 所示，完成对宏组中最大化宏的调用设置。

步骤 6：使用同样的方法为“最小化”按钮和“还原”按钮设置调用宏，如图 6-11 和图 6-12 所示。

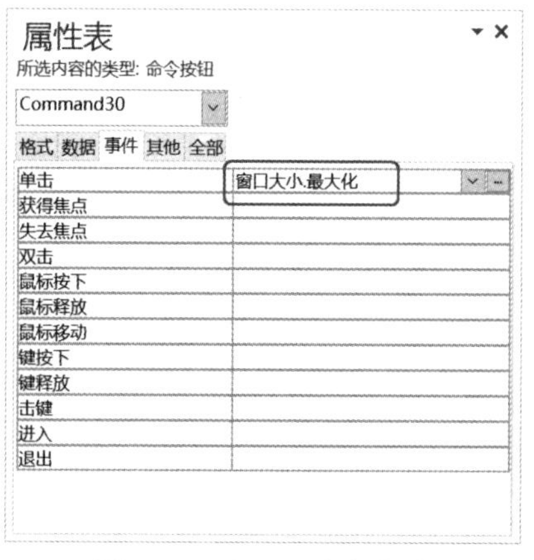

图 6-10　调用最大化宏

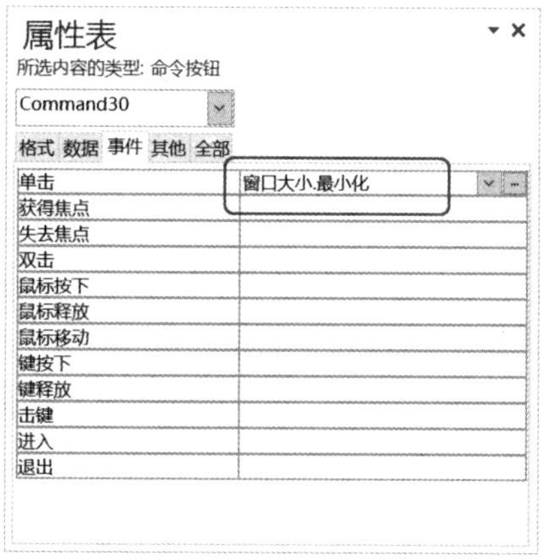

属性表
所选内容的类型: 命令按钮
Command30
格式 数据 事件 其他 全部
单击 窗口大小.最小化
获得焦点
失去焦点
双击
鼠标按下
鼠标释放
鼠标移动
键按下
键释放
击键
进入
退出

图 6-11　调用最小化宏

步骤 7：保存“员工信息管理 1”窗体，切换到窗体视图，单击“最大化”“最小化”和“还原”按钮可实现窗体的最大化、最小化和还原操作，图 6-13 所示为单击“最大化”按钮后的效果。

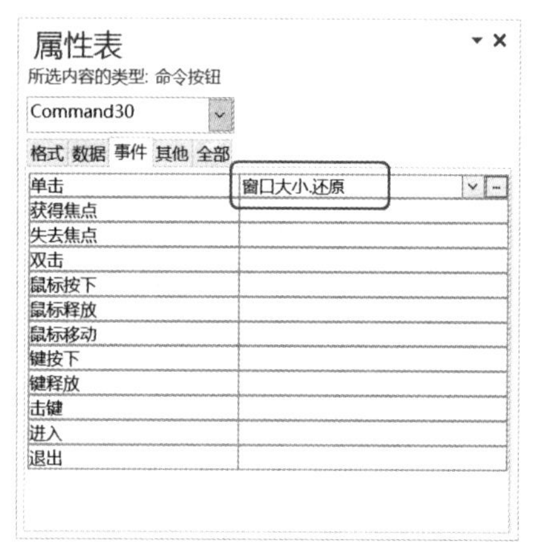

图 6-12　调用还原宏

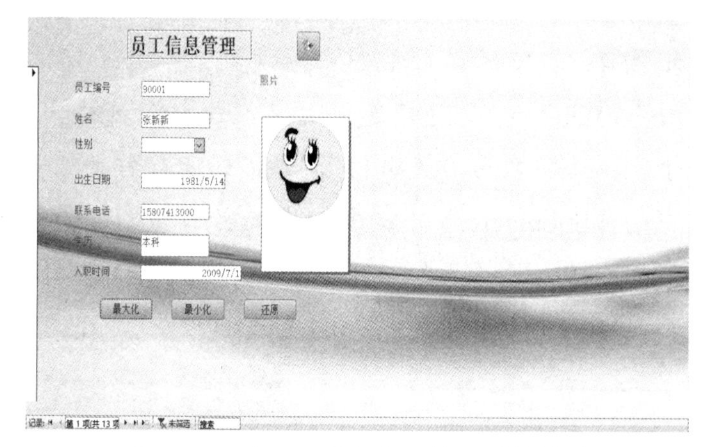

图 6-13　单击“最大化”按钮后的效果

任务实训

实训：创建一个窗体，并创建一个宏组，实现在一个窗体中打开其他窗体和报表的功能，如图 6–14 所示。

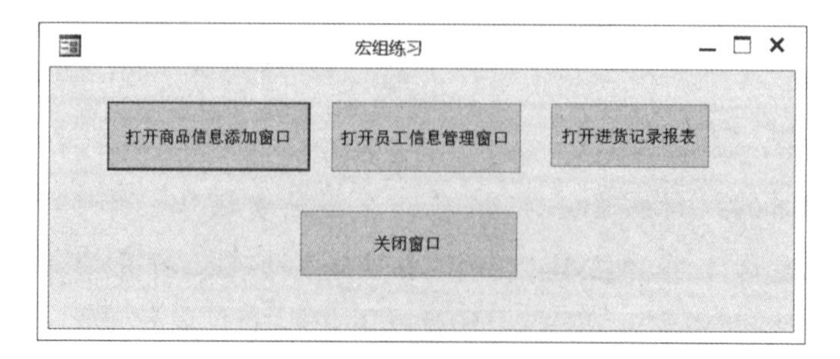

图 6-14　能够打开其他窗体和报表的窗体

【实训要求】

1．创建一个包含如图 6-14 所示的多个按钮的窗体。

2．创建一个宏组，命名为“打开窗体和报表”，在宏组中创建宏，分别用于打开其他窗体和报表，以及关闭窗口。

3．切换到窗体的设计视图，分别在按钮上引用新建的宏组中的宏，完成相应的操作。

任务 3　创建条件宏

任务分析

用户也可以为宏设置执行条件，当条件满足时，宏就执行相应的操作；当条件不满足时，宏就不执行该操作，而继续执行下一个操作，这种宏称为“条件宏”。条件宏一般用条件表达式的值来决定是否运行。

本任务将通过实例讲解如何创建条件宏并实现相应的功能。

任务操作

操作实例：创建一个宏，打开“销售记录”窗体，并对记录进行定位，如果该记录“付款方式”是“现金”，则打开提示对话框，显示“该客户使用现金支付！”；如果“付款方式”不是“现金”，则打开提示对话框，显示“该客户未使用现金支付！”。

【操作步骤】

步骤 1：单击“创建”→“宏与代码”→“宏”按钮，切换到宏的设计视图。

步骤 2：在宏的设计视图中设置第一个宏，添加的宏操作为“OpenForm”，设置“窗体名称”为“销售记录”，“视图”为“窗体”，如图 6-15 所示。

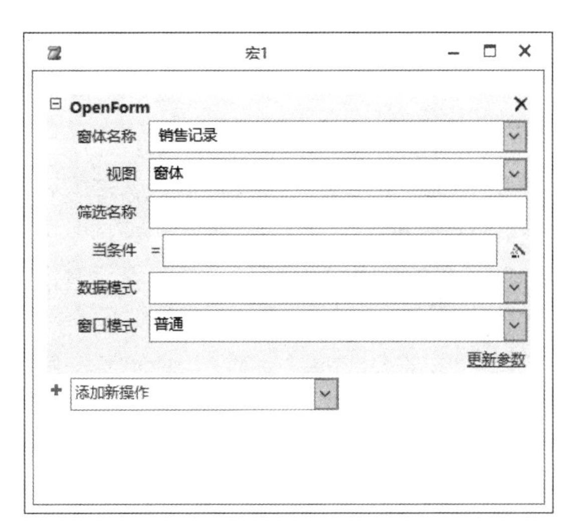

图 6-15　设置打开“销售记录”窗体的宏操作

步骤 3：在宏的设计视图中添加新的宏，添加的宏操作为“GoToRecord”，设置“对象类型”

为“窗体”，“对象名称”为“销售记录”，“记录”为“向后移动”，“偏移量”为“1”，如图 6-16 所示。

步骤 4：在宏的设计视图中继续添加宏，将“操作目录”窗格“程序流程”处的“If”拖到“+”处，或者直接双击“If”按钮添加条件宏。在“If”右侧的“条件表达式”文本框中输入“[Forms]![销售记录]![付款方式]=" 现金 "”，也可以单击文本框右侧的生成器按钮，在弹出的生成器中输入“If”的内容。

步骤 5：在“+”按钮右侧的“添加新操作”下拉列表中选择“MessageBox”宏操作，在“消息”文本框中输入“该客户使用现金支付！”，其他选项采用默认设置，如图 6-17 所示。

图 6-16　设置定位记录的宏操作

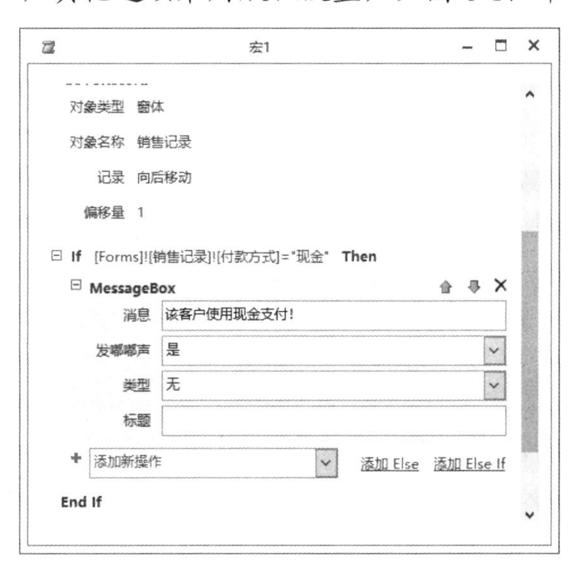

图 6-17　“If”条件的添加 1

步骤 6：在宏的设计视图中继续添加宏，双击“If”按钮，在“If”右侧的“条件表达式”文本框中输入“[Forms]![销售记录]![付款方式]<>" 现金 "”，在“添加新操作”下拉列表中选择“MessageBox”宏操作，在“消息”文本框中输入“该客户未使用现金支付！”，如图 6-18 所示。

图 6-18　“If”条件的添加 2

工程师提示

“[Forms]![销售记录]![付款方式]=" 现金 "” 中的 “[Forms]” 表示窗体，“[销售记录]” 为窗体的名称，“[付款方式]” 为窗体中的字段名称，“！” 用于表示容器中的对象。“[Forms]![销售记录]![付款方式]” 即表示窗体 “销售记录” 中 “付款方式” 字段的值。

步骤 7：保存宏，宏名称设置为“付款方式条件宏”，条件宏创建完成。右击“付款方式条件宏”，在弹出的快捷菜单中选择“运行”命令，根据记录指向位置的不同，会打开不同的提示对话框。条件宏的运行如图 6-19 所示。

销售记录

销售编号	业务类别	客户编号	商品编号	销售单价	数量	金额	销售时间	付款方式	销售状态	经办人
1	个人	K002	101001	¥3, 050. 00	1	¥3, 050. 00	2/5/20/周日	刷卡	已售	90001
2	公司	K001	101003	¥3, 450. 00	2	¥6, 900. 00	2/7/28/周六	转帐	已售	90003
3	个人	K003	101004	¥2, 530. 00	1	¥2, 530. 00	2/8/30/周四	刷卡	已售	90002
4	个人	K004	201003	¥710. 00	2	¥1, 420. 00	2/4/15/周日	现金	已售	90001
5	公司	K001	301001	¥1, 720. 00	5	¥8, 600. 00	2/8/30/周四	转账	已售	90003
7	个人	K007	301005	¥2, 099. 00	1	¥2, 099. 00	2/9/28/周五	刷卡	已售	90006
8	个人	K008	101				/1/周三	刷卡	已售	90001
9	公司	K006	301				/19/周三	转帐	已售	90003
10	公司	K006	301				/30/周四	转账	已售	90007
12	个人	K002	601				/10/周五	刷卡	已售	90008
13	个人	K005	601				/14/周三	刷卡	已售	90001
(新建)				¥0. 00	0	¥0. 00				

记录: 第 5 项(共 11 项　无筛选器　搜索

Microsoft Access

该客户未使用现金支付！

确定

图 6-19　条件宏的运行

任务实训

实训：创建一个窗体，窗体中有一个输入数据的文本框，通过宏来判断在文本框中输入的数据是正数、负数还是 0。

【实训要求】

1. 创建一个窗体，窗体中包含一个文本框和一个“确定”按钮。

2. 创建一个条件宏，当文本框中输入的数据是正数时，提示“你输入的是正数！”；当文本框中输入的数据是负数时，提示“你输入的是负数！”；当文本框中输入的数据是“0”时，提示“你输入的是 0”。

提示：条件表达式如下。

[Forms]![窗体名称]![文本框名称]>0；

[Forms]![窗体名称]![文本框名称]=0；

[Forms]![窗体名称]![文本框名称]<0。

3. 在窗体中添加“确定”按钮，当单击“确定”按钮时，开始执行宏。

任务 4　创建数据宏

任务分析

数据宏是 Access 2010 及以后版本中增加的宏操作。在前面的操作中，用户可以通过验证规则来限制数据表的数据输入信息，但是用户直接对数据进行增加、删除、修改时，并不能有效防范一些违规操作。添加数据宏来执行一些操作，就可以在表（更改前、删除前、插入后、更改后、删除后）的事件中控制用户的操作行为。数据宏类似于 Microsoft SQL Server 中的触发器。

任务操作

操作实例：给“销售记录”表创建一个数据宏，只有“销售状态”为“退货”的记录才允许删除，否则会提示“没有退货，该记录不能无故删除”；当“销售单价”随着季节或者促销活动有所变动时，会提示“销售单价有异常变动”。

【操作步骤】

步骤 1：打开“进销存管理”数据库，再打开“销售记录”表。单击“表格工具 / 表”→“前期事件”→“删除前”按钮，切换到宏的设计视图，如图 6-20 所示。

步骤 2：在宏的设计视图中进行宏操作的设置。添加条件宏，在“If”右侧的文本框中输入“[销售状态] Not Like " 退货 "”，添加宏操作“RaiseError”，设置“错误号”为“1”，“错误描述”为“没有退货，该记录不能无故删除”，如图 6-21 所示。

图 6-20　切换到宏设计视图

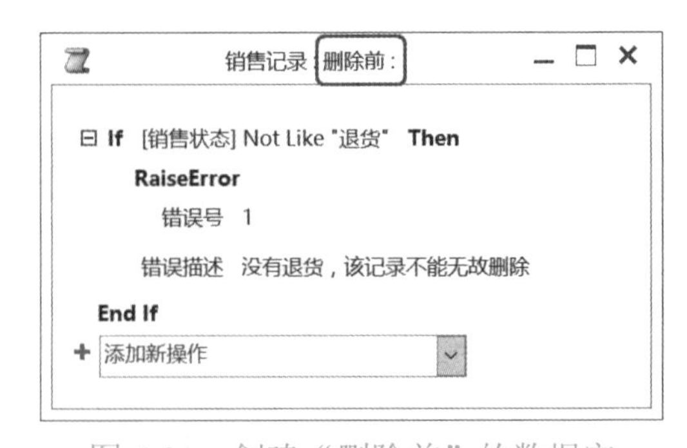

图 6-21　创建“删除前”的数据宏

步骤 3：保存并关闭该数据宏，回到“销售记录”表，当删除到“销售状态”不是“退货”的记录的时候，会给出错误提示，如图 6-22 所示。

步骤 4：继续回到“销售记录”表，单击“表格工具 / 表”→“前期事件”→“更改前”按钮，在宏的设计视图中进行宏操作的设置。添加条件宏，在“If”右侧的文本框中输入“[销售单价]<>[旧].[销售单价]”，添加宏操作“RaiseError”，设置“错误号”为“2”，“错误描述”为“销售单价有异常变动”，如图 6-23 所示。

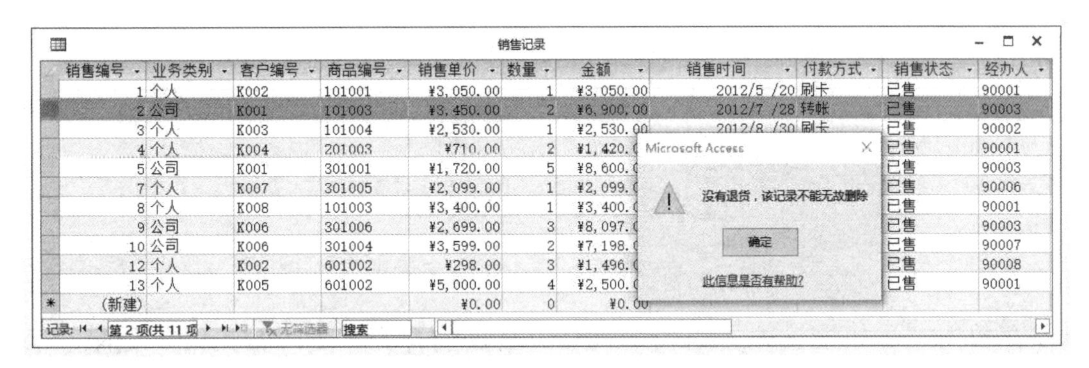

图 6-22　数据宏在误删除时给出的提示

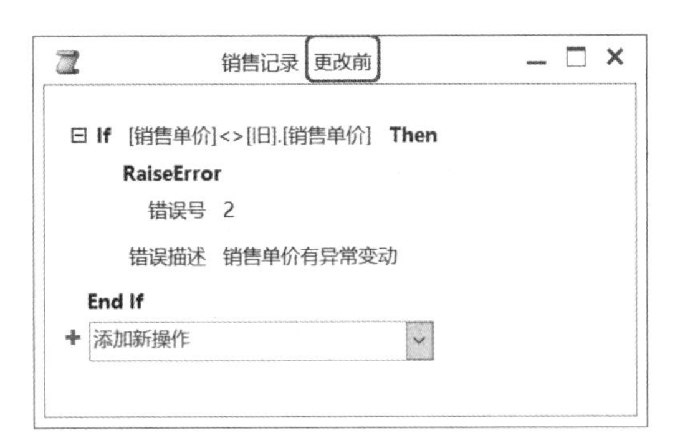

图 6-23　创建“更改前”的数据宏

步骤 5： 保存并关闭该数据宏，回到“销售记录”表，“销售单价”被修改之后，会给出异常变化提示，如图 6-24 所示。

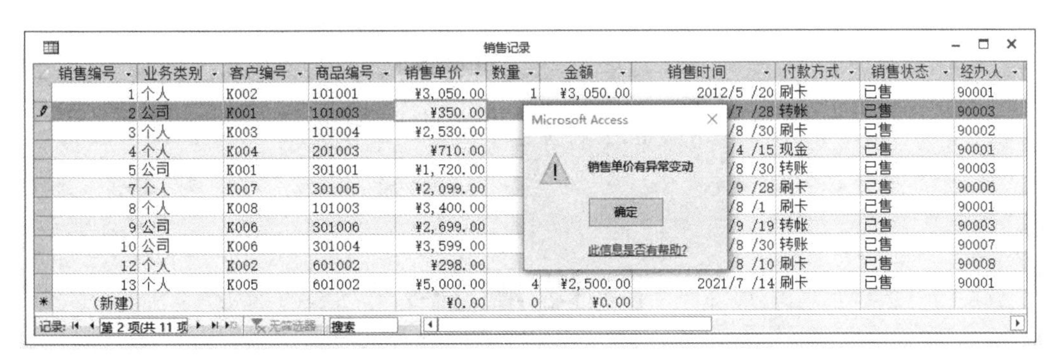

图 6-24　数据宏在进行修改时给出的提示

任务实训

实训：在“管理员”表中增加一个新字段“数据维护记录”，给“管理员”表创建一个数据宏，如果“管理员”表中的记录被修改，那么“数据维护记录”字段的值变为当前修改的日期。

【实训要求】

1. 在“管理员”表中增加一个新字段，创建数据宏，选择“更改前”，在宏设计器中利用“SetField”命令，将其值设置为“Date()”（即当前系统日期），如图 6-25 所示。

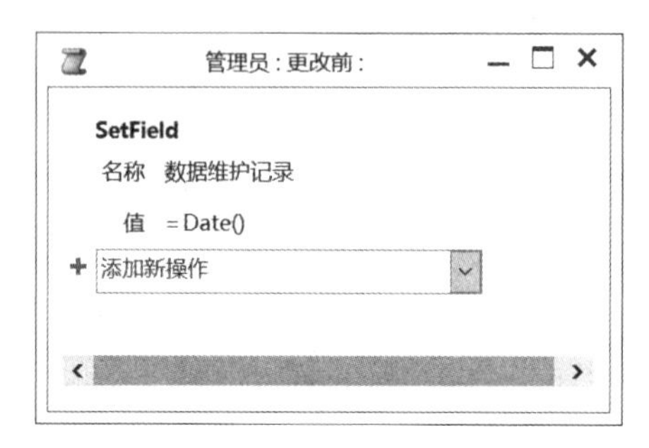

图 6-25 设置数据修改日期的数据宏

2．保存数据宏，如果管理员图表中有修改数据的行为，则“数据维护记录”字段中会有相应的系统日期，表示在这个日期数据被维护了。

知识回顾

本项目主要学习宏对象的基本概念和基本操作，重点学习宏的创建、修改、编辑和运行。需要理解及掌握的基本知识点、基本技能如下。

（1）宏对象是 Access 数据库中的一个基本对象。利用宏可以使大量重复性的操作自动完成，从而使管理和维护 Access 数据库更加简单。

（2）宏的创建、修改都是在宏的设计视图中进行的。

（3）宏的创建就是确定宏名、宏条件和设置宏的操作参数等。

（4）运行宏的方法有很多，一般可使窗体或报表中的控件与宏结合起来，即通过控件来运行宏。

自我测评

一、选择题

1．下列各选项中关于宏的叙述中错误的是（　　）。

A．宏是 Access 的一个对象

B．宏的主要功能是使操作自动进行

C．使用宏可以完成许多繁杂的人工操作

D．只有熟练掌握各种语法、函数，才能编写出功能强大的宏命令

2．下列各选项中能够创建宏的设计器是（　　）。

A．窗体设计器　　B．报表设计器　　C．表设计器　　D．宏设计器

3．在宏的操作参数中，不能设置为表达式的操作是（　　）。

A．Close　　B．Save　　C．OutputTo　　D．A、B 和 C

4．若要限制宏命令的操作范围，则可以在创建宏时定义（　　）。

A．宏操作对象　　B．宏条件表达式

C．窗体或报表控件属性　　D．宏操作目标

5．使用（　　）可以决定某些特定情况下运行宏时某个操作是否进行。

A．函数　　B．表达式　　C．条件表达式　　D．If，Then 语句

6．若一个宏包含多个操作，则在运行宏时将按（　　）的顺序来运行这些操作。

A．从上到下　　B．从下到上　　C．从左到右　　D．从右到左

7．下列各选项中适合使用宏操作的是（　　）。

A．打开或关闭报表对象　　B．处理报表的错误

C．修改数据表结构　　D．创建查询

8．如果不指定参数，则 Close 操作将关闭（　　）。

A．当前窗体　　B．当前数据库　　C．活动窗体　　D．正在使用的表

9．下列各选项中，打开指定报表的宏命令是（　　）。

A．OpenTable　　B．OpenQuery　　C．OpenForm　　D．OpenReport

二、填空题

1．每次打开数据库时能自动运行的宏是________。

2．对于带条件的宏来说，其中的操作是否执行取决于________。

3．在 Access 2013 中，打开表的宏操作是________，保存数据的宏操作是________，关闭窗体的宏操作是________。

4．宏的使用一般是通过窗体、报表中的________实现的。

5．在宏设计器中，宏可以通过“添加新操作”下拉列表进行添加，也可以在“________”窗口中依次展开各对象，以添加宏操作。

三、简答题

1．什么是宏？什么是宏组？

2．宏组的创建与宏的创建有什么不同？

3．运行宏时有哪些常用方法？

4．简述宏的基本功能。

项目7

数据安全与数据交换

数据库在长期使用过程中，会由于用户的修改和删除等操作产生大量的数据库碎片，这些碎片的存在，不仅占用了大量的磁盘空间，还严重影响了数据库系统的性能。因此，数据库在使用一定时间后，就需要进行数据库的压缩与修复。除此之外，在使用数据库的过程中要注意数据的安全，Access 2013 提供了基本的数据安全保护措施来对数据库进行简单的保护。

在使用 Access 数据库时，有时需要使用数据库外部的数据，如其他 Access 数据库中的数据或其他类型文件中的数据，如 Excel 文档中的数据等；有时需要把 Access 数据库文件导出为其他格式的文件等。本项目将介绍基本的数据交换的方法。

能力目标

- 熟练掌握压缩和修复数据库的操作方法
- 掌握使数据库生成 ACCDE 文件的操作方法
- 掌握数据库加密和解密的方法
- 掌握导入外部数据的方法
- 掌握导出数据的方法

知识目标

- 了解数据库安全的相关概念
- 理解数据库中数据导入和导出的意义

任务 1　数据库的压缩和修复

任务分析

数据库文件在使用过程中可能会不断变大，它们有时会影响 Access 数据库的性能，有时会被损坏。为保持 Access 数据库的良好性能和修复可能存在的文件损坏问题，需要对数据库进行压缩和修复。本任务将通过对数据库进行压缩和修复的操作，讲解数据库的压缩和修复的基本方法。在进行数据库的压缩和修复前，一定要做好原有数据库的备份，以免在数据库进行压缩和修复时发生意外。

知识准备

一、数据库的压缩和修复

压缩数据库并不是压缩数据，而是通过清除未使用的空间来缩小数据库文件。在特定情况下，数据库文件可能会损坏，如在修改数据时突然中断等，此时数据库就需要修复。Access 2013 中可以通过手动方式和自动方式对数据库进行压缩和修复。

1. 手动压缩和修复

打开要压缩和修复的数据库，单击“数据库工具”→“工具”→“压缩和修复数据库”按钮，对打开的数据库进行压缩和修复操作。

2. 自动压缩和修复

数据库的压缩还可以自动进行。选择“文件”→“选项”命令，打开“Access 选项”对话框，如图 7-1 所示，选择“当前数据库”选项卡，选中“关闭时压缩”复选框，单击“确定”按钮，设置完成后，数据库在每次关闭时都会自动进行压缩。

图 7-1　“Access 选项”对话框

二、数据库的备份和恢复

为保证数据库中数据的安全，应定期对数据库进行备份。Access 2013 中提供了对数据库进行备份的方法。

打开要备份的数据库文件，选择“文件”→“另存为”命令，打开“另存为”对话框，选择备份文件存放的路径并设置文件名，单击“保存”按钮即可，如图 7-2 所示。如果没有进行选择，则系统默认保存在当前数据库的路径下，并且以当前数据库文件名后加上当前日期作为备份数据库的文件名。

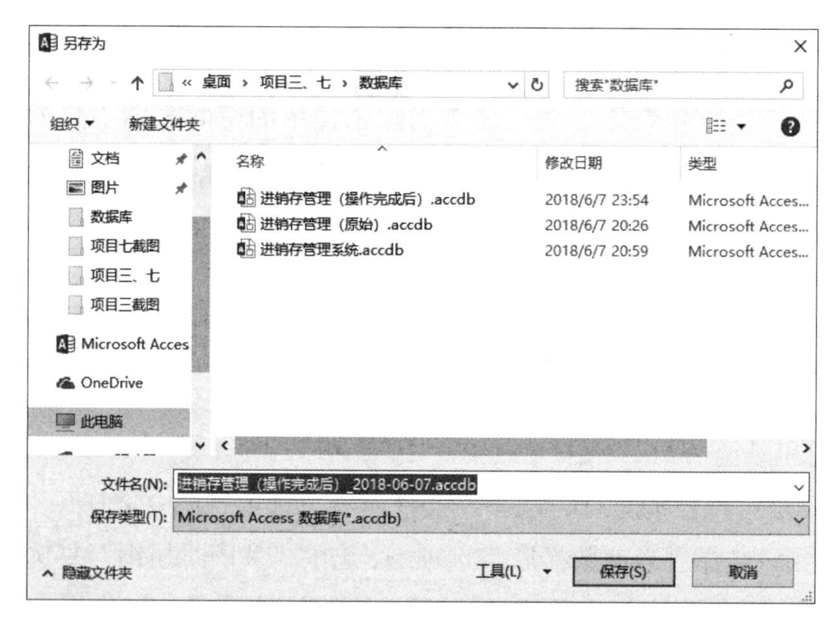

图 7-2　“另存为”对话框

当需要还原数据库时，只需要对备份数据库进行重命名即可。在操作系统中，也可以直接使用对数据库文件进行复制、粘贴的方法进行数据库的备份。

任务操作

操作实例：对未打开的“进销存管理”数据库进行压缩和修复。

【操作步骤】

步骤 1：单击“数据库工具”→“工具”→“压缩和修复数据库”按钮，如图 7-3 所示，打开“压缩数据库来源”对话框，如图 7-4 所示，要求用户选择压缩数据库来源，这里选择“X:\进销存管理数据库\进销存管理.accdb”（其中，X 为数据库实际存放位置的盘符），单击“打开”按钮。

图 7-3　“压缩和修复数据库”按钮

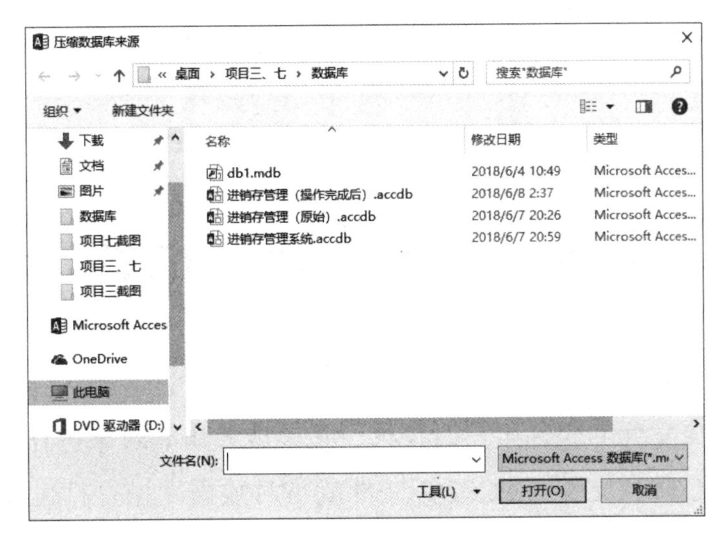

图 7-4　“压缩数据库来源”对话框

步骤 2：打开“将数据库压缩为”对话框，要求用户为压缩后的数据库选择保存路径并设置文件名，在“文件名”文本框中输入“进销存管理数据库压缩 .accdb”，单击“保存”按钮，如图 7-5 所示。数据库压缩完成，得到一个已压缩的数据库副本。

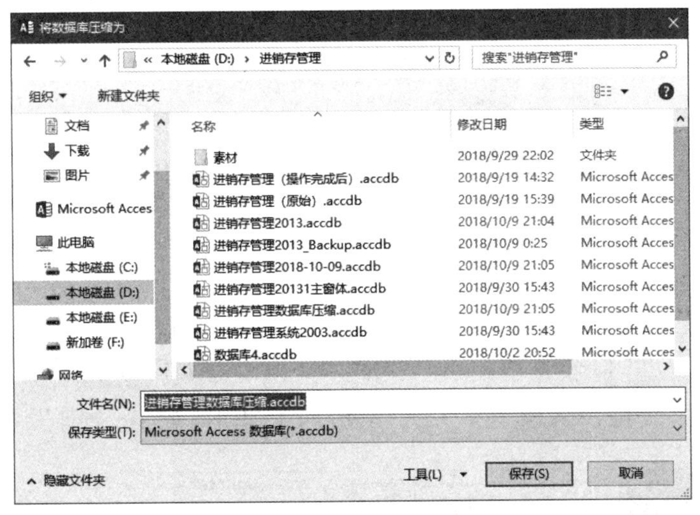

图 7-5　“将数据库压缩为”对话框

工程师提示

数据库的压缩和修复是同时完成的，执行上述操作，不仅对数据库进行了压缩，还对数据库本身的一些错误进行了自动修复。

任务实训

实训：对“订单管理”数据库进行压缩和修复。

【实训要求】

1. 对“订单管理”数据库进行备份，文件名为“订单管理数据库备份”。
2. 打开“订单管理”数据库，进行压缩和修复操作。

3．不打开“订单管理”数据库，进行压缩和修复操作，压缩后的文件名为“订单管理数据库压缩”。

任务 2　数据库的安全设置

任务分析

如果创建的数据库文件不允许用户对窗体、报表或模块等对象进行编辑和修改，则可以将数据库文件生成 ACCDE 文件。ACCDE 文件就是对数据库进行打包编译后生成的数据库文件，ACCDE 文件不能对窗口、报表或模块等对象进行编辑，无法切换到对象的设计视图，数据库中的 VBA 代码也不能被查看。

如果需要用户通过密码打开数据库，则可以对数据库文件设置密码，这样，在打开数据库的时候，需要输入正确的密码，这在一定程度上对数据库中的数据进行了保护。本任务将通过实例讲解对数据库进行保护的基本方法。

任务操作

操作实例 1：将“进销存管理系统”数据库生成 ACCDE 文件，文件名为“进销存管理 2013ACCDE”。

【操作步骤】

步骤 1： 创建一个“进销存管理系统”数据库，打开“进销存管理系统”数据库，选择“文件”→“另存为”→“数据库另存为”→“Access 数据库（*.accdb）”命令，如图 7-6 所示。

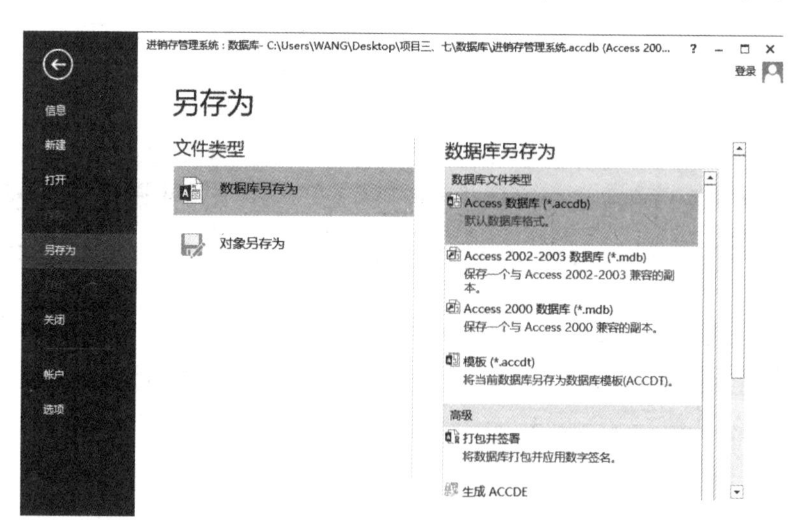

图 7-6　选择数据库转换的格式

步骤 2： 打开“另存为”对话框，选择转换后的数据库的存放位置为当前路径，文件名为“进销存管理系统 2013.accdb”，如图 7-7 所示。

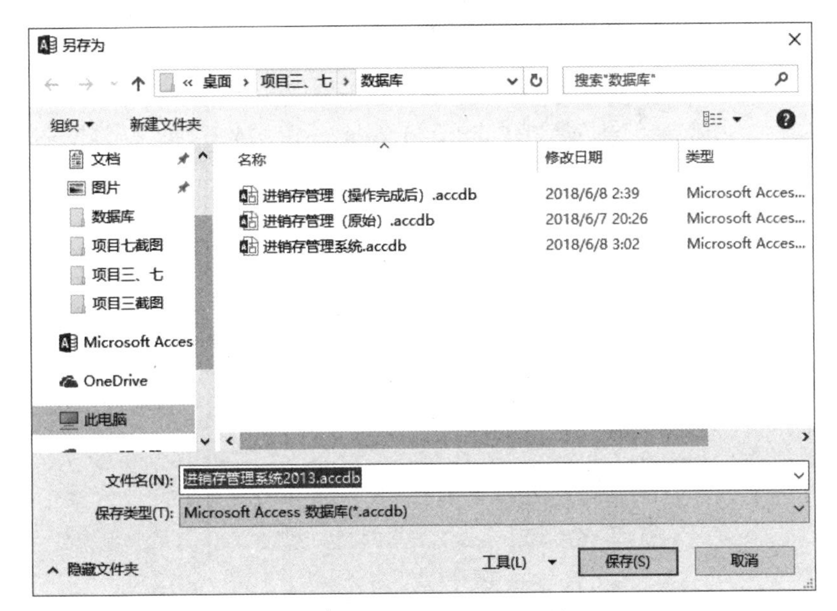

图 7-7　“另存为”对话框

步骤 3： 单击“保存”按钮，将数据库文件转换为 .accdb 格式。

步骤 4： 打开“进销存管理系统 2013”数据库，选择“文件”→“另存为”→“数据库另存为”→“生成 ACCDE”命令，打开“另存为”对话框，如图 7-8 所示。

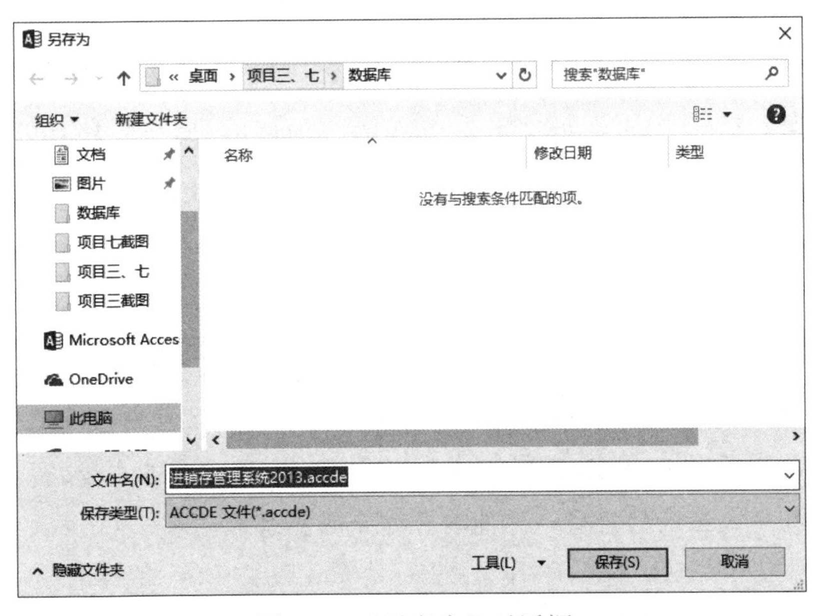

图 7-8　“另存为”对话框

步骤 5： 设置文件名为“进销存管理系统 2013.accde”，单击“保存”按钮，生成 ACCDE 文件。

步骤 6： 关闭当前数据库，打开“进销存管理系统 2013.accde”文件，在导航窗格中选中“窗体”对象，在任意窗体中右击，在弹出的快捷菜单中可以看到“设计视图”命令为灰色，处于不可用状态，即 ACCDE 文件的窗体和报表不能被编辑，如图 7-9 所示。

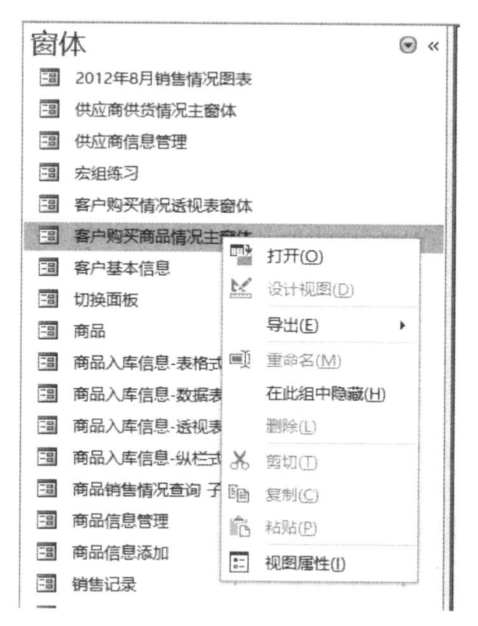

图 7-9　ACCDE 文件的窗体和报表不能被编辑

工程师提示

数据库保存为 ACCDE 文件时，要保证数据库文件格式与当前数据库应用程序版本相同，否则无法生成 ACCDE 文件。如果格式不一致，就要在生成文件前进行格式转换。

操作实例 2：设置“进销存管理系统 2013”数据库需要密码才能打开，密码为“jxcgl”。

【操作步骤】

步骤 1： 打开“进销存管理系统 2013”数据库。

步骤 2： 选择“文件”→“信息”→“用密码进行加密”命令，打开“设置数据库密码”对话框，如图 7-10 所示。

步骤 3： 在“设置数据库密码”对话框中，在“密码”文本框和“验证”文本框中都输入“jxcgl”，两者要保持一致，单击“确定”按钮，完成密码设置。

步骤 4： 以后打开这个数据库时，系统会自动打开“要求输入密码”对话框，如图 7-11 所示。只有输入正确的密码，才能打开这个数据库。

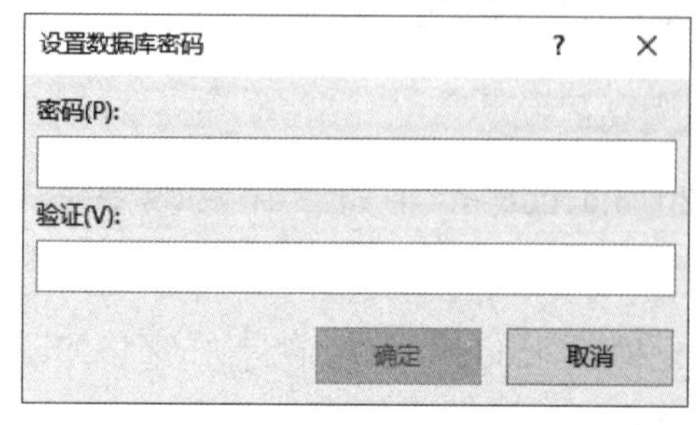

图 7-10　“设置数据库密码”对话框

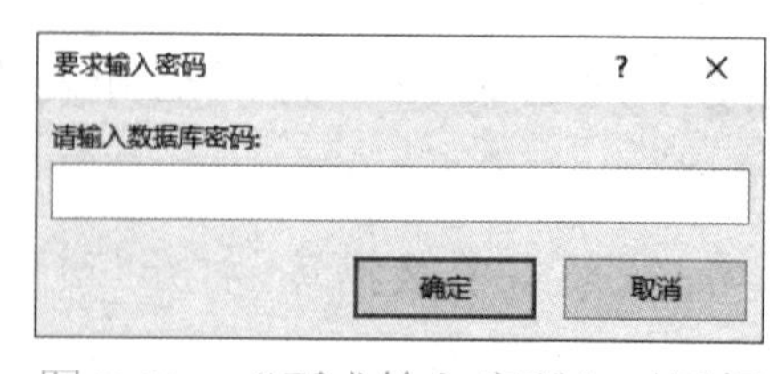

图 7-11　“要求输入密码”对话框

工程师提示

设置数据库密码要注意以下几点。

（1）密码是区分大小写的，要注意密码输入的一致性。

（2）密码可包含字母、数字、空格和符号的任意组合，最长为 15 个字符。

（3）如果丢失或忘记了密码，则无法正常恢复，也无法打开数据库。

（4）对数据库设置密码后，要以“独占”方式打开数据库。

任务实训

实训：新建一个“班级通讯录管理”数据库，包含“姓名”“性别”“组别”“联系电话”字段，并进行安全设置。

【实训要求】

1．使“班级通讯录管理”数据库生成 ACCDE 文件，并观察其中表、窗体等对象的不同编辑状态。

2．设置“班级通信录管理”数据库的打开密码是“2018”，并使用该密码打开数据库。

3．将“班级通讯录管理”数据库的打开密码取消。

任务 3　数据的导入与导出

任务分析

在创建数据库时，数据库中的对象可以从其他已存在的数据库中导入，也可以从文本文件、电子表格文件中导入，以提高数据输入的方便性和灵活性，还可以将 Access 2013 数据库文件导出为文本文件、Excel 文件或其他类型的文件，以方便在不同的应用程序中对数据进行重复使用。本任务将介绍在 Access 2013 中对数据进行导入、导出的操作方法。

知识准备

一、数据导入

数据导入就是将外部数据复制到 Access 的数据库中，以提高数据输入的效率，最常用的数据导入类型有以下 3 种。

1．导入 Access 数据

当需要对两个 Access 数据库中的对象进行合并，或需要根据现有的数据库创建另一个类似数据库时，就可以使用数据导入功能。导入 Access 数据，就是将 Access 数据库中已存在的表、窗体、查询或其他数据库对象复制到当前数据库中，如果当前数据库中已存在相同名称的对象，则导入的对象自动在对象名后加上“1”作为新的对象名。

2. 导入 Excel 数据

导入 Excel 数据是指将 Excel 工作表中的数据或区域导入一个新的或已存在的数据库表中，当 Excel 工作表中首行有标题时，可以直接导入已存在的表中，导入过程中可以把标题名称改为要导入的表中的字段名称，而且要一一对应。如果导入的工作表中没有标题，则只能导入新的表中，并且在导入的过程中要添加字段名称。

3. 导入文本文件数据

导入文本文件数据是指将符合格式要求的文本文件中的数据导入数据库中。

文本文件格式有固定宽度和带分隔符两种。固定宽度是指文件中记录的每个字段只使用空格分隔，并且所有字段在同一列中对齐。带分隔符的文件通常用逗号、分号、Tab 键或其他字符作为字段间的分隔符，例如：

员工编号 , 姓名 , 性别 , 出生日期 , 联系电话 , 入职时间

90001, 张新新 , 男 ,1981/5/14,158********,2008/9/1

90002, 李天天 , 女 ,1984/5/12,159********,2008/9/1

90003, 王红兵 , 男 ,1980/7/16,167********,2007/6/30

90004, 徐洪伟 , 男 ,1985/5/12,138********,2008/9/12

90005, 李芳 , 女 ,1983/4/25,136********,2009/9/1

将带分隔符的文本文件导入数据库的表中时，Access 根据分割符自动识别并分割字段，只有根据数据类型正确设置字段数据类型，才能保证导入正确。

二、数据导出

数据导出就是将数据库中的数据导出到其他 Access 数据库中，或导出为 Excel 文件、文本文件、PDF 文件等，以方便数据被其他应用程序重新加工使用。

打开数据库，在导航窗格中选中某个要导出的对象，单击“外部数据”→“导出”选项组中的文件类型按钮，根据向导提示进行操作，即可导出为选中格式的数据文件。

任务操作

操作实例 1：将“进销存管理 2013”数据库中的“商品”表、“供应商”表和“商品信息管理”窗体导入新建的“销售管理”数据库中。

【操作步骤】

步骤 1： 启动 Access 2013，新建一个空白桌面数据库，将数据库命名为“销售管理”，并保持打开状态。

步骤 2：单击“外部数据”→“导入并链接”→“Access”按钮，打开“获取外部数据 -Access 数据库”对话框，单击“浏览”按钮，打开“打开”对话框，选择“X:\ 进销存管理 \ 进销存管理 2013.accdb”（X 为要导入的数据库实际存放位置的盘符），如图 7-12 所示。

步骤 3：单击“打开”按钮，回到之前的对话框后单击“确定”按钮，打开“导入对象”对话框。

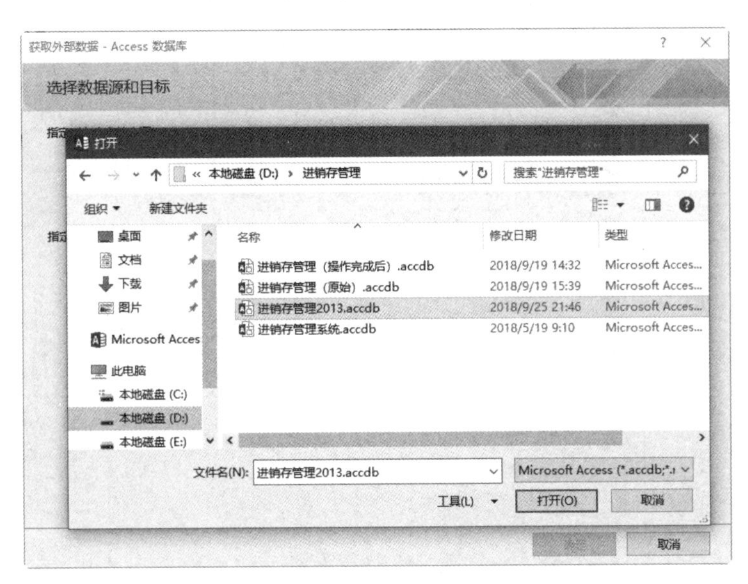

图 7-12　选择要导入的数据库

步骤 4：选择“表”选项卡，选择“商品”表和“供应商”表，如图 7-13 所示。选择“窗体”选项卡，选择“商品信息管理”窗体，如图 7-14 所示。

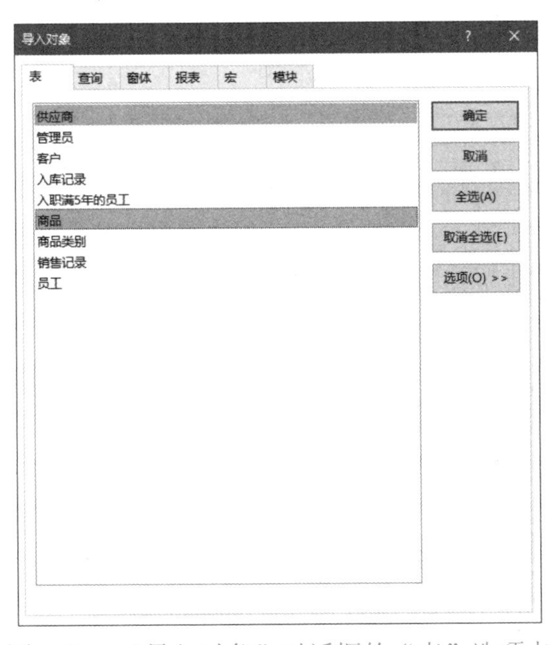

图 7-13　“导入对象”对话框的“表”选项卡

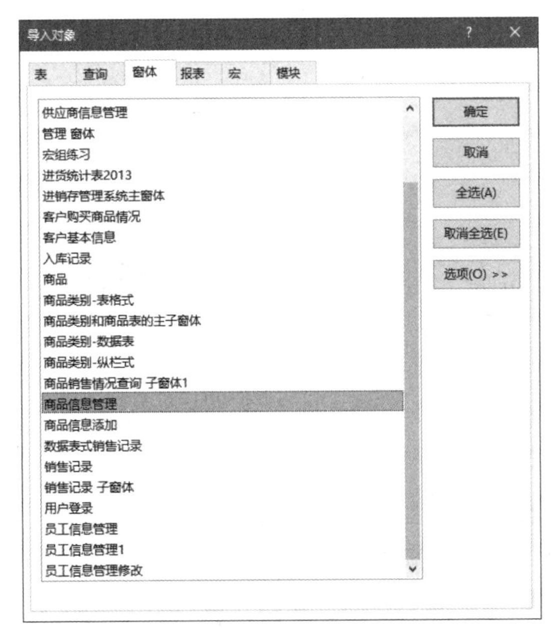

图 7-14　“导入对象”对话框的“窗体”选项卡

步骤 5：如果需要设置导入选项，可在“导入对象”对话框中单击“选项”按钮，下方会显示“导入”选项卡，可以设置是否导入“关系”等，如图 7-15 所示。此处保持默认设置即可。

步骤 6：单击“确定”按钮，Access 会按照相关设置将选择的一个或多个数据库对象导入“销售管理”数据库中。

步骤 7：在“销售管理”数据库中，可以看到“表”对象中导入了“商品”表和“供应商”表，并导入了“商品信息管理”窗体，表结构、记录及窗体的格式等一起被导入新的数据库中。

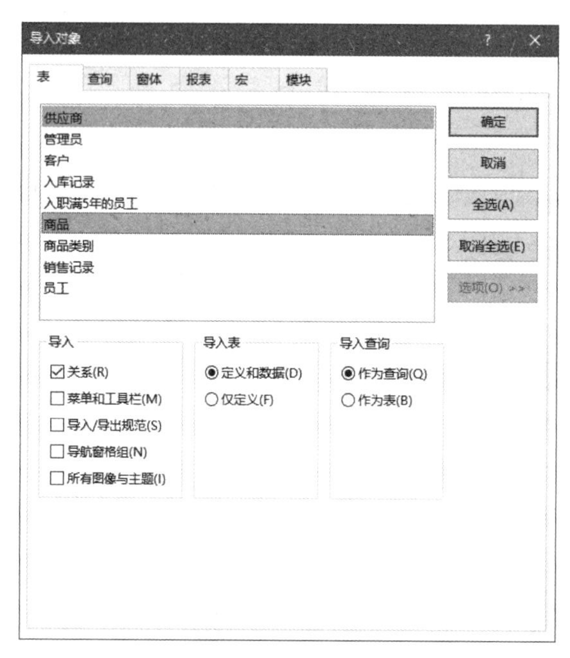

图 7-15　在“导入对象”对话框中设置导入选项

操作实例 2：将 Excel 工作表导入“销售管理”数据库中，Excel 工作表中的信息如图 7–16 所示。

	A	B	C	D	E	F
1	员工编号	姓名	性别	出生日期	联系电话	入职时间
2	90001	张新新	男	1981/5/14	158[illegible]	2008/9/1
3	90002	李天天	女	1984/5/12	159[illegible]	2008/9/1
4	90003	王红兵	男	1980/7/16	607[illegible]	2007/6/30
5	90004	徐洪伟	男	1985/5/12	138[illegible]	2008/9/12
6	90005	李芳	女	1983/4/25	136[illegible]	2009/9/1
7	90006	王红红	女	1974/7/30	130[illegible]	2010/9/1
8	90007	严明明	男	1986/2/21	136[illegible]	2008/6/11
9	90008	魏唯	女	1970/1/4	131[illegible]	2008/9/10
10	90009	党建军	男	1984/6/7	139[illegible]	2007/3/10
11	90010	金伟	男	1993/6/7	138[illegible]	2008/12/1
12	90011	李青	女	1990/8/24	136[illegible]	2008/5/1
13	90012	赵方方	女	1979/1/29	132[illegible]	2009/10/1

图 7-16　Excel 工作表中的信息

【操作步骤】

步骤 1：打开“销售管理”数据库。

步骤 2：单击“外部数据”→“导入并链接”→“Excel”按钮，打开“获取外部数据 - Excel 电子表格”对话框，单击“浏览”按钮。

步骤 3：设置要导入的文件为“X:\ 进销存管理 \ 员工信息 .xlsx”（其中，X 为数据库实际存放的位置)，单击“打开”按钮，回到之前打开的对话框，在“指定数据在当前数据库中的存储方式和存储位置”选项组中，选中“将源数据导入当前数据库的新表中”单选按钮，如图 7-17 所示。

步骤 4： 单击“确定”按钮，打开“导入数据表向导”对话框，选中“显示工作表”单选按钮，在右侧默认选择第一个工作表“Sheet1”，如图 7-18 所示。

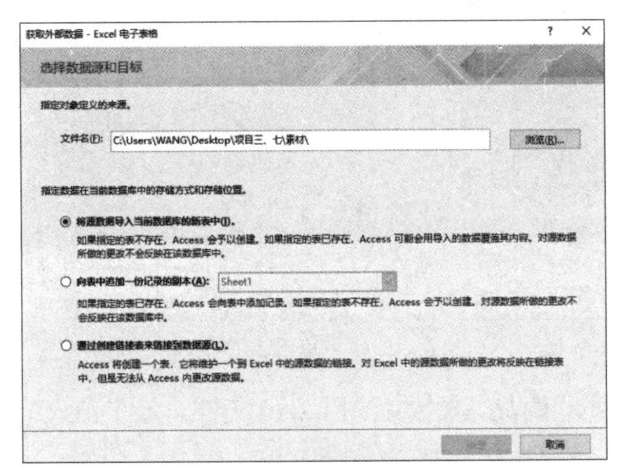

图 7-17 选择数据源和目标

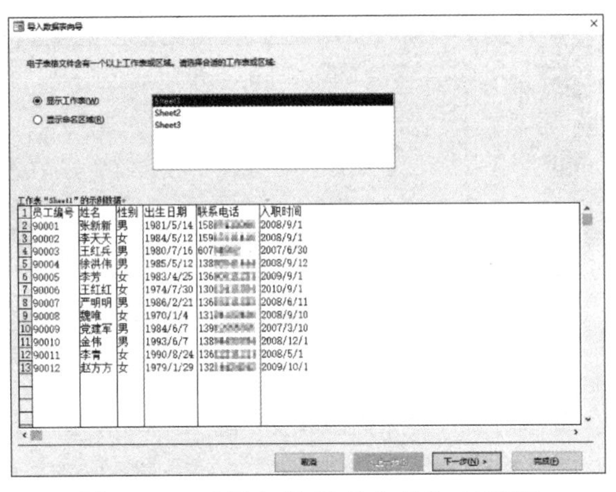

图 7-18 “导入数据表向导”对话框

步骤 5： 单击“下一步”按钮，选择字段，默认选中“第一行包含列标题”复选框，将第一行设置为表的字段名称，如图 7-19 所示。单击“下一步”按钮，修改字段名称及索引，如图 7-20 所示。

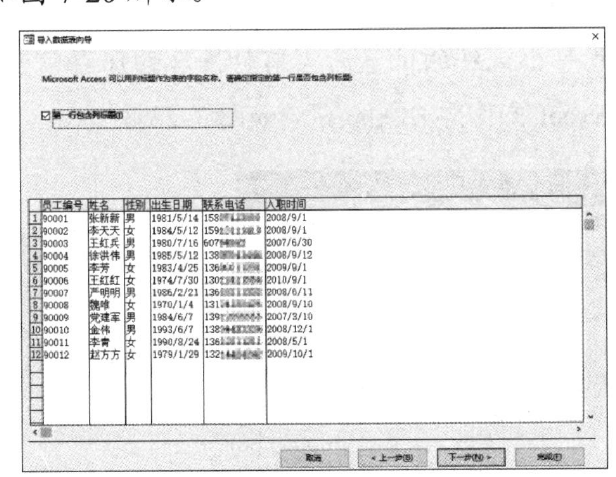

图 7-19 选择字段

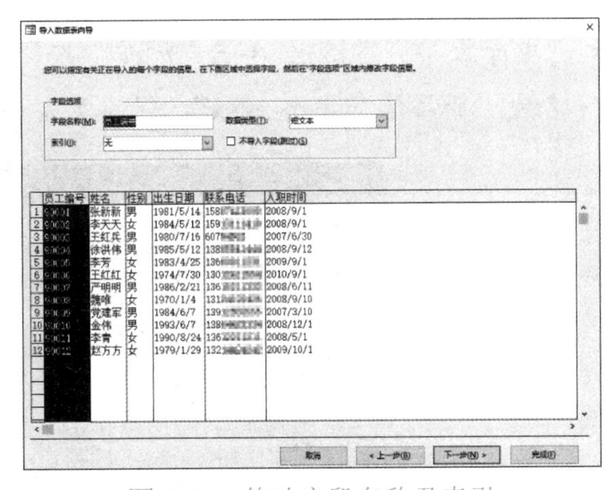

图 7-20 修改字段名称及索引

步骤 6： 对字段名称、数据类型、是否导入该字段进行设置，此处保持默认设置即可，单击“下一步”按钮，添加主键。

工程师提示

在导入 Excel 工作表中的数据时，第一行如果包含标题，则标题名称要和字段名称一致，如果不一致，就需要在图 7-20 中进行修改，否则在导入时会出现错误，无法完成数据导入。

步骤 7： 选中“我自己选择主键”单选按钮，并选择“员工编号”为主键，如图 7-21 所示。单击“下一步”按钮。

步骤 8：在“导入到表”文本框中输入“员工信息”，设置表名称，如图 7-22 所示。单击“完成”按钮，Excel 工作表中的数据导入完成，在数据库表对象中新增了“员工信息”表。

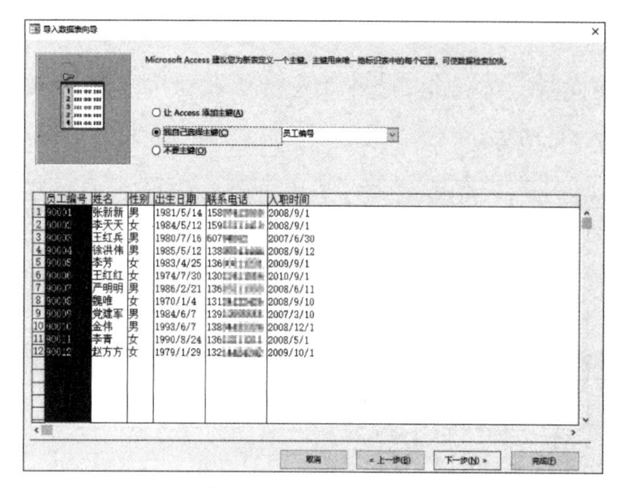

图 7-21　添加主键

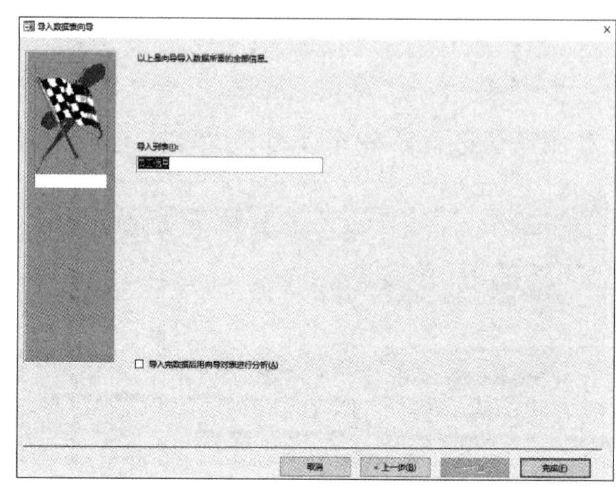

图 7-22　设置表名称

操作实例 3：将“进销存管理 2013”数据库中的“商品”表导出为 Excel 文件，文件名为“商品信息导出 .xlsx”。

【操作步骤】

步骤 1：打开“进销存管理 2013”数据库，在导航窗格中选择“表”对象。

步骤 2：选择“商品”表，单击“外部数据”→“导出”→“Excel”按钮，打开“导出-Excel 电子表格”对话框，单击“浏览”按钮，设置导出文件的位置为当前数据库的保存位置，文件名为“商品信息导出 .xlsx”，保存类型为“Excel 工作簿 (*.xlsx)”，如图 7-23 所示。

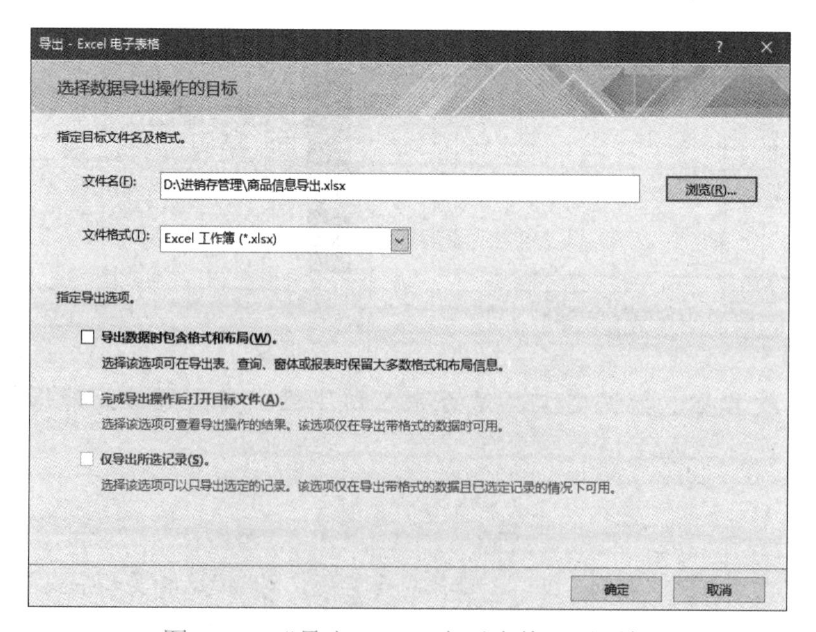

图 7-23　“导出 -Excel 电子表格”对话框

步骤 3：单击“确定”按钮，数据库中的“商品”表导出为 Excel 文件，导出的 Excel 文件效果如图 7-24 所示。

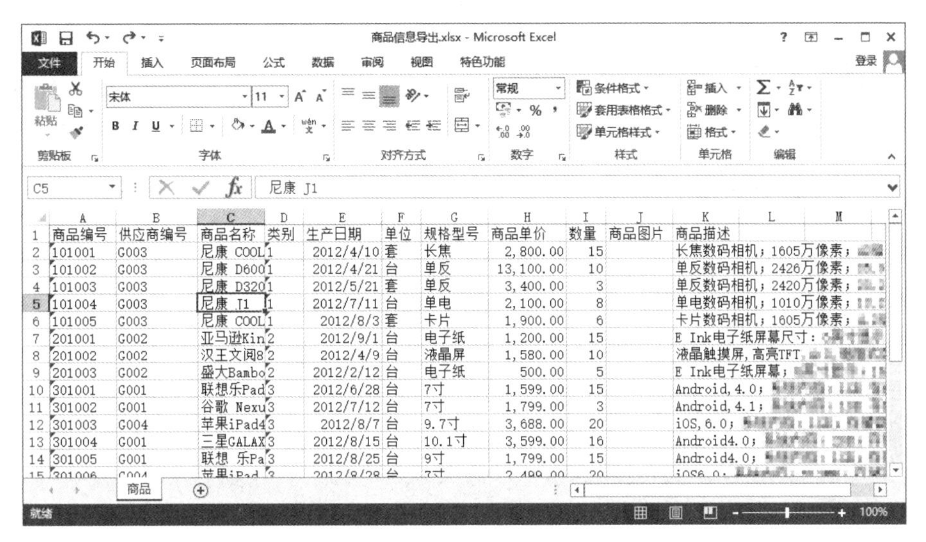

图 7-24　导出的 Excel 文件效果

任务实训

实训：对“销售管理”数据库中的表进行导入和导出。

【实训要求】

1．将“进销存管理 2013”数据库中的“客户”表和“商品类别”表分别导入“销售管理”数据库中。

2．打开“销售管理”数据库，查看和浏览新导入的表。

3．将文本文件“新增员工 .txt”中的数据导入“销售管理”数据库的“员工”表中，浏览导入后的表。文本文件的内容如图 7-25 所示。

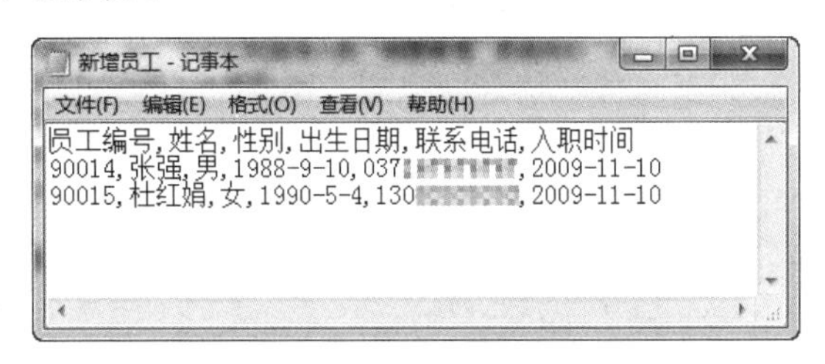

图 7-25　文本文件的内容

4．将“销售管理”数据库中的“供应商”表导出为 Excel 文件，文件名为“商品供应商 .xlsx”。

知识回顾

保护数据库中数据的安全与数据库的良好性能是数据库管理中的重要内容，本项目重点介绍了对数据库进行保护的基本方法和基本操作，并介绍了按照需要对数据库中数据进行导入和导出的操作方法，主要包括以下内容。

1．数据库的压缩和修复

在实际应用过程中，用户需要对不断变大的数据库进行压缩，并对错误进行修复，以提高数据库的性能。Access 2013 中可以通过手动方式和自动方式对数据库进行压缩和修复。

2. 数据库的备份和还原

对数据库进行备份，可以防止操作时出现数据丢失或错误等问题。要备份数据库，可以使用 Access 2013 提供的数据库备份功能，也可以在操作系统中对数据库进行备份。

3. 为数据库生成 ACCDE 文件

ACCDE 文件就是对数据库进行打包编译后生成的数据库文件。ACCDE 文件不能对窗口、报表或模块等对象进行编辑，无法切换到对象的设计视图，数据库中的 VBA 代码也无法被查看。

4. 设置数据库打开密码

通过对数据库设置密码，使得用户需要输入正确密码才可以打开数据库，从而完成对数据库的基本保护。

5. 数据库数据的导入

常用的导入模式有以下几种：将其他数据库中的对象导入当前数据库中；将 Excel 工作表中的数据导入当前数据库中；将符合格式的文本文件中的数据导入当前数据库中。

6. 数据库中数据的导出

常用的导出模式有以下几种：将数据库中的数据导出到其他 Access 数据库中；将数据库中的数据导出为 Excel 文件；将数据库中的数据导出为文本文件。

自我测评

一、填空题

1. 数据库打开时，压缩的是________。如果要压缩和修复未打开的 Access 数据库，则可使压缩以后的数据库生成________，而原来的数据库________。

2. 使用“压缩和修复数据库”工具不仅能完成对数据库的________，还能________的一般错误。

3. ACCDE 文件不能对________、________或模块等对象进行编辑，无法进入对象的________模式，数据库中的 VBA 代码也无法查看。

4. 外部数据导入时，导入 Access 表中的数据和原来的数据之间________。而链接的 Access 表的数据一旦发生变化，会直接反映到________________。

二、判断题

1. 数据库的自动压缩功能仅当数据库关闭时才会启动。（　　）

2. 数据库修复可以修复数据库的所有错误。（　　）

3. 数据库经过压缩后，数据库的性能会更加优化。（　　）

4．Access 不仅提供了数据库备份工具，还提供了数据库还原工具。（　　）

5．数据库文件由 .accdb 格式转换为 ACCDE 格式后，还可以再转换回来。（　　）

6．数据库文件设置了密码以后，如果忘记了密码，可以通过“数据库工具”选项卡撤销密码。（　　）

7．Access 可以获取任意格式的外部数据文件。（　　）

8．外部数据的导入与链接操作方法基本相同。（　　）

项目8

“进销存管理系统”的实现

通过前面项目的实践，我们已经掌握了 Access 2013 数据库的各种对象的概念及其操作方法，本项目将通过对“进销存管理”数据库功能的进一步分析，创建一个小型的“进销存管理系统”，从而使学习者对数据库管理系统的实现有一个完整的认识和理解。

能力目标

- 掌握“进销存管理系统”中各种对象的创建
- 掌握数据库设计的基本过程

知识目标

- 了解数据库管理系统的创建流程和方法

任务1 “进销存管理系统”的分析与设计

任务分析

数据库管理系统的分析与设计主要是明确需求对象，了解需求信息，确定设计思路和设计目标，进行实际操作，最终完成系统制作。本任务通过对“进销存管理系统”的分析和设计，了解建立一个较完整的数据库管理系统的基本流程和方法。

知识准备

在日常管理中，中小型企业一般涉及商品采购、商品销售、库存、供应商及客户管理等工作。根据对这些工作的项目和实际工作流程的分析，可以确定“进销存管理”数据库中需要的各种对象。创建对象，再对对象进行系统集成，最终可以创建一个数据库管理系统。

一、确定数据库结构

“进销存管理”数据库以某数码产品销售企业为例，通过对销售企业进行了解和数据收集分析后，确定了该企业销售管理一般涉及商品采购入库、商品销售、商品库存情况、供应商管理及员工管理等内容，因此规划了 8 个表以满足数据管理的需要，这 8 个表及其属性如下（此处数据以项目 1 中的原始数据库数据为基础，操作过程中有修改）。

（1）“客户”表（客户编号，客户姓名，性别，联系电话，邮编，联系地址，电子邮箱，积分，是否会员）。

（2）“商品”表（商品编号，供应商编号，商品名称，类别，生产日期，单位，规格型号，商品单价，数量，商品图片，商品描述）。

（3）“供应商”表（供应商编号，供应商名称，联系人姓名，联系人电话，E-mail，地址，备注）。

（4）“销售记录”表（销售编号，业务类别，客户编号，商品编号，销售单价，数量，金额，销售时间，付款方式，销售状态，经办人）。

（5）“入库记录”表（入库编号，业务类别，商品编号，供应商编号，入库时间，入库单价，入库数量，经办人）。

（6）“管理员”表（编号，用户名，密码）。

（7）“商品类别”表（类别编号，类别名称，备注）。

（8）“员工”表（员工编号，姓名，性别，出生日期，联系电话，入职时间，照片）。

二、创建数据库中的各种对象

（1）根据确定的表结构创建各种表及输入数据。

（2）根据需要对表结构和表中的数据进行编辑和修改。

（3）创建基于表的各种查询以及需要的查询操作。

（4）创建基于表、查询的各种报表。

（5）创建相应的宏，并通过宏创建控制面板窗体，完成对各个对象的操作，完成系统的集成。

三、“进销存管理系统”功能设计

一个数据库管理系统需要的操作通常包括数据的插入、删除、修改和查询，根据对“进销存管理系统”的需求分析，确定“进销存管理系统”能够实现的功能如下。

（1）进销存信息管理：包含商品、供应商、客户、员工、入库记录、销售记录以及商品类别等信息的添加、删除、修改等，主要通过表或窗体来实现。

（2）进销存信息查询：包含商品、供应商、客户、员工、入库情况、销售情况等基本信息的查询，通过窗体或查询来实现。

（3）进销存信息打印：包含对商品情况、供应商情况、销售情况等信息的报表输出。

（4）退出系统。

任务 2　创建“进销存管理”数据库及表

任务分析

先在 Access 2013 中创建一个名为“进销存管理”的空数据库，再在该数据库中建立 8 个数据表用于存储数据，它们是“供应商”表、“客户”表、“商品”表、“员工”表、“入库记录”表、“销售记录”表、“商品类别”表、“管理员”表等，输入表中的数据并创建表关系。

任务操作

1. 创建“进销存管理”数据库

（1）启动 Access 2013，选择“文件”→“新建”命令，打开“新建”窗格。

（2）单击“空白桌面数据库”图标，打开“空白桌面数据库”对话框。

（3）设置数据库名称为“进销存管理”，选择数据库文件保存的位置，单击“创建”按钮。

2. 创建表

创建表的方法有多种，可以根据数据库中的表结构来选择合适的方法，结合前面各个项目中对表的一些操作，最后生成的各表如下。

（1）“供应商”表如图 8-1 所示。

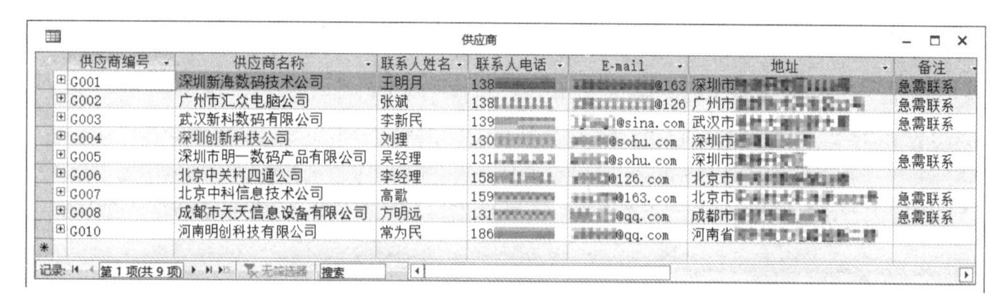

供应商

供应商编号	供应商名称	联系人姓名	联系人电话	E-mail	地址	备注
G001	深圳新海数码技术公司	王明月	138	@163	深圳市	急需联系
G002	广州市汇众电脑公司	张斌	138	@126	广州市	急需联系
G003	武汉新科数码有限公司	李新民	139	@sina.com	武汉市	急需联系
G004	深圳创新科技公司	刘理	130	@sohu.com	深圳市	
G005	深圳市明一数码产品有限公司	吴经理	131	@sohu.com	深圳市	急需联系
G006	北京中关村四通公司	李经理	158	@126.com	北京市	
G007	北京中科信息技术公司	高歌	159	@163.com	北京市	急需联系
G008	成都市天天信息设备有限公司	方明远	131	@qq.com	成都市	急需联系
G010	河南明创科技有限公司	常为民	186	@qq.com	河南省	

图 8-1　“供应商”表

（2）“客户”表如图 8-2 所示。

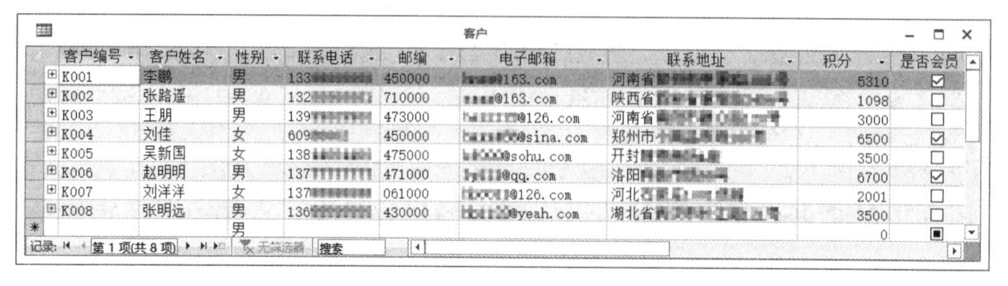

客户

客户编号	客户姓名	性别	联系电话	邮编	电子邮箱	联系地址	积分	是否会员
K001	李鹏	男	133	450000	@163.com	河南省	5310	☑
K002	张路遥	男	132	710000	@163.com	陕西省	1098	☐
K003	王朋	男	139	473000	@126.com	河南省	3000	☐
K004	刘佳	女	609	450000	@sina.com	郑州市	6500	☑
K005	吴新国	女	138	475000	@sohu.com	开封	3500	☐
K006	赵明明	男	137	471000	@qq.com	洛阳	6700	☑
K007	刘洋洋	女	137	061000	@126.com	河北	2001	☐
K008	张明远	男	136	430000	@yeah.com	湖北省	3500	☐
		男					0	

图 8-2　“客户”表

（3）“商品”表如图 8-3 所示。

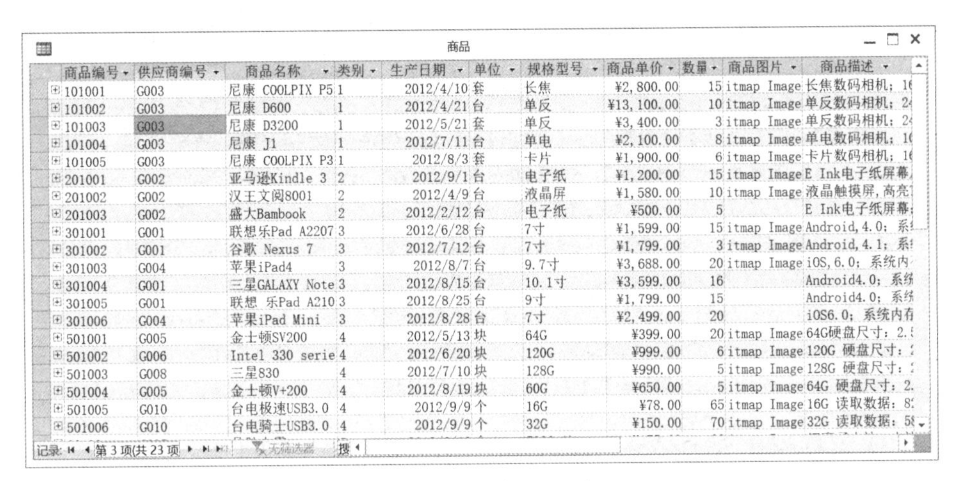

商品

商品编号	供应商编号	商品名称	类别	生产日期	单位	规格型号	商品单价	数量	商品图片	商品描述
101001	G003	尼康 COOLPIX P5	1	2012/4/10	套	长焦	¥2,800.00	15	itmap Image	长焦数码相机；16
101002	G003	尼康 D600	1	2012/4/21	台	单反	¥13,100.00	10	itmap Image	单反数码相机；24
101003	G003	尼康 D3200	1	2012/5/21	套	单反	¥3,400.00	3	itmap Image	单反数码相机；24
101004	G003	尼康 J1	1	2012/7/11	台	单电	¥2,100.00	8	itmap Image	单电数码相机；10
101005	G003	尼康 COOLPIX P3	1	2012/8/3	套	卡片	¥1,900.00	6	itmap Image	卡片数码相机；16
201001	G002	亚马逊Kindle 3	2	2012/9/1	台	电子纸	¥1,200.00	15	itmap Image	E Ink电子纸屏幕
201002	G002	汉王文阅8001	2	2012/4/9	台	液晶屏	¥1,580.00	10	itmap Image	液晶触摸屏，高亮
201003	G002	盛大Bambook	2	2012/2/12	台	电子纸	¥500.00	5		E Ink电子纸屏幕
301001	G001	联想乐Pad A2207	3	2012/6/28	台	7寸	¥1,599.00	15	itmap Image	Android，4.0；系
301002	G001	谷歌 Nexus 7	3	2012/7/12	台	7寸	¥1,799.00	3	itmap Image	Android，4.1；系
301003	G004	苹果iPad4	3	2012/8/7	台	9.7寸	¥3,688.00	20	itmap Image	iOS，6.0；系统内
301004	G001	三星GALAXY Note	3	2012/8/15	台	10.1寸	¥3,599.00	16		Android4.0；系统
301005	G001	联想 乐Pad A210	3	2012/8/25	台	9寸	¥1,799.00	15		Android4.0；系统
301006	G004	苹果iPad Mini	3	2012/8/28	台	7寸	¥2,499.00	20		iOS6.0；系统内有
501001	G005	金士顿SV200	4	2012/5/13	块	64G	¥399.00	20	itmap Image	64G硬盘尺寸：2.
501002	G006	Intel 330 serie	4	2012/6/20	块	120G	¥999.00	6	itmap Image	120G 硬盘尺寸：
501003	G008	三星830	4	2012/7/10	块	128G	¥990.00	5	itmap Image	128G 硬盘尺寸：
501004	G005	金士顿V+200	4	2012/8/19	块	60G	¥650.00	5	itmap Image	64G 硬盘尺寸：2.
501005	G010	台电极速USB3.0	4	2012/9/9	个	16G	¥78.00	65	itmap Image	16G 读取数据：8
501006	G010	台电骑士USB3.0	4	2012/9/9	个	32G	¥150.00	70	itmap Image	32G 读取数据：5

记录：第 3 项(共 23 项 无筛选器 搜

图 8-3 “商品”表

（4）“入库记录”表如图 8-4 所示。

入库记录

入库编号	业务类别	商品编号	供应商编号	入库时间	入库单价	入库数量	经办人
1	公司调货	101003	G003	2012/7/15	¥3,100.00	2	90011
2	公司进货	201003	G002	2012/4/1	¥400.00	5	90010
3	公司进货	501003	G008	2012/8/15	¥890.00	10	90010
4	公司进货	301002	G001	2012/8/20	¥1,560.00	5	90003
5	公司调货	501002	G010	2012/8/1	¥810.00	5	90004
6	公司进货	601002	G007	2012/7/30	¥210.00	5	90005

记录：第 1 项(共 6 项) 无筛选器 搜

图 8-4 “入库记录”表

（5）“销售记录”表如图 8-5 所示。

销售记录

销售编号	业务类别	客户编号	商品编号	销售单价	数量	金额	销售时间	付款方式	销售状态	经办人	单击以
1	个人	K002	101001	¥3,050.00	1	¥3,050.00	2012/5 /20	刷卡	已售	90001	
2	公司	K001	101003	¥3,450.00	2	¥6,900.00	2012/7 /28	转帐	已售	90003	
3	个人	K003	101004	¥2,530.00	1	¥2,530.00	2012/8 /30	刷卡	已售	90002	
4	个人	K004	201003	¥710.00	2	¥1,420.00	2012/4 /15	现金	已售	90001	
5	公司	K001	301001	¥1,720.00	5	¥8,600.00	2012/8 /30	转账	已售	90003	
7	个人	K007	301005	¥2,099.00	1	¥2,099.00	2012/9 /28	刷卡	已售	90006	
8	个人	K008	101003	¥3,400.00	1	¥3,400.00	2012/8 /1	刷卡	已售	90001	
9	公司	K006	301006	¥2,699.00	3	¥8,097.00	2012/9 /19	转帐	已售	90003	
10	公司	K006	301004	¥3,599.00	2	¥7,198.00	2012/8 /30	转账	已售	90007	
12	个人	K002	601002	¥298.00	3	¥1,496.00	2012/8 /10	刷卡	已售	90008	
13	个人	K005	601002	¥5,000.00	4	¥2,500.00	2021/7 /14	刷卡	已售	90001	
(新建)				¥0.00	0	¥0.00					

记录：第 1 项(共 11 项 无筛选器 搜索

图 8-5 “销售记录”表

（6）“商品类别”表如图 8-6 所示。

（7）“管理员”表如图 8-7 所示。

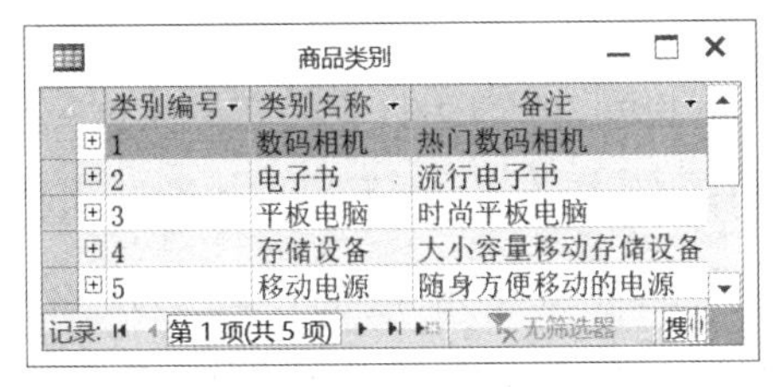

商品类别

类别编号	类别名称	备注
1	数码相机	热门数码相机
2	电子书	流行电子书
3	平板电脑	时尚平板电脑
4	存储设备	大小容量移动存储设备
5	移动电源	随身方便移动的电源

记录：第 1 项(共 5 项) 无筛选器 搜

图 8-6 “商品类别”表

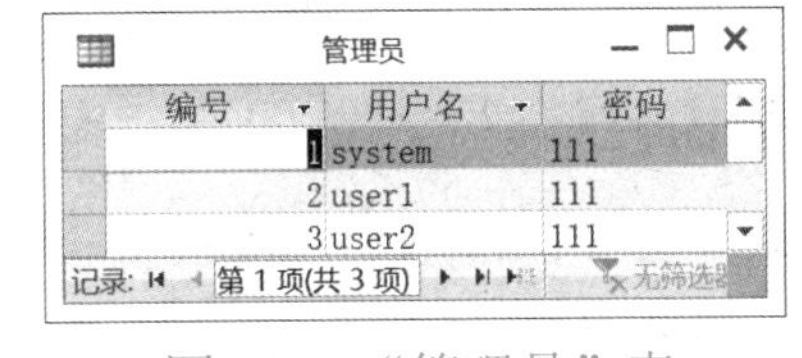

管理员

编号	用户名	密码
1	system	111
2	user1	111
3	user2	111

记录：第 1 项(共 3 项) 无筛选器

图 8-7 “管理员”表

（8）“员工”表如图 8-8 所示。

员工

员工编号	姓名	性别	出生日期	联系电话	入职时间	照片
90001	张新新	男	1981/5/14	158[illegible]	2009/7/1	Bitmap Image
90002	李天天	女	1984/5/12	159[illegible]	2009/7/1	Bitmap Image
90003	王红兵	男	1980/7/16	607[illegible]	2007/6/30	Bitmap Image
90004	徐洪伟	男	1985/5/12	138[illegible]	2009/7/12	Bitmap Image
90005	李芳	女	1983/4/25	136[illegible]	2009/9/1	Bitmap Image
90006	王红红	女	1974/7/30	130[illegible]	2010/9/1	Bitmap Image
90007	严明明	男	1986/2/21	136[illegible]	2008/6/11	Bitmap Image
90008	魏唯	女	1970/1/4	131[illegible]	2009/7/10	Bitmap Image
90009	党建军	男	1984/6/7	139[illegible]	2007/3/10	Bitmap Image
90010	金伟	男	1993/6/7	138[illegible]	2008/12/1	Bitmap Image
90011	李青	女	1990/8/24	136[illegible]	2008/5/1	Bitmap Image
90012	赵方方	女	1979/1/29	132[illegible]	2009/10/1	Bitmap Image

记录：第 1 项(共 12 项 无筛选器 搜

图 8-8 “员工”表

3. 创建表关系

当表创建完成后，要根据各表之间的关系创建表关系，如图 8-9 所示。

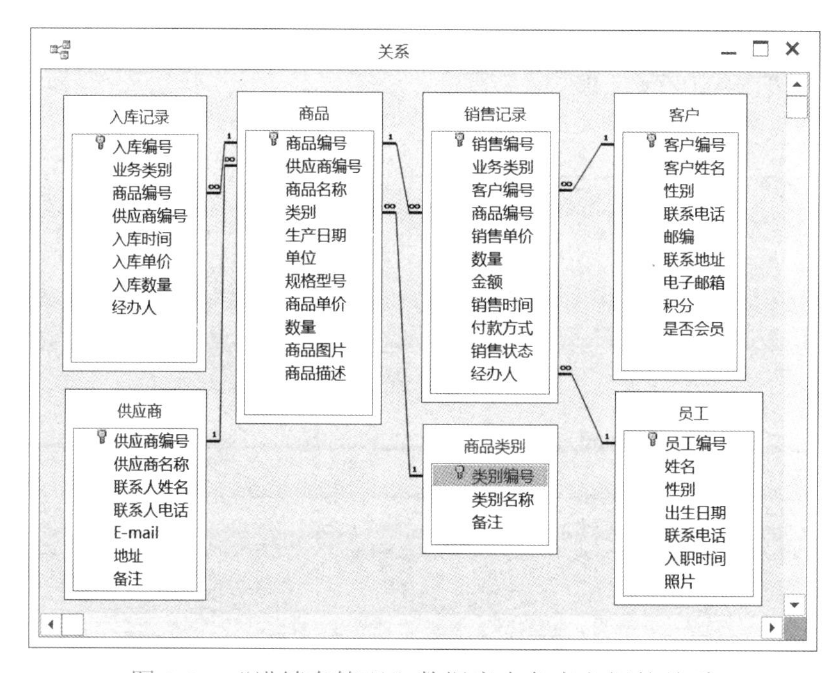

图 8-9 “进销存管理”数据库中各表之间的关系

任务 3 创建“进销存管理系统”中的查询

任务分析

“进销存管理”数据库及表创建完成后，在此基础上创建一个小型的“进销存管理系统”。首先可以根据需要创建相关的查询。需求不同，创建的查询也会不同。“进销存管理系统”一般需要创建以下几种查询：商品基本信息查询、商品详细信息查询、商品销售情况查询、供应商供货情况查询、低库存商品信息查询等。此外，还需要执行对数据的追加、更新、删除等操作。本任务只创建常用的查询。

任务操作

1. 创建“商品基本信息查询”

“商品基本信息查询”中只需要查询“商品名称”“生产日期”“商品单价”及“数量”4个字段。该查询的设计视图如图 8-10 所示，查询结果如图 8-11 所示。

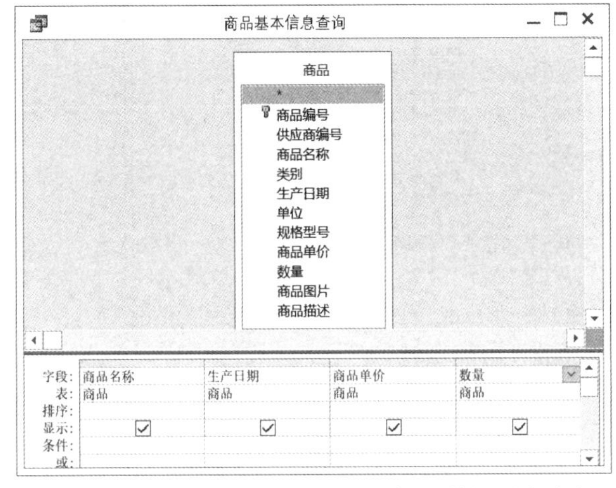

图 8-10 “商品基本信息查询”的设计视图

商品名称	生产日期	商品单价	数量
尼康 COOLPIX P5	2012/4/10	¥2,800.00	15
尼康 D600	2012/4/21	¥13,100.00	10
尼康 D3200	2012/5/21	¥3,400.00	3
尼康 J1	2012/7/11	¥2,100.00	8
尼康 COOLPIX P3	2012/8/3	¥1,900.00	6
亚马逊Kindle 3	2012/9/1	¥1,200.00	15
汉王文阅8001	2012/4/9	¥1,580.00	10
盛大Bambook	2012/2/12	¥500.00	5
联想乐Pad A2207	2012/6/28	¥1,599.00	15
谷歌 Nexus 7	2012/7/12	¥1,799.00	3
苹果iPad4	2012/8/7	¥3,688.00	20
三星GALAXY Note	2012/8/15	¥3,599.00	16
联想 乐Pad A210	2012/8/25	¥1,799.00	15
苹果iPad Mini	2012/8/28	¥2,499.00	20
金士顿SV200	2012/5/13	¥399.00	20
Intel 330 serie	2012/6/20	¥999.00	6
三星830	2012/7/10	¥990.00	5
金士顿V+200	2012/8/19	¥650.00	5
台电极速USB3.0	2012/9/9	¥78.00	65

记录: 第 1 项(共 23 项) 无筛选器 搜索

图 8-11 “商品基本信息查询”的查询结果

2. 创建“商品详细信息查询”

“商品详细信息查询”中除了包含“商品”表中的信息，还包含“供应商”表、“商品类别”表中的相关信息。该查询的设计视图如图 8-12 所示，查询结果如图 8-13 所示。

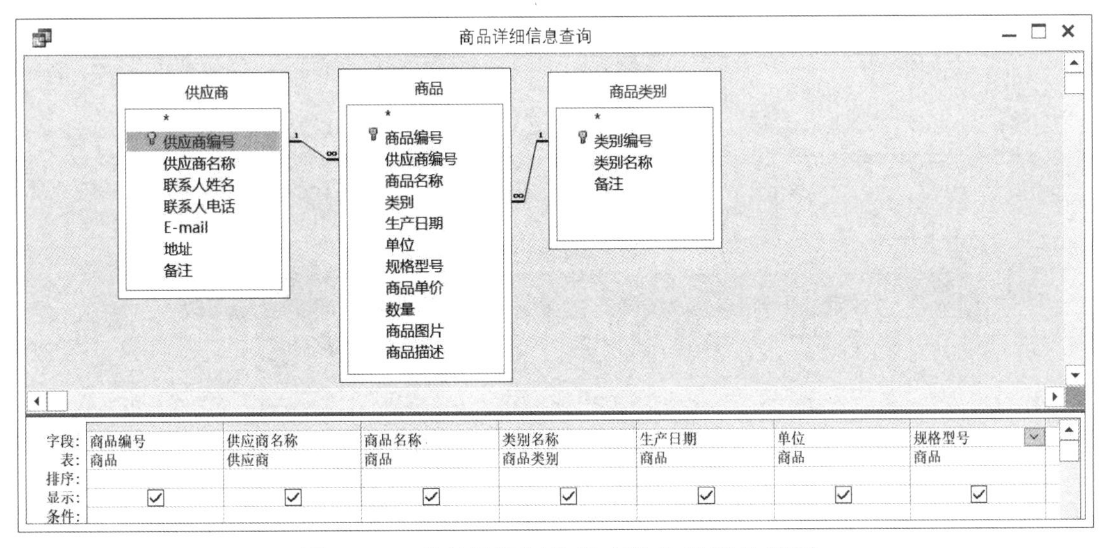

图 8-12 “商品详细信息查询”的设计视图

3. 创建“商品销售情况查询”

“商品销售情况查询”中除了包含“商品”表中的信息，还包含“商品类别”表、“销售记录”表和“客户”表中的相关信息。该查询的设计视图如图 8-14 所示，查询结果如图 8-15 所示。

商品详细信息查询

商品编号	供应商名称	商品名称	类别名称	生产日期	单位	规格型号
101001	武汉新科数码有限公司	尼康 COOLPIX P	数码相机	2012/4/10	套	长焦
101002	武汉新科数码有限公司	尼康 D600	数码相机	2012/4/21	台	单反
101003	武汉新科数码有限公司	尼康 D3200	数码相机	2012/5/21	套	单反
101004	武汉新科数码有限公司	尼康 J1	数码相机	2012/7/11	台	单电
101005	武汉新科数码有限公司	尼康 COOLPIX P	数码相机	2012/8/3	套	卡片
201001	广州市汇众电脑公司	亚马逊Kindle 3	电子书	2012/9/1	台	电子纸
201002	广州市汇众电脑公司	汉王文阅8001	电子书	2012/4/9	台	液晶屏
201003	广州市汇众电脑公司	盛大Bambook	电子书	2012/2/12	台	电子纸
301001	深圳新海数码技术公司	联想乐Pad A220	平板电脑	2012/6/28	台	7寸
301002	深圳新海数码技术公司	谷歌 Nexus 7	平板电脑	2012/7/12	台	7寸
301003	深圳创新科技公司	苹果iPad4	平板电脑	2012/8/7	台	9.7寸
301004	深圳新海数码技术公司	三星GALAXY Not	平板电脑	2012/8/15	台	10.1寸
301005	深圳新海数码技术公司	联想 乐Pad A21	平板电脑	2012/8/25	台	9寸
301006	深圳创新科技公司	苹果iPad Mini	平板电脑	2012/8/28	台	7寸
501001	深圳市明一数码产品有限公司	金士顿SV200	存储设备	2012/5/13	块	64G
501002	北京中关村四通公司	Intel 330 seri	存储设备	2012/6/20	块	120G
501003	成都市天天信息设备有限公司	三星830	存储设备	2012/7/10	块	128G
501004	深圳市明一数码产品有限公司	金士顿V+200	存储设备	2012/8/19	块	60G
501005	河南明创科技有限公司	台电极速USB3.0	存储设备	2012/9/9	个	16G
501006	河南明创科技有限公司	台电骑士USB3.0	存储设备	2012/9/9	个	32G
601001	河南明创科技有限公司	品胜电霸	移动电源	2012/6/12	个	5000mAh
601002	北京中科信息技术公司	羽博YB-631	移动电源	2012/7/20	个	6600mAh
601003	北京中科信息技术公司	飞毛腿Q7	移动电源	2012/8/17	个	6200mAh

记录：第 1 项(共 23 项 无筛选器 搜索

图 8-13 “商品详细信息查询”的查询结果

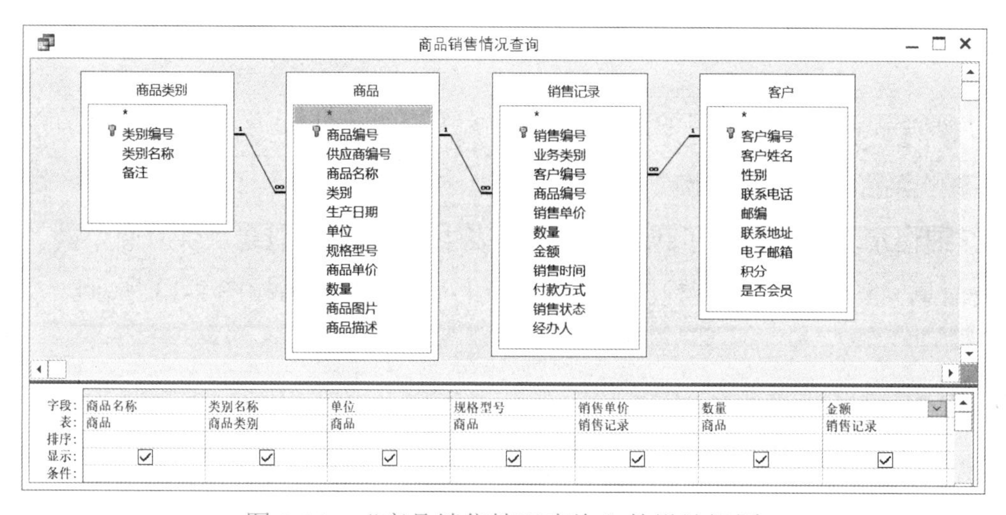

图 8-14 “商品销售情况查询”的设计视图

商品销售情况查询

客户编号	商品名称	类别名称	单位	规格型号	销售单价	数量	金额
K002	尼康 COOLPIX P510	数码相机	套	长焦	¥3,050.00	1	¥3,050.00
K001	尼康 D3200	数码相机	套	单反	¥3,450.00	2	¥6,900.00
K003	尼康 J1	数码相机	台	单电	¥2,530.00	1	¥2,530.00
K004	盛大Bambook	电子书	台	电子纸	¥710.00	2	¥1,420.00
K001	联想乐Pad A2207	平板电脑	台	7寸	¥1,720.00	5	¥8,600.00
K007	联想 乐Pad A2109	平板电脑	台	9寸	¥2,099.00	1	¥2,099.00
K008	尼康 D3200	数码相机	套	单反	¥3,400.00	1	¥3,400.00
K006	苹果iPad Mini	平板电脑	台	7寸	¥2,699.00	3	¥8,097.00
K006	三星GALAXY Note	平板电脑	台	10.1寸	¥3,599.00	2	¥7,198.00
K002	羽博YB-631	移动电源	个	6600mAh	¥298.00	3	¥1,496.00
K005	羽博YB-631	移动电源	个	6600mAh	¥5,000.00	4	¥2,500.00

记录：第 1 项(共 11 项 无筛选器 搜索

图 8-15 “商品销售情况查询”的查询结果

4. 创建“低库存商品信息查询”

当“商品”表中设定的库存商品数量少于 5 件时要进行补货提醒，因此要建立“低库存商品信息查询”来了解库存商品中低于指定数量的商品信息。该查询可以使用条件查询，它的设计视图如图 8-16 所示，查询结果如图 8-17 所示。

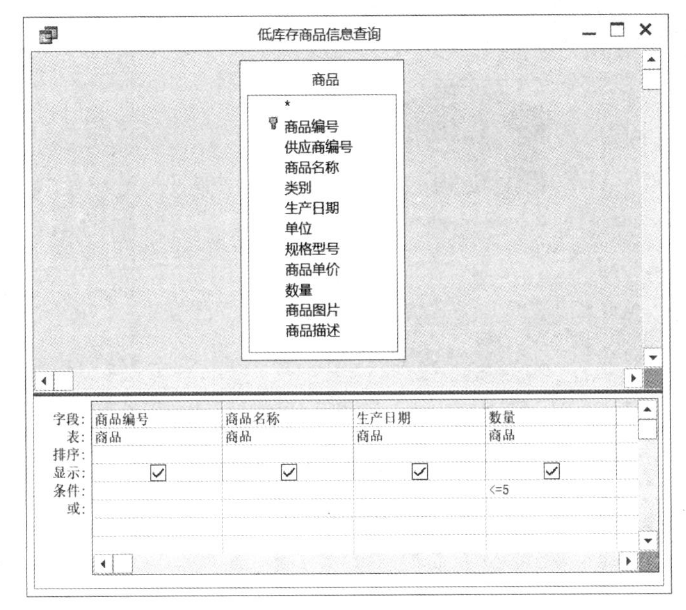

图 8-16 “低库存商品信息查询”的设计视图

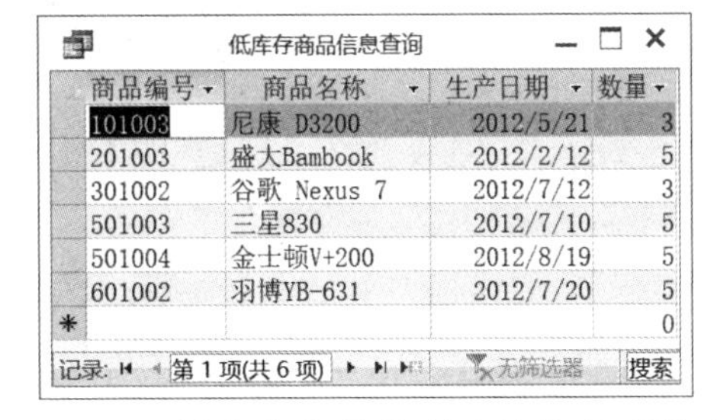

商品编号	商品名称	生产日期	数量
101003	尼康 D3200	2012/5/21	3
201003	盛大Bambook	2012/2/12	5
301002	谷歌 Nexus 7	2012/7/12	3
501003	三星830	2012/7/10	5
501004	金士顿V+200	2012/8/19	5
601002	羽博YB-631	2012/7/20	5
*			0

图 8-17 “低库存商品信息查询”的查询结果

在实际应用中，还需要创建其他查询，用户可以根据实际需求继续创建相关查询。

任务 4 创建“进销存管理系统”中的窗体

任务分析

“进销存管理系统”中信息的管理，包括各种信息的查询、输入、修改、删除等操作，都需要在比较直观的窗体中完成，因此需要创建不同的窗体来完成对信息的管理，如“商品信息管理”窗体、“员工信息管理”窗体、“客户基本信息”窗体、“供应商供货情况”窗体、“客户购买商品情况”窗体等。本任务将创建“进销存管理系统”中常用的几种窗体。

任务操作

1. 创建“商品信息管理”窗体

“商品信息管理”窗体完成商品信息的录入、编辑与修改，使用设计视图创建并对其进行修饰，窗体效果如图 8-18 所示。

2. 创建“员工信息管理”窗体

“员工信息管理”窗体完成员工信息的录入、编辑与修改，使用设计视图创建并对其进行修饰，窗体效果如图 8-19 所示。

图 8-18　“商品信息管理”窗体

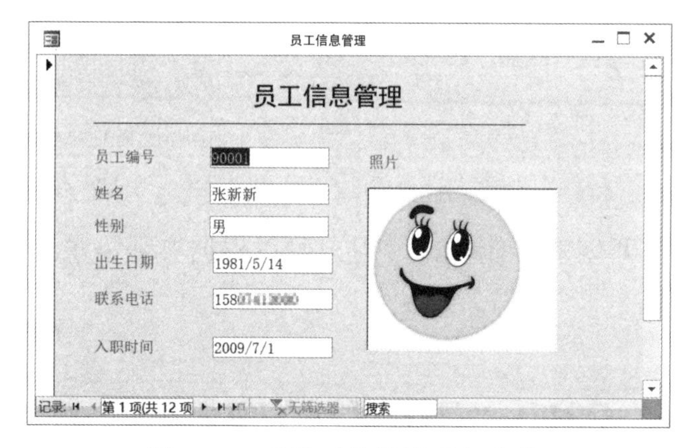

图 8-19　“员工信息管理”窗体

3．创建“客户基本信息”窗体

“客户基本信息”窗体完成客户基本信息的录入、编辑与修改，使用窗体向导创建并对其进行修改，窗体效果如图 8-20 所示。

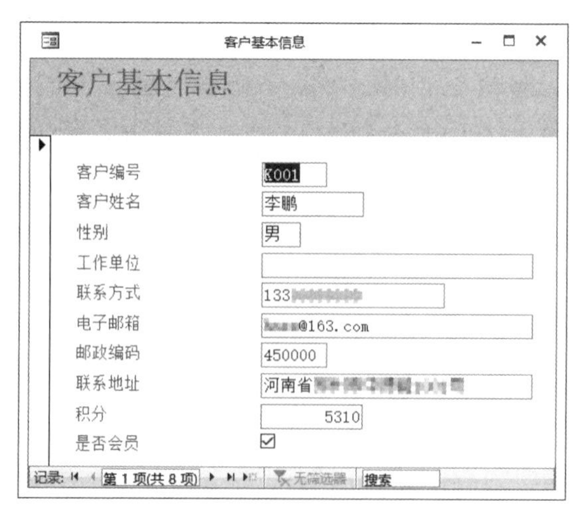

图 8-20　“客户基本信息”窗体

4．创建“供应商供货情况”窗体

“供应商供货情况”窗体用于查询供应商的供货情况，该窗体是由“供应商供货情况”

主窗体和“商品”子窗体组成的，窗体效果如图 8-21 所示。

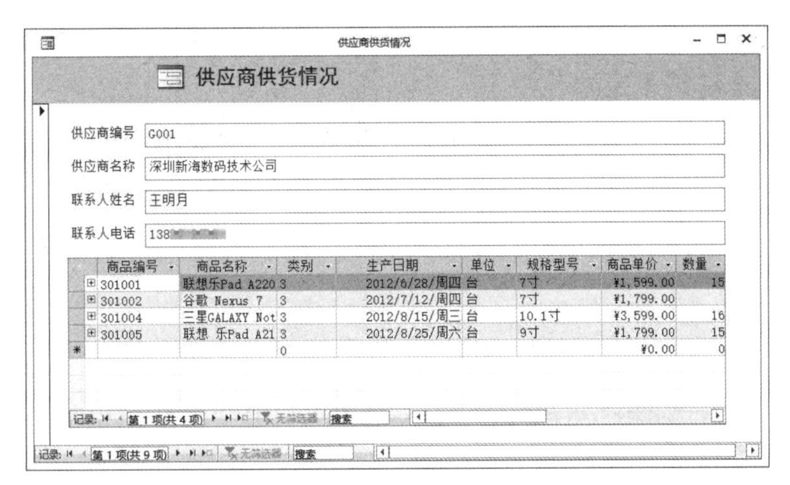

图 8-21　“供应商供货情况”窗体

5．创建“客户购买商品情况”窗体

“客户购买商品情况”窗体用于查询及浏览客户购买商品的情况，该窗体是由“客户购买商品情况”主窗体和“商品销售情况查询子窗体”组成的，窗体效果如图 8-22 所示。

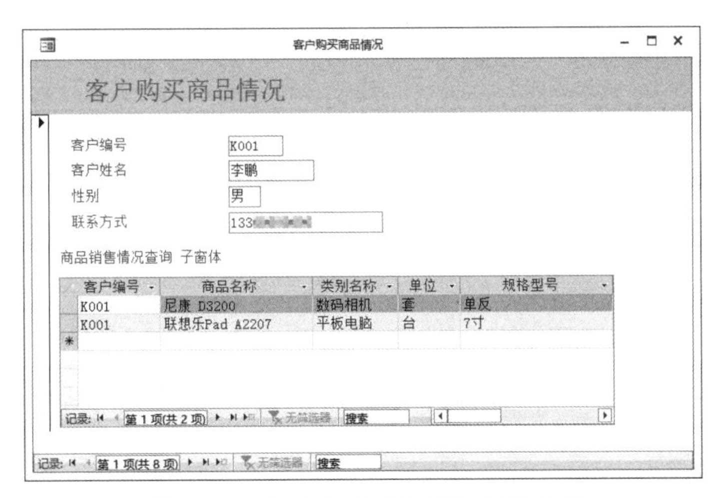

图 8-22　客户购买商品情况窗体效果

任务 5　创建“进销存管理系统”中的报表

任务分析

“进销存管理系统”通过窗体完成了对各种信息的管理，包括信息的查询、修改、删除等操作。有些信息需要以报表的形式打印输出，如商品及供货商信息表、供应商情况表、员工卡片报表、员工基本情况表、进货统计表等。本任务将创建“进销存管理系统”中常用的报表。

任务操作

1. 创建“商品基本信息报表”

在“进销存管理系统”中，“商品基本信息报表”用于显示商品最基本的信息，报表的数据源是“商品基本信息查询”。该报表的打印预览效果如图 8-23 所示。

商品基本信息报表

商品名称	生产日期	商品单价	数量
Intel 330 series	2012/6/20	¥999.00	6
飞毛腿Q7	2012/8/17	¥158.00	30
谷歌 Nexus 7	2012/7/12	¥1,799.00	3
汉王文阅8001	2012/4/9	¥1,580.00	10
金士顿SV200	2012/5/13	¥399.00	20
金士顿V+200	2012/8/19	¥650.00	5
联想 乐Pad A2109	2012/8/25	¥1,799.00	15
联想乐Pad A2207	2012/6/28	¥1,599.00	15
尼康 COOLPIX P310	2012/8/3	¥1,900.00	6

图 8-23 “商品基本信息报表”的打印预览效果

2. 创建“商品及供货商信息 - 表格式”报表

“商品及供货商信息 - 表格式”报表是打印商品和供货商的相关信息的报表，报表的数据源是“商品及供货商信息”查询，并选择了查询中的部分字段呈现在报表中。该报表的视图效果如图 8-24 所示。

商品及供货商信息

商品编号	商品名称	类别	生产日期	单位	规格型号	供应商名称
301001	联想乐Pad A2207	3	2012/6/28	台	7寸	深圳新海数码技术公司
301002	谷歌 Nexus 7	3	2012/7/12	台	7寸	深圳新海数码技术公司
301004	三星GALAXY Note	3	2012/8/15	台	10.1寸	深圳新海数码技术公司
301005	联想 乐Pad A2109	3	2012/8/25	台	9寸	深圳新海数码技术公司
201001	亚马逊Kindle 3	2	2012/9/1	台	电子纸	广州市汇众电脑公司
201002	汉王文阅8001	2	2012/4/9	台	液晶屏	广州市汇众电脑公司
201003	盛大Bambook	2	2012/2/12	台	电子纸	广州市汇众电脑公司
101001	尼康 COOLPIX P510	1	2012/4/10	套	长焦	武汉新科数码有限公司
101002	尼康 D600	1	2012/4/21	台	单反	武汉新科数码有限公司
101003	尼康 D3200	1	2012/5/21	套	单反	武汉新科数码有限公司
101004	尼康 J1	1	2012/7/11	台	单电	武汉新科数码有限公司
101005	尼康 COOLPIX P310	1	2012/8/3	套	卡片	武汉新科数码有限公司
301003	苹果iPad4	3	2012/8/7	台	9.7寸	深圳创新科技公司
301006	苹果iPad Mini	3	2012/8/28	台	7寸	深圳创新科技公司
501001	金士顿SV200	4	2012/5/13	块	64G	深圳市明一数码产品有限公司
501004	金士顿V+200	4	2012/8/19	块	60G	深圳市明一数码产品有限公司
501002	Intel 330 series	4	2012/6/20	块	120G	北京中关村四通公司
601001	品胜电霸	5	2012/6/12	个	5000mAh	河南明创科技有限公司
601002	羽博YB-631	5	2012/7/20	个	6600mAh	北京中科信息技术公司
601003	飞毛腿Q7	5	2012/8/17	个	6200mAh	北京中科信息技术公司
501003	三星830	4	2012/7/10	块	128G	成都市天天信息设备有限公司
501005	台电极速USB3.0	4	2012/9/9	个	16G	河南明创科技有限公司

图 8-24 “商品及供货商信息 - 表格式”报表的视图效果

3. 创建“进货统计表”报表

“进货统计表”报表按供应商进行了分组，并对供应商所供商品的商品种类、每种商品的数量、金额等进行了统计和计算。该报表的打印预览效果如图 8-25 所示。

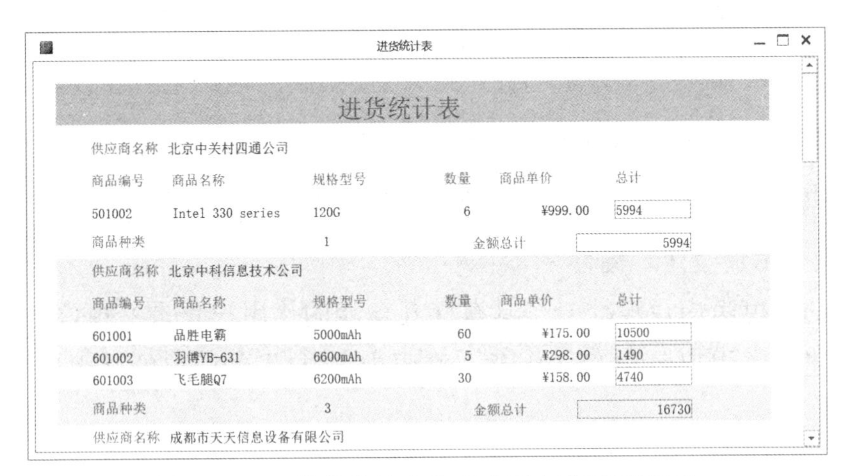

图 8-25 “进货统计表”报表的打印预览效果

4. 创建“商品及供货商信息”报表

“商品及供货商信息”报表是以“商品及销售情况表”为主报表且包含“销售记录子报表”的报表，其中，子报表的数据直接来源于“销售记录”表。该报表的打印预览效果如图 8-26 所示。

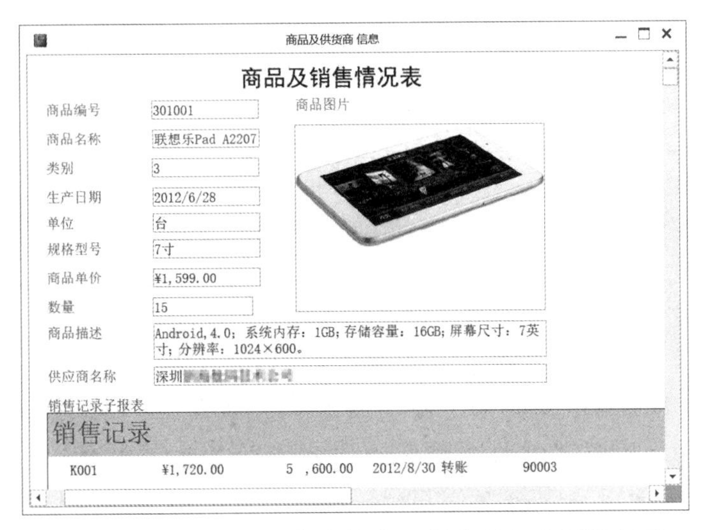

图 8-26 “商品及供货商信息”报表的打印预览效果

任务 6 创建“进销存管理系统”中的主窗体

任务分析

“进销存管理系统”中需要的数据库以及数据库中表、查询、窗体、报表等对象创建完成后，需要通过窗体对这些对象进行系统集成，并通过窗体来完成管理系统的所有操作。本任务将创建“进销存管理系统”的窗体及相关的宏，从而创建一个较为完整的模拟实际应用的“进销存管理系统”。

任务操作

窗体是联系数据库与用户的桥梁。使用窗体，用户可以方便地输入数据、编辑数据，使数据库更丰富，更便于管理和维护。“进销存管理系统”由多个窗体组成。

1. 模拟创建“用户登录”窗体

从应用安全的角度考虑，设计一个具有交互功能的“用户登录”窗体是很有必要的，此处使用宏模拟创建一个用户名为“system”，密码为“111”的简单的“用户登录”窗体。

【操作步骤】

步骤 1： 创建登录宏。单击“创建”→“宏与代码”→“宏”按钮，切换到宏的设计视图。

步骤 2： 在宏的设计视图中，在“添加新操作”下拉列表中选择“If”，在其条件表达式中输入“[Forms]![用户登录]![用户名]="system" And [Forms]![用户登录]![密码] ="111"”，如图 8-27 所示。

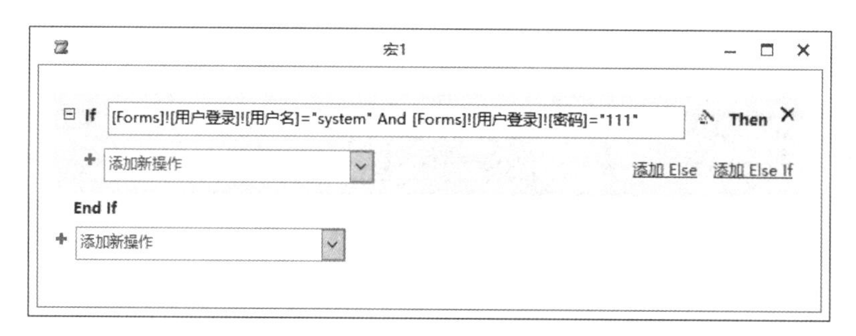

图 8-27　创建宏

步骤 3： 在“添加新操作”下拉列表中选择“OpenForm”宏操作，设置“窗体名称”为“进销存管理系统主窗体”，“视图”为“窗体”；在“添加新操作”下拉列表中选择“CloseWindow”宏操作，设置“对象类型”为“窗体”，“对象名称”为“用户登录”。

步骤 4： 将宏名称设置为“登录宏”并进行保存，宏创建完成。登录宏设置效果如图 8-28 所示。

步骤 5： 创建登录窗体。单击“创建”→“窗体”→“窗体设计”按钮，新建一个空白窗体。

步骤 6： 在“属性表”窗格中设置“主体”节的“背景色”为“蓝色，着色 5，淡色 80%”。添加一个标签控件作为标题，内容为“进销存管理系统”，“字号”为“24”，“字体”为“黑体”。

步骤 7： 向窗体中添加两个标签控件，控件标题分别为“用户名”和“密码”。在“属性表”窗格中调整其“字体”为“宋体”，“字号”为“12”。再添加两个文本框控件，分别设置文本框控件的标题为“用户名”和“密码”，将“密码”文本框的“输入掩码”属性设置为“密码”，分别调整文本框控件到相应的标签控件的后面，如图 8-29 所示。

步骤 8：向窗体中添加两个按钮控件，在“属性表”窗格中设置它们的标题分别为“登录”和“取消”，如图 8-30 所示。“登录”按钮的作用是打开“进销存管理系统主窗体”，“取消”按钮的作用是退出程序。

图 8-28　登录宏设置效果

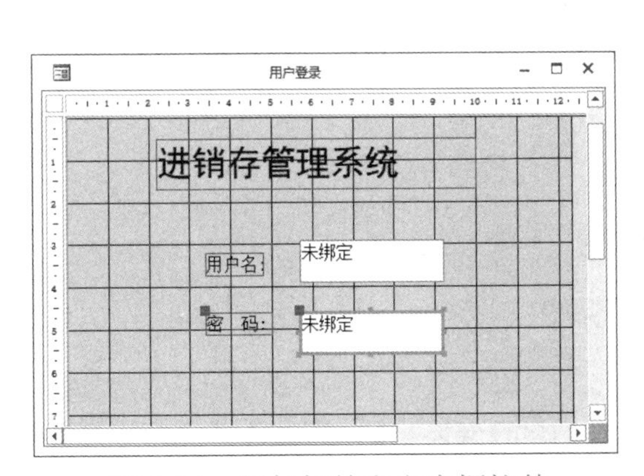

图 8-29　添加标签和文本框控件

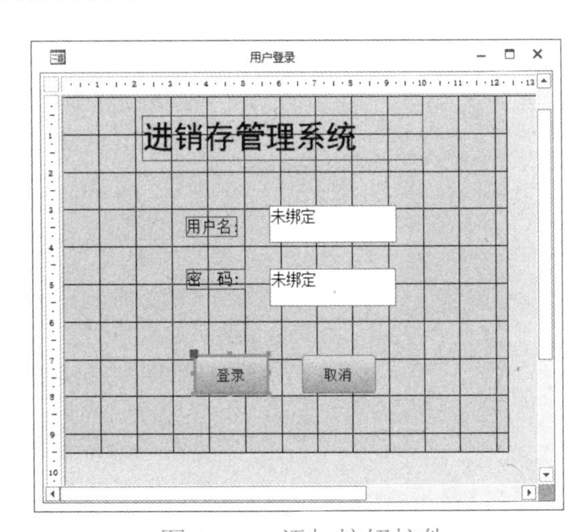

图 8-30　添加按钮控件

步骤 9：选择“登录”按钮，打开其“属性表”窗格，选择“事件”选项卡，在“单击”下拉列表中选择“登录宏”选项，如图 8-31 所示。

步骤 10：选择“取消”按钮，打开其“属性表”窗格，选择“事件”选项卡，在“单击”下拉列表中，选择“其他按钮”，切换到宏的设计视图，在“添加新操作”下拉列表中选择“QuitAccess”宏操作，如图 8-32 所示，为“取消”按钮添加“嵌入的宏”，关闭宏的设计视图，其属性设置如图 8-33 所示。

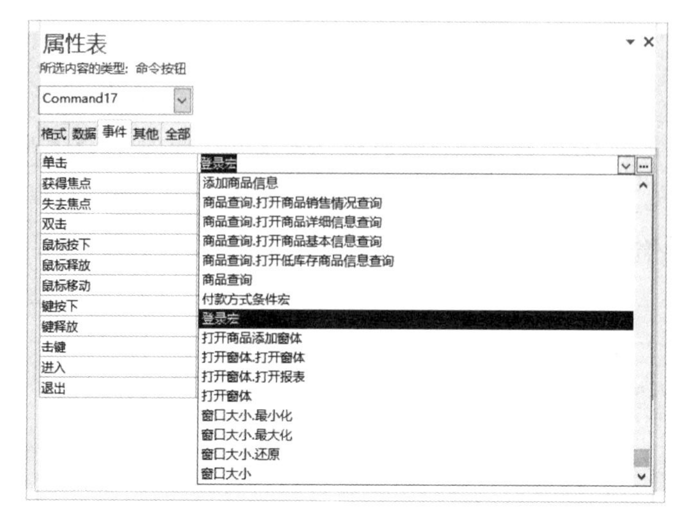

图 8-31　为“登录”按钮设置“登录宏”

图 8-32　选择“QuitAccess”宏操作

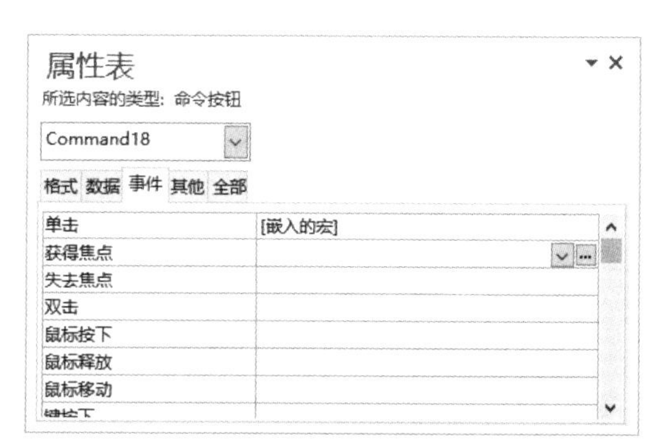

图 8-33　“取消”按钮的属性设置

步骤 11： 保存窗体，“用户登录”窗体创建完成，该窗体的运行效果如图 8-34 所示。

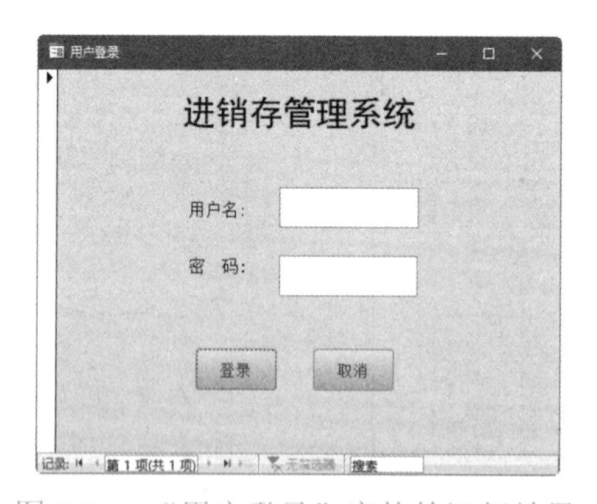

图 8-34　“用户登录”窗体的运行效果

2. 创建“进销存管理系统主窗体”

“进销存管理系统主窗体”主要包含“进销存信息管理”“进销存信息查询”“进销存信息打印”“退出系统”4 个按钮，前 3 个按钮分别对应 3 个窗体，通过主窗体中的按钮打开相应的窗体来实现整个系统的功能。

【操作步骤】

步骤 1： 单击“创建”→“窗体”→“窗体”按钮，创建“进销存管理系统主窗体”，在窗体中添加标签控件，标题内容及格式如图 8-35 所示。

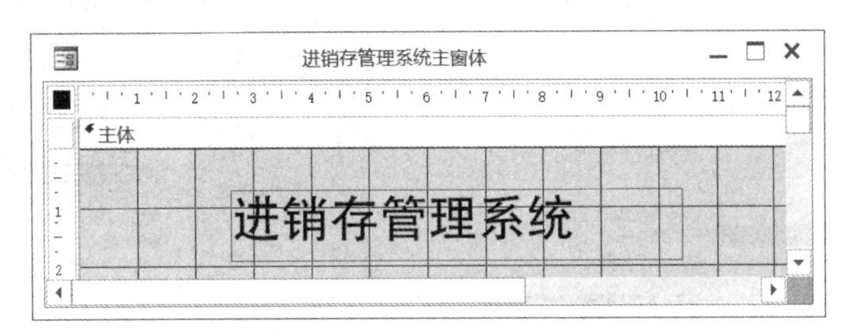

图 8-35 标题内容及格式

步骤 2：在主窗体中分别添加“进销存信息管理”“进销存信息查询”“进销存信息打印”“退出系统”4 个按钮。“进销存管理系统主窗体”创建完成，按钮的具体功能在后面实现，主窗体显示效果如图 8-36 所示。

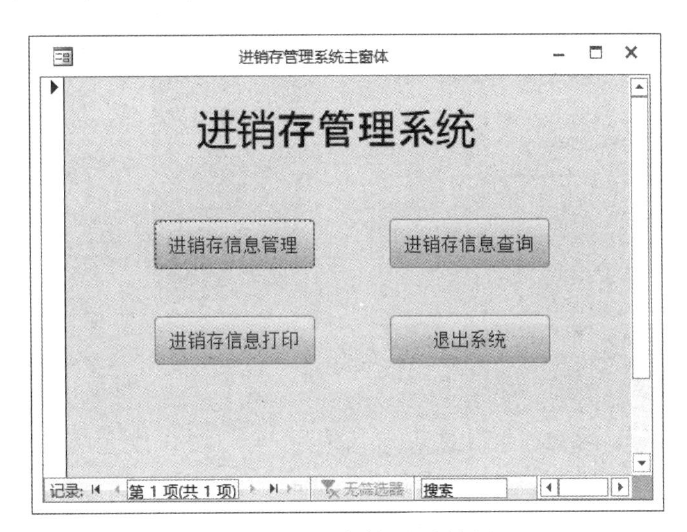

图 8-36 主窗体显示效果

3. 创建“信息管理窗体”

【操作步骤】

步骤 1：创建空白窗体，设置“主体”节的“背景色”为“背景 1，深色 5%”，添加标签控件，标题内容为“进销存信息管理”。

步骤 2：使用控件向导设置按钮控件。在窗体中添加按钮控件，打开“命令按钮向导”对话框，设置“类别”为“窗体操作”，“操作”为“打开窗体”，如图 8-37 所示。单击“下一步”按钮，选择“商品信息管理”窗体，如图 8-38 所示。

步骤 3：单击“下一步”按钮，选中“打开窗体并显示所有记录”单选按钮，如图 8-39 所示。继续单击“下一步”按钮，选中“文本”单选按钮，并在其文本框中输入“商品基本信息管理”，如图 8-40 所示。单击“下一步”按钮，指定按钮名称为“商品基本信息管理”。

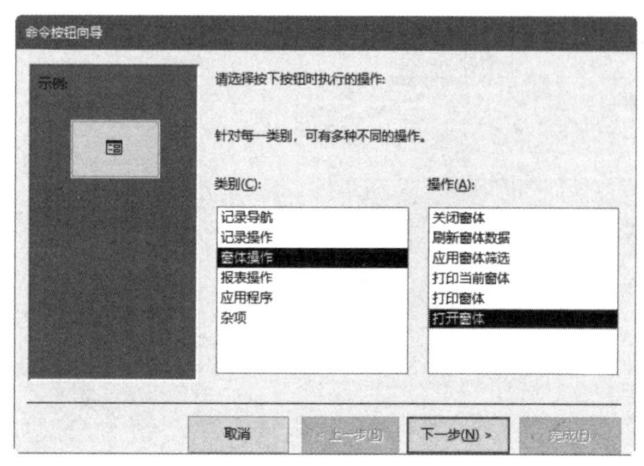

图 8-37　选择窗体操作

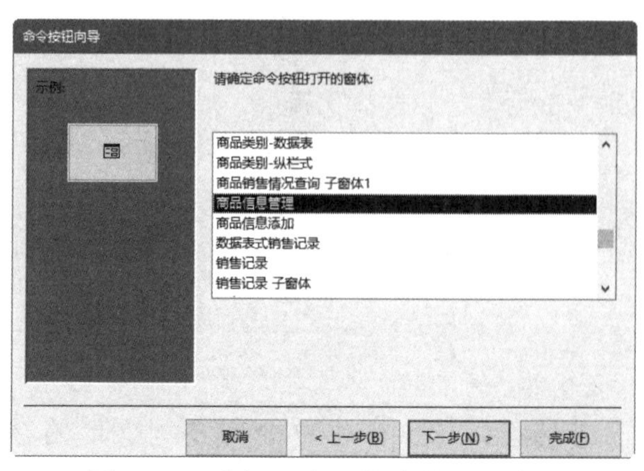

图 8-38　选择“商品信息管理”窗体

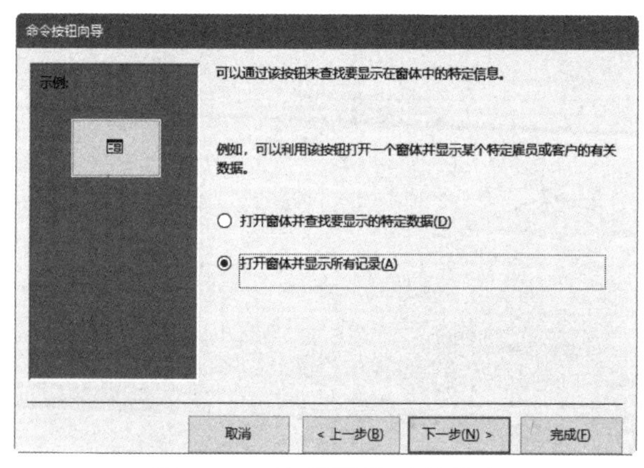

图 8-39　选择要显示的信息

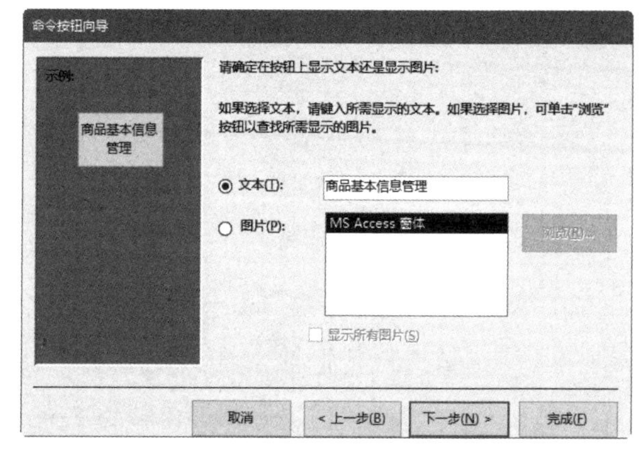

图 8-40　设置文本

步骤 4：单击“完成”按钮，“商品基本信息管理”按钮设置完成，如图 8-41 所示。

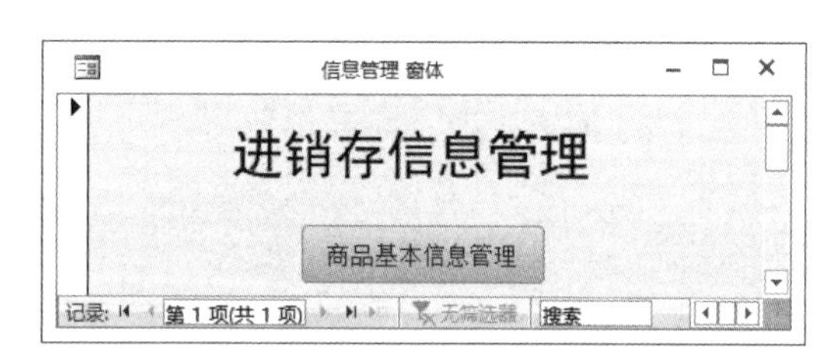

图 8-41　“商品基本信息管理”按钮

步骤 5：用同样的方法，分别创建“员工信息管理”按钮，打开的窗体为“员工信息管理”；创建“客户基本信息管理”按钮，打开的窗体为“客户基本信息”；创建“供应商供货情况”按钮，打开的窗体为“供应商供货情况”；创建“客户购买商品情况”按钮，打开的窗体为“客户购买商品情况”。

步骤 6：创建“返回”按钮，因为不是要退出系统而是要回到主窗体，因此，在“命令按钮向导”对话框中设置按钮控件时，其打开的窗体应设置为“进销存管理系统主窗体”，如图 8-42 所示，按钮名称为“返回”。

步骤 7：按钮控件设置完成后，“信息管理窗体”创建完成，如图 8-43 所示，通过单击其中的按钮会打开相应窗体。

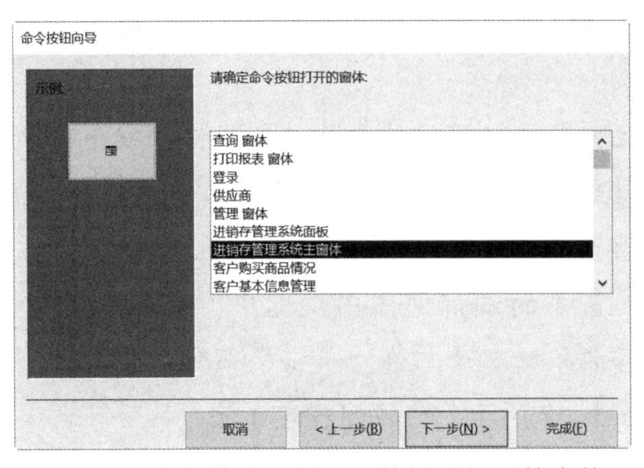

图 8-42　选择单击“返回”按钮后打开的窗体

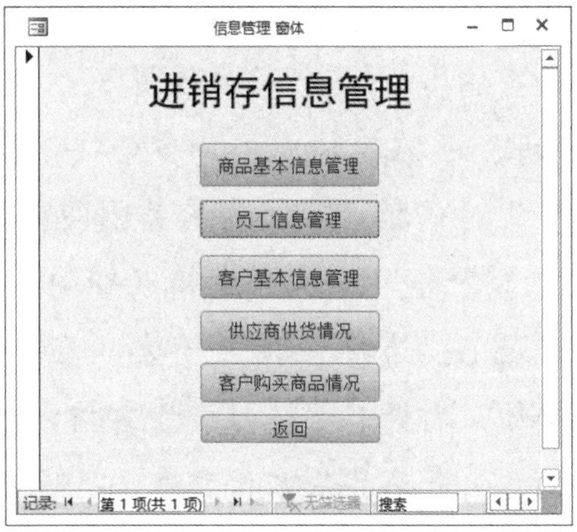

图 8-43　信息管理窗体创建完成

4．创建“信息查询窗体”

在前面两个窗体的创建过程中，使用了控件向导创建相关按钮，并使用了“嵌入的宏”实现了单击按钮打开窗体的功能。嵌入的宏在导航窗格的对象列表中是看不到的，下面使用宏组来创建“信息查询窗体”，实现单击按钮打开相关查询的功能，宏组在对象列表中可以看到。

【操作步骤】

步骤 1： 创建“商品查询”宏组。单击“创建”→“宏与代码”→“宏”按钮，切换到宏的设计视图，在第一行的“添加新操作”下拉列表中选择“Submacro”宏操作，在子宏后输入宏名“打开商品基本信息查询”，在子宏的“添加新操作”下拉列表中选择“OpenQuery”宏操作，设置“查询名称”为“商品基本信息查询”，第一个子宏创建完成，如图 8-44 所示。

步骤 2： 重复步骤 1 的操作，分别创建子宏“打开商品详细信息查询”，查询名称为“商品详细信息查询”；创建子宏“打开商品销售情况查询”，查询名称为“商品销售情况查询”；创建子宏“打开低库存商品信息查询”，查询名称为“低库存商品信息查询”；创建子宏“返回”，宏操作为“CloseWindow”，功能是关闭“信息查询窗体”。宏组创建完成，名称设置为“商品查询”，如图 8-45 所示。

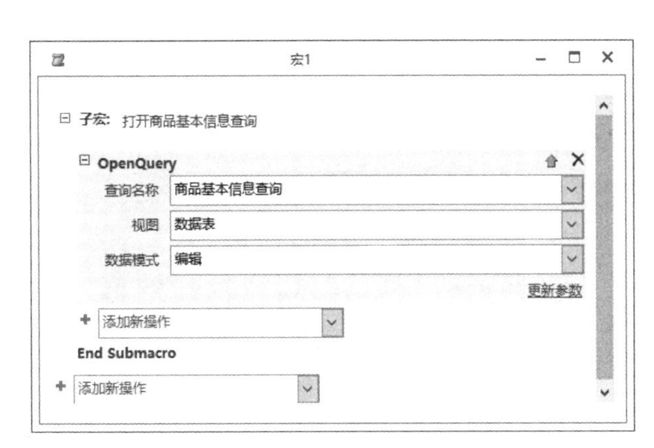

图 8-44　创建第一个子宏

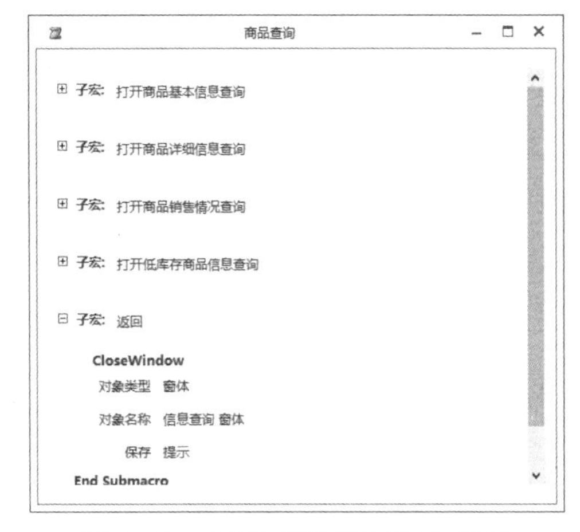

图 8-45　创建“商品查询”宏组

步骤 3：创建“信息查询窗体”的空白窗体，并在窗体中添加标签控件，标题为“进销存信息查询”，并进行格式设置。

步骤 4：在窗体中添加多个按钮控件，注意不要使用控件向导进行操作。打开“命令按钮向导”对话框后直接将其关闭即可，按钮控件标题分别设为“商品基本信息查询”“商品详细信息查询”“商品销售情况查询”“低库存商品信息查询”“返回”，如图 8-46 所示。

步骤 5：为按钮指定子宏。在信息查询窗体的设计视图中，选中“商品基本信息查询”按钮，打开其“属性表”窗格，选择“事件”选项卡，在“单击”下拉列表中选择“商品查询，打开商品基本信息查询”选项，如图 8-47 所示，为按钮指定子宏。

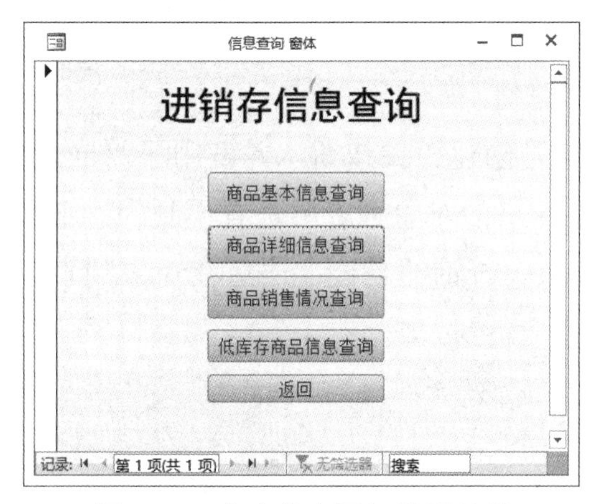

图 8-46　在窗体中添加按钮控件

图 8-47　为按钮指定子宏

步骤 6：按照步骤 5 的方法，分别为“商品详细信息查询”等按钮设置相对应的子宏，实现单击按钮后打开相应查询的功能，“信息查询窗体”创建完成。

5. 创建“信息打印窗体”

使用控件向导中“嵌入的宏”或创建宏组的方法，创建“信息打印窗体”，实现单击相应按钮后打开相应报表的功能，如图 8-48 所示。

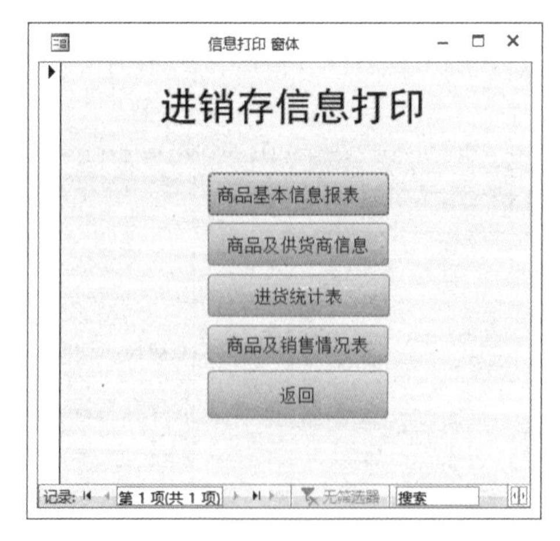

图 8-48　信息打印窗体

6. 修改“进销存管理系统主窗体”

3 个二级窗体创建完成后，在主窗体中通过“嵌入的宏”或创建宏组的方法分别为主窗体按钮设置操作路径。“进销存信息管理”“进销存信息查询”“进销存信息打印”3 个按钮分别对应打开“信息管理窗体”“信息查询窗体”“信息打印窗体”。“退出系统”按钮的宏操作为“QuitAccess”，单击“退出系统”按钮将退出系统，关闭 Access 2013。

7. 创建自启动宏

为了确保系统的安全性，需要强制用户通过“用户登录”窗体打开系统，为此需要设置一个宏，以在启动 Access 数据库时自动打开“用户登录”窗体。

【操作步骤】

步骤 1： 单击“创建”→“宏与代码”→“宏”按钮，切换到宏的设计视图。

步骤 2： 在宏的设计视图中，在“添加新操作”下拉列表中选择“OpenForm”宏操作，设置“OpenForm”宏操作的参数，如图 8-49 所示。

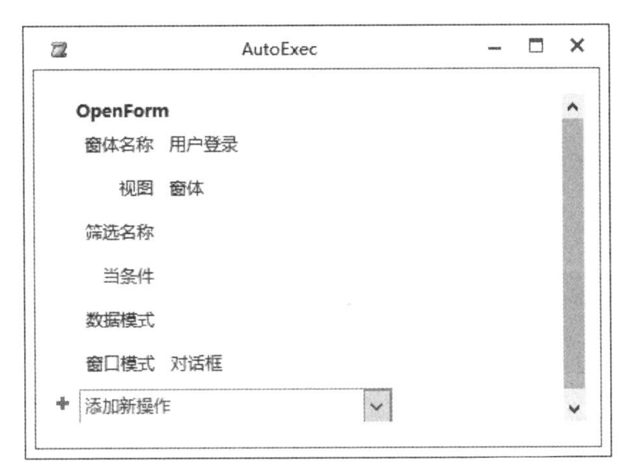

图 8-49　设置“OpenForm”宏操作的参数

步骤 3： 将宏命名为“AutoExec”。

至此，一个简单的“进销存管理系统”就创建完成了。在实际应用中，用户可以在此基础上进行进一步完善，以满足实际需要。

8. 系统整体效果

最终完成的“进销存管理系统”的整体效果如图 8-50 至图 8-54 所示。

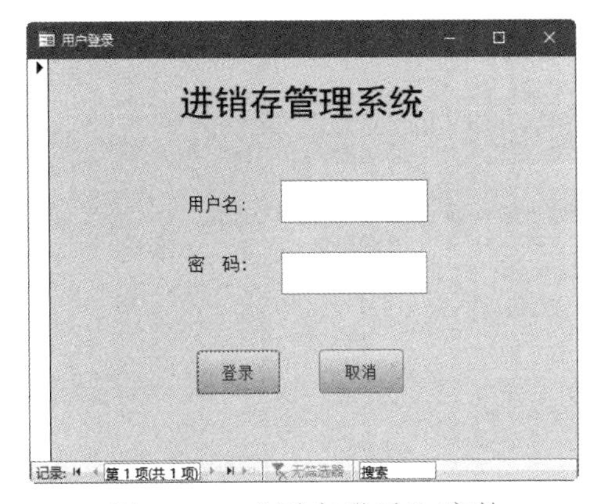

图 8-50　“用户登录”窗体

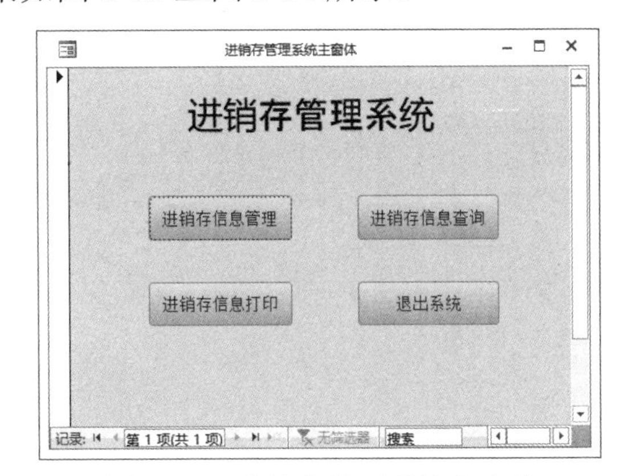

图 8-51　进销存管理系统主窗体

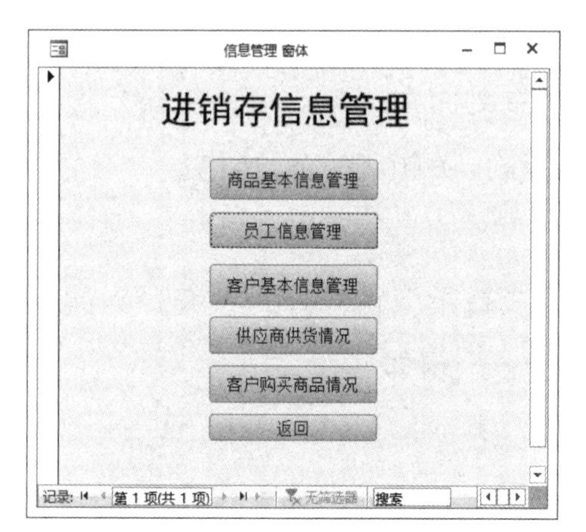

图 8-52　信息管理窗体

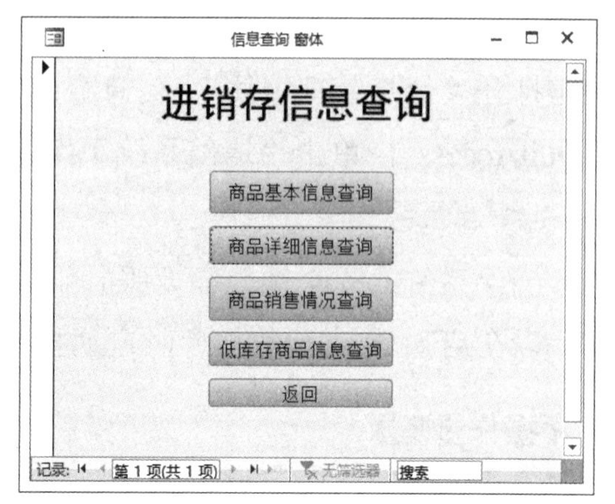

图 8-53　信息查询窗体

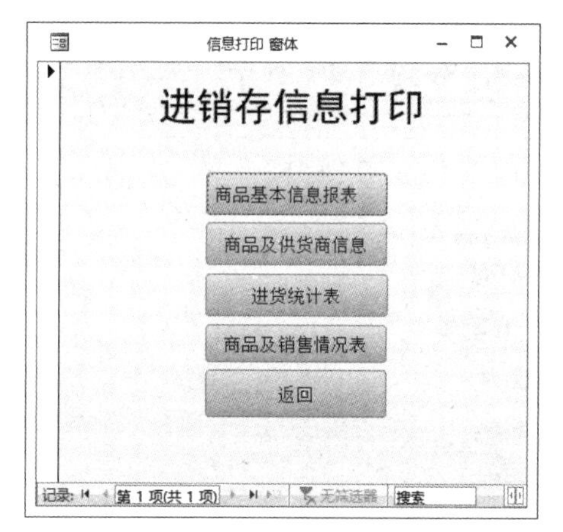

图 8-54　信息打印窗体